JN252714

みんなの知らない 世界の原子力

Nuclear Energy
around
the World

海外電力調査会 編著

日本電気協会新聞部

はじめに

原子力発電*について、みなさんはどのように考えていますか?

まず頭に思い浮かぶのは、2011年の福島原発事故でしょう。大量の放射性物質が放出され、6年経った今でも多くの人が避難を続ける大きな事故が起きました。福島原発事故の後、日本の原発は全て停止しましたが、安全対策が大幅に強化されたことで、2015年から少しずつ再稼働が始まっています。

日本政府は、安全性の確認された原発の再稼働を進めていくことを宣言しています。それでも原発に不安を感じる人は多く、世論調査によっては、今でも過半数の国民が原発の再稼働に反対しているという結果も出ています。

安全などの信頼性が問われる原発関連の問題を、私たちはどう考えたらいいのでしょうか。大学教授などの専門家に聞けばいいのでしょうか。しかし、原発に賛成する専門家もいれば、反対する専門家もいます。どの専門家を信じたらいいのかわからない人も多いでしょう。

では、裁判所なら公正な判断をしてくれるのでしょうか。

* 以下、「原発」と略します。

実際、原発の運転をめぐって、たくさんの裁判が行われています。ただ、裁判の結果も様々です。2016年3月には、大津地方裁判所が関西電力高浜原発3・4号機の運転を止めさせました。その理由は、原発の安全規制や関西電力の説明などに疑問や不十分な点があると判断したためです。一方、同じ年の4月に福岡高等裁判所は、九州電力川内(せんだい)原発に対する運転差止の申し立てを却下し、運転は継続されています。

どちらの原発も、規制を担当する原子力規制委員会の審査に合格した原発です。それでも裁判官によって止めるかどうかの判断は異なりました。

このように原発問題は人によって意見が大きく異なります。

実は、原発の問題は日本だけではなく、世界中で30年以上も昔から国民的な議論が続けられています。例えば、スウェーデンでは国民投票が1980年に行われ、原発をやめることを決めました(77ページ)。しかし、その後も二酸化炭素の増加や電気料金上昇への懸念から脱原発政策を見直し、結局37年経過した今でも原発を使い続けています。

原発が「安全か危険か」「必要か不要か」という問題は、いろいろな人が様々な意見を言いますが、原発には長所・短所、いろいろな特性があり、全員の意見が一致することは難しそうです。このような原発の問題を私たちはどのように考えたらいいのでしょうか。

この本では、世界で原発を使っている国と原発をやめる（やめた）国をわかりやすく紹介します。原発の再稼働や福島第一原発の汚染水問題など国内のことを知る機会はありますが、世界の原発のことはあまり知られていません。

世の中には様々な発電所があります。石炭や天然ガスを燃やして発電する火力発電所、水の力を利用する水力発電所、木くずやゴミなどを燃やして発電するバイオマス発電所、風の力を利用する風力発電所、太陽の光を利用する太陽光発電所。これらの発電所は世界中の国で広く使われています。

しかし、原発の場合は国によって考え方が大きく異なります。原発が必要だと考えている国もあれば、不要だと考えている国もあります。どうして原発だけ意見が割れるのでしょうか。それぞれの国の事情をよく見てみれば、日本で原発をどうしたらいいかというヒントがきっと得られるはずです。

世界の動きを見れば、原発問題は国民の意見と密接に関係していることがわかります。ドイツは福島原発事故後、最終的に脱原発を決めました。そのように決定した背景には、大勢の国民が脱原発に賛成していることがあります。ドイツで脱原発に疑問を持っている人は少数派です。

一方、米国やフランスなどの原発利用国では、福島原発事故後も過半数の国民が原発の必要性を理解し、利用に賛成しているという世論調査結果が出ています。

このように原発を使い続ける国も原発をやめる国も、「国民がどう考えているか」ということが原発政策を決める上で重要な要素になっているようです。

日本ではどうでしょうか。

日本に原発が必要か不要かを決めるのは、専門家でも裁判官でもありません。また、政府や電力会社だけで決められるものでもありません。日本の原発をどうするべきか考えるためには、国民一人ひとりが正しい知識を持って理解し納得することも重要なのではないでしょうか。

本書では、原発やエネルギーのことが身近ではない人でも読みやすいように、専門用語をできるだけ使わず簡潔な記述を心掛けました。普段の生活の中であまり意識することのない原発やエネルギーの問題について考えるきっかけとして頂ければ幸いです。

もくじ

1章 脱原発を決めた国

2章 原発の利用を続ける国

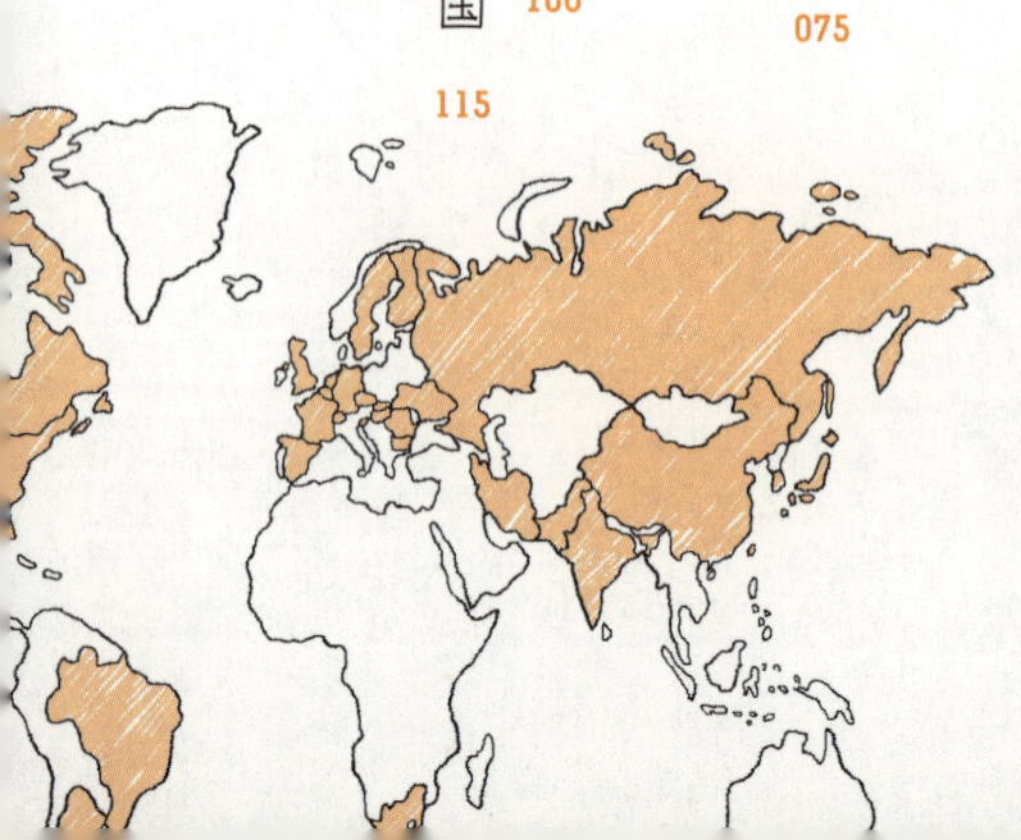

3章 世界の原発を考える

4章 福島事故と安全性

5章 廃棄物はどこへいく

6章 原発ゼロということ

コラム

コーヒーブレイク

その他の国の紹介

スペイン／チェコ／フィンランド／リトアニア／カナダ／ブラジル／アルゼンチン／韓国／ベトナム／アラブ首長国連邦／トルコ／南アフリカ

1 章

脱原発を決めた国

ドイツの脱原発をニュースなどで聞いたことがあるかもしれませんが、
世界にはほかにも脱原発を決めた国があります。
それぞれの国が脱原発を決めた理由は何なのでしょうか。
原発をやめても電気は足りなくならないのでしょうか。
1章では世界で脱原発を決めた国を詳しく見てみましょう。

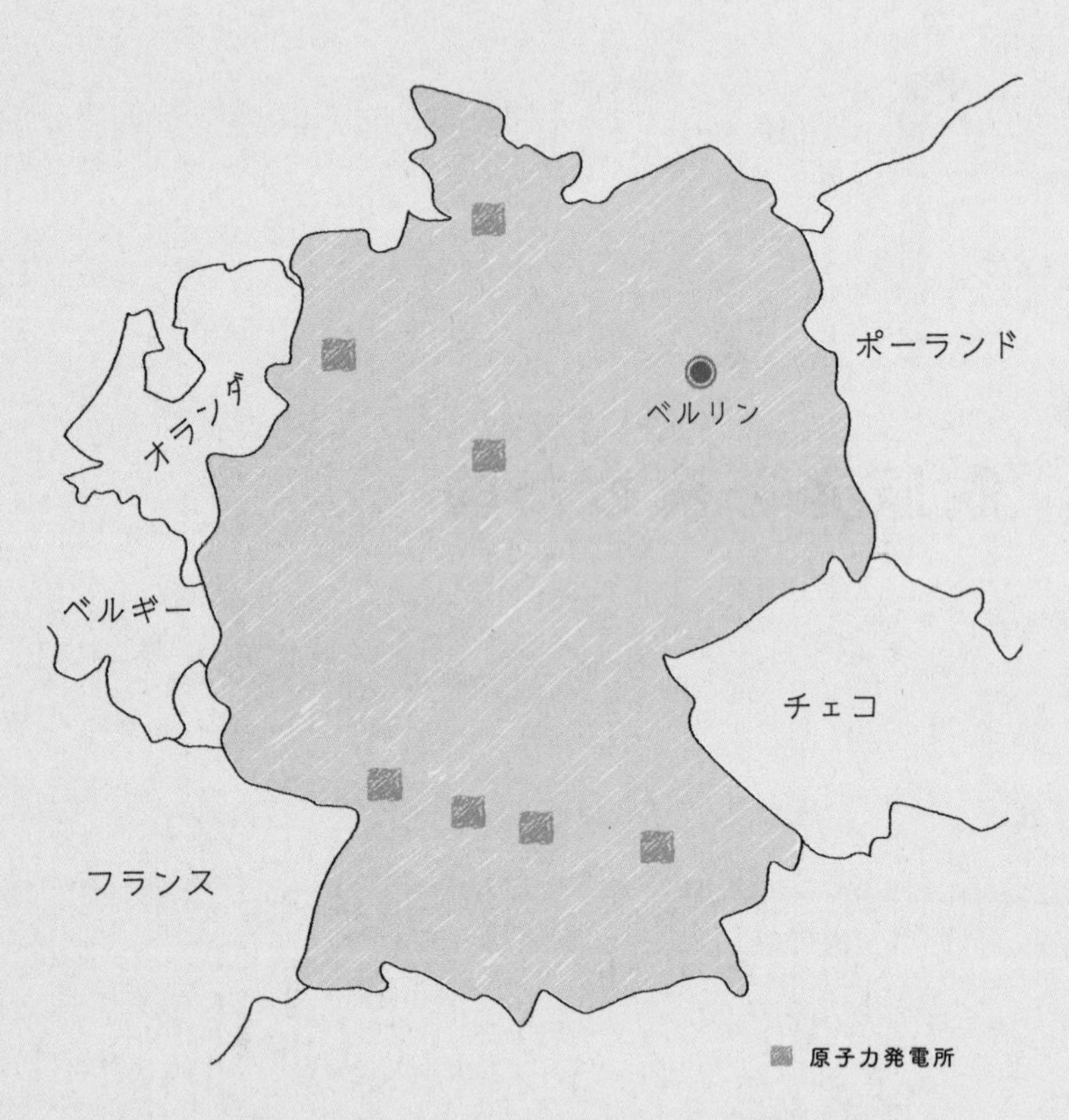

どんな国？

ドイツは日本と同じものづくり大国で、ベンツやBMW、シーメンスといった数々の有名なメーカーがあります。これらの企業は主に南ドイツに拠点を置いており、電気をたくさん使うのもこの地域です。また、南ドイツにはディズニーランドのシンデレラ城のモデルになったノイシュヴァンシュタイン城や、中世の街並みが美しいロマンチック街道があり、世界中から多くの観光客が訪れています。一方、北ドイツは北海とバルト海に面しており、洋上風力発電所が建設されています。

●エネルギーの中心は石炭と再エネ

ドイツは、2011年の福島原発事故後に脱原発を決定した国として知られています。事故前には17基の原発が運転していましたが、これらを2022年までに全て閉鎖することを決定したのです。脱原発を選んだドイツのエネルギー事情はどうなっているのでしょうか。

ドイツはもともと石炭資源の豊富な国で、石炭が工業の発展に大きく貢献してきました。1960年代以降、当時安かった輸入の石油に押されて石炭は主役の座を追われましたが、政府は1973年の石油危機を契機に石炭への再転換策を打ち出し、石炭産業を支援してきました。現在でも石炭は主要なエネルギー源のひとつで、原発などを加えたエネルギー自給率は38%となっています。日本のエネルギー自給率が6%だということを考えると、はるかに高い値だといえます。

ドイツは再生可能エネルギーの豊富な国としても知られていますが、2015年時点でみると、ドイツ国内で発電される電気のうち石炭火力

DATA

首都▶ベルリン	宗教▶カトリック、プロテスタントなど
面積▶35.7万km²（日本の0.9倍）	産業▶自動車、機械、化学など
人口▶8,069万人（2015年）	GDP▶3兆8,526億ドル（2014年）
言語▶ドイツ語	経済成長率▶1.8%（2015年）
通貨▶ユーロ	総発電量▶628TWh（2014年・日本の0.6倍）

〈参考〉日本のData（2014年）
人口▶1億2,708万人、GDP▶489兆6,234億円、経済成長率▶0.3%、総発電量▶1,041TWh

発電の比率が42%を占めており、いまだに再生可能エネルギーの比率（30%）を上回っています*。ただし、今後はさらに再生可能エネルギーの普及が進み、石炭火力発電を追い抜くのも時間の問題でしょう。

*日本は石炭火力34%、再エネ7%

●福島原発事故で脱原発を決めた

2011年3月、1万km離れた日本で起きた福島原発事故は、ドイツのエネルギー政策にも大きな影響を与えました。この事故をきっかけとして、メルケル首相は2022年までに国内の全ての原発を停止させることを決断しました。

メルケル首相は、ドイツが原発をやめるべきか、継続すべきかを検討するために、2つの委員会を立ち上げました。1つは、原子力の専門家をメンバーとする原子炉安全委員会（以下、安全委員会）です。この委員会は首相の要請を受け、ドイツの原発が自然災害や航空機の墜落などの事故に対してどの程度の耐久性を持っているかを調べるストレステス

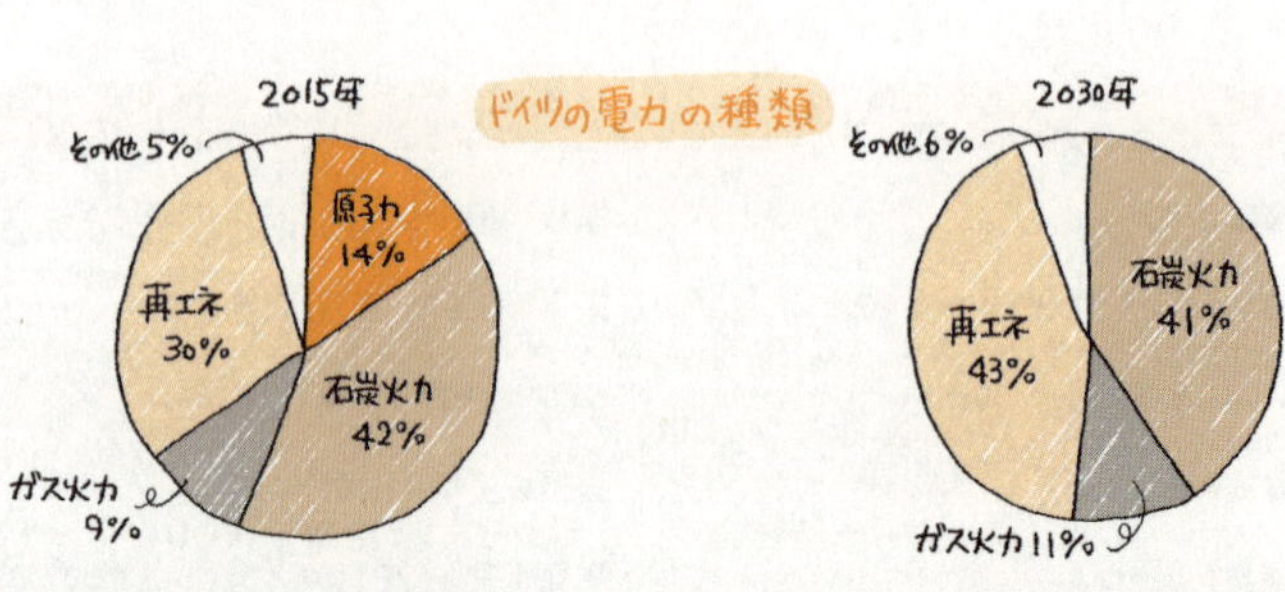

［出所］ドイツエネルギー・水道事業連合会
［出所］ドイツ政府資料

トを実施しました。テストの結果、安全委員会は「ドイツの原発の安全性に大きな問題はない」と結論づけました。

安全委員会の判断にもかかわらず、メルケル首相が脱原発を選択したのは、もう一つの委員会である「安全なエネルギー供給に関する倫理委員会*（以下、倫理委員会）」の提言があったからです。この倫理委員会が、原発のリスクの高さを訴え、原発をやめることを勧告したため、首相は脱原発の道を選びました。実際、メルケル首相が福島原発事故に際して述べた言葉は、「あの技術先進国の日本でこのような事故が起きたのだ」というものでした。それまで首相は、高い安全技術を誇る先進国で原発事故が起こるリスクは、限りなくゼロに近いと考えていたのですが、福島原発事故をみて考えを改めざるを得なくなったのです。

このように、ドイツは科学的見地と倫理的見地から原発の将来を検討しましたが、最終的に重視されたのは、原子力の専門家ではない倫理委員会の意見でした。専門家が原発のリスクは少ないと判断したとしても、万一原発が事故を起こしてしまったら取り返しのつかないことになる、と

*社会学者、哲学者、教会関係者等、原子力の専門家以外のメンバーで構成された委員会。

考える人が多くいたためです。脱原発は、環境や健康をとりわけ重視するドイツ人の国民性と強く結びついていて、理屈では説明できない部分があるのかもしれません。

●以前から脱原発を考えていた

ドイツ人が放射能汚染の脅威を最も身近に感じたのは、1986年のチェルノブイリ原発事故（108ページ）でした。ドイツは事故が起きたウクライナから1300km以上離れていましたが、農作物や牛乳が汚染される深刻な事態に発展しました。1970年代から行われていた反原発運動が、最も激しくなったのもこの頃です。

しかし、チェルノブイリ原発事故の後も、ドイツは産業大国であり、電気料金を安く抑えるためにも、原発は必要だと考えられていました。この流れを変えたのが、1998年に誕生した社会民主党（SPD）・緑の党の連立政権です。政権のトップに立った当時のシュレーダー首相は、

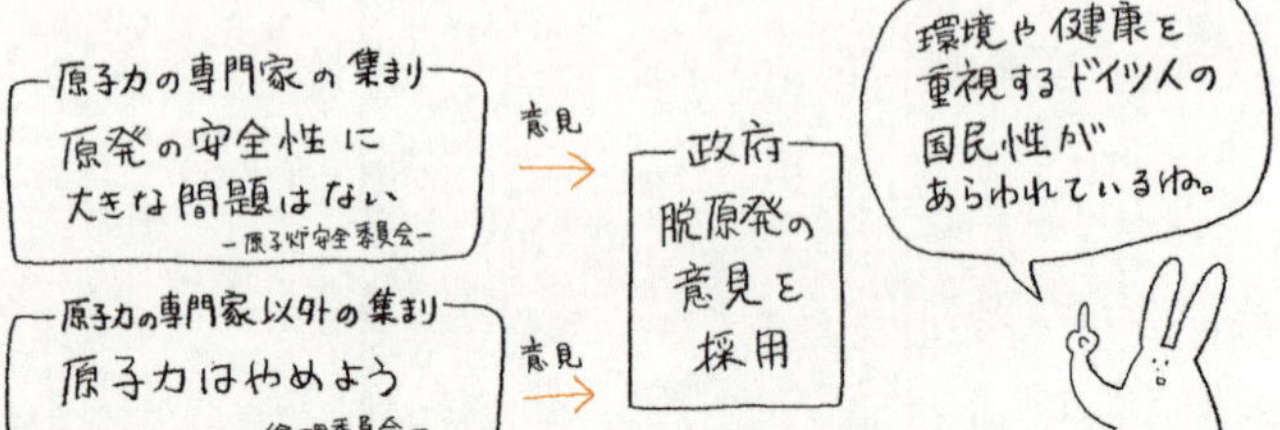

脱原発と再生可能エネルギーの拡大を公約に掲げ、2001年に電力業界と「脱原子力協定」を締結。原発が発電できる電力量に上限が設けられ、その結果2021年頃にはドイツ国内の全ての原発が停止することになりました。

2005年に誕生したメルケル政権は、シュレーダー首相の脱原発政策を継承しました。しかし、将来電気が足りなくなるのではないかという懸念や、電気料金の高騰の問題などから、原発利用の延長を希望する声も出てきたため、2010年には既存の原発の運転期間を2034年頃まで延長することを決定しました。

このように、原発の運転延長を決めていたメルケル首相が、2011年の福島原発事故後に脱原発へ方向転換したことは、世界の人々を驚かせました。もちろん、これには原発の維持を主張することは政治家にとって致命傷になりかねないとメルケル首相が判断したことも関係しているともいわれています。実際、事故直後に南西部のバーデン＝ヴュルテンベルク州で行われた州選挙では、与党のキリスト教民主同盟（CDU）

が大敗し、反原発の緑の党が政権の座に就きました。事故後、原発を支持する国内世論はほぼなくなってしまったのです。政府が2015年に行ったアンケートでは、20年後も30年後も原発がエネルギー供給を担うべきだと答えた人は8%しかいませんでした。

●本当に脱原発はできるの？

原発をやめて、代わりに再生可能エネルギーを大量に導入していこうとしているドイツですが、いくつかの課題も指摘されています。

ドイツでは、海に面している北部地方で風力発電の大量導入が進んでいますが、電力をたくさん使うのはミュンヘンやシュトゥットガルト

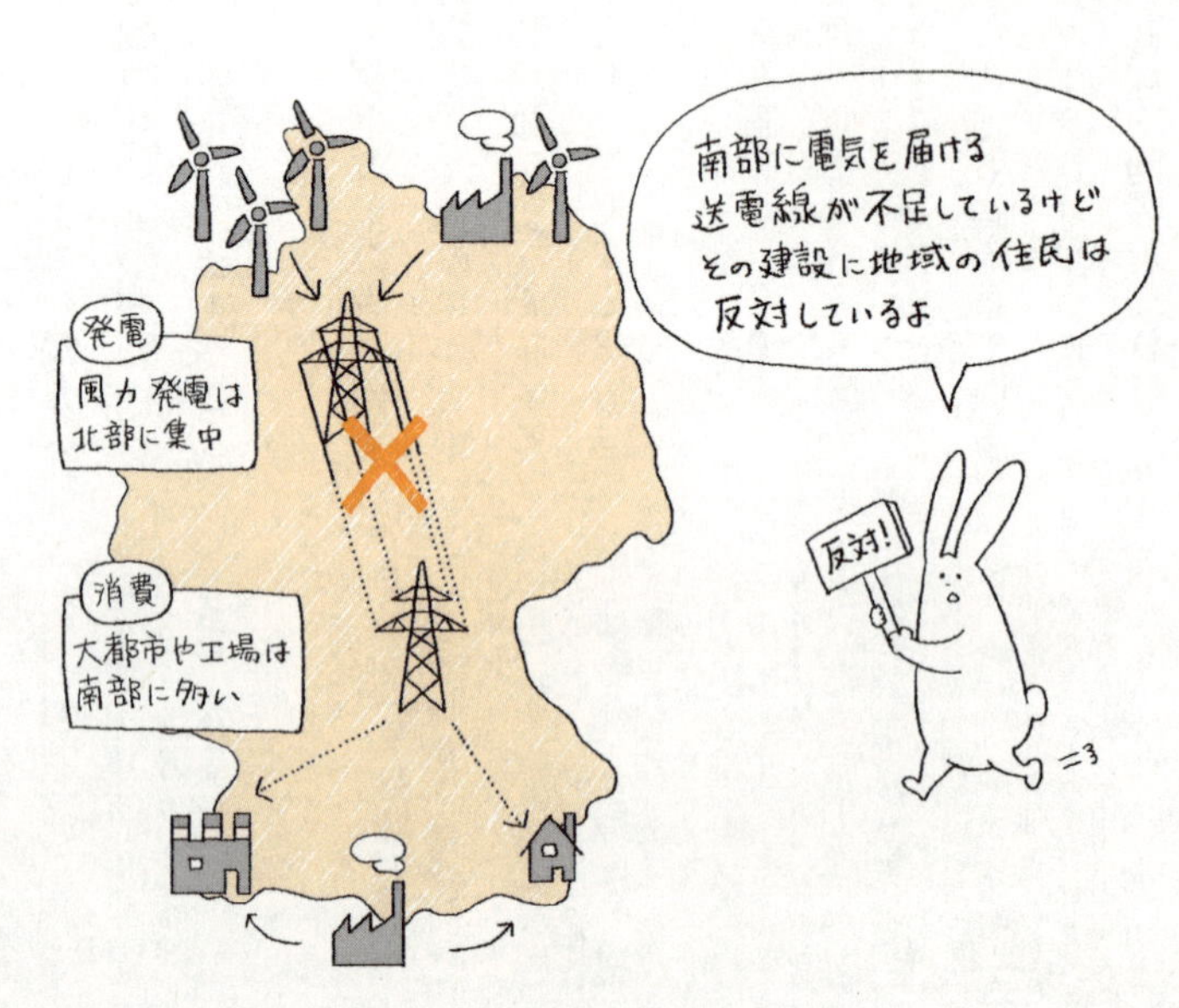

といった南部の大都市です。北部で発電した電力を南部に送電するには高圧送電線が必要になります。しかし、送電線はまだ計画の10分の1しか建設されていません。高圧送電線には電磁波による身体への影響や景観破壊の問題があるとする地域住民の反対によって遅れているのです。特に反対が強い南部では、送電線を地中に埋設して対応していこうとしていますが、費用が高くなるという問題もあります。

再生可能エネルギーへの補助金も国民の負担となっています。米国、フランス、イギリスといった原発を使っている国と比較しても、ドイツの家庭用電気料金は高く、2006年から2014年にかけて約1・8倍に上昇しています*。

ドイツは再生可能エネルギーの導入や省エネなどに熱心に取り組み、二酸化炭素排出量を削減するために努力していますが、ここ数年の排出量は横ばい状態です。これは、ドイツでは再生可能エネルギーが増えても石炭火力が減っていないことが原因です*。

再生可能エネルギーが大量に導入されると、技術的な問題も出てきま

家庭用電気料金(2014年)

国	米セント/kWh
ドイツ	39.5
イギリス	25.6
日本	25.3
フランス	20.7
米国	12.5

［出所］IEA

* ドイツの電気料金が上昇している原因は、補助金だけでなく環境税などの影響もあります。ただし、製造業などは国際競争力維持の観点から再エネ賦課金の負担を軽減されているため、産業用の電気料金は他国と比べて遜色ない水準です。

* 石炭火力発電は他の発電方式と比べて二酸化炭素がたくさん出ます。

す。風力や太陽光は、天候や時間帯によって発電量が大きく変動します。そのため、送電線の周波数や電圧のコントロールが難しくなり、最悪の場合は停電になる恐れがあります。そのような事態にならないよう、ドイツでは火力発電の出力調整を頻繁に行ったり、再生可能エネルギーの出力を抑えたりするなどの対策が取られています。また、ドイツで余った電力は、送電線がつながっているポーランドやチェコ、オランダなどの隣国に計画を上回って流れていきます。これを「迂回潮流」と呼びますが、その結果、それらの国でも系統安定に悪影響が出ています。そのため、各国は位相変圧器と呼ばれる設備を設置して、ドイツから過剰な電力が流れてくることを防

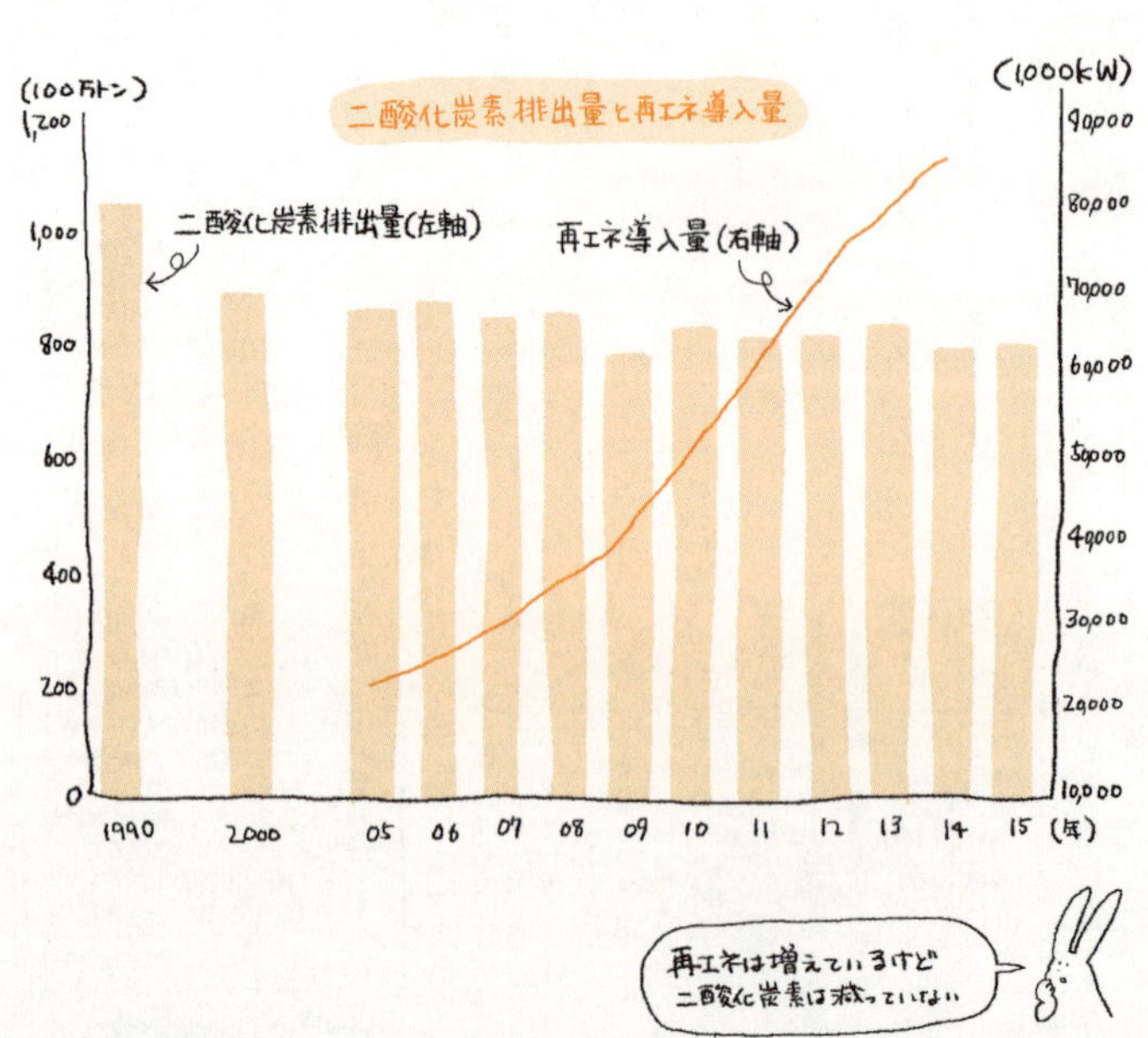

［出所］連邦環境庁（UBA）

ごうとしています。
　このような課題がありながらも、ドイツ国民の大半は脱原発を支持しており、脱原発をやめるという流れは今のところ全くありません。再生可能エネルギーが増えて電気料金が高くなることは問題だと考えている人も少なくないようですが、電気料金を抑えるために原発に後戻りすべきだと考える人はほとんどいません。それほど、ドイツでは原発への拒否感が強くなっています。

ドイツ
まとめ

- 政府は原発の安全性に問題はないと判断したが、原発は国民から受け入れられなかった。
- 2022年までに全ての原発を止めることを決定。
- 今のところ、脱原発をやめるという流れは全くない。

Switzerland

スイス

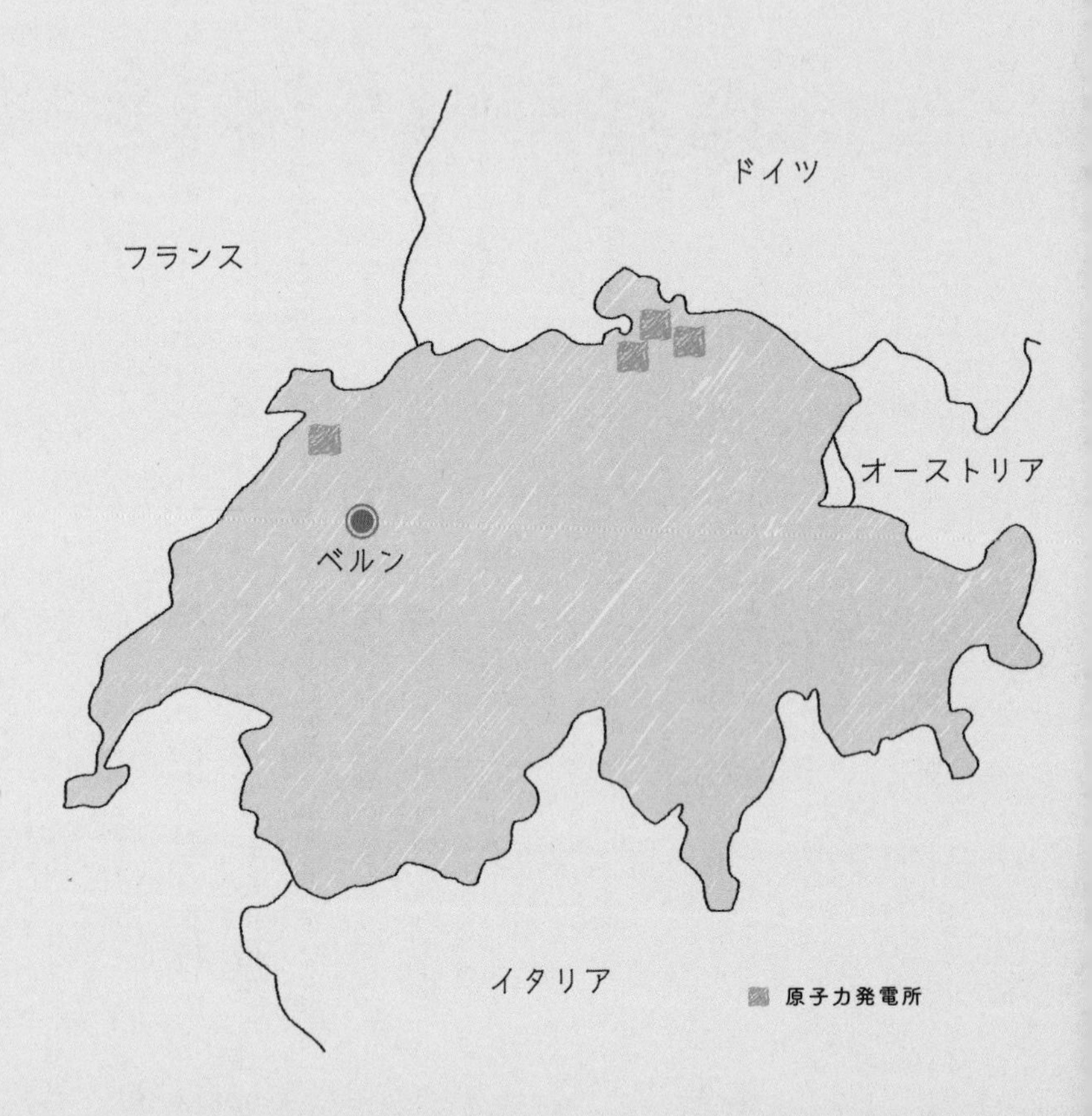

どんな国？

アルプスの少女ハイジでおなじみのスイスはアルプスと牧場、あるいは銀行のイメージが強い国ですが、実は世界有数の工業国です。時計の精密工業はよく知られていますが、他には薬品、化学工業などが発達し、経済の国際競争力の評価では2010年以来、ずっと世界一の座を守り続けています。世界的な食品メーカー、ネスレの本社もスイスにあります。

欧州の"給水塔"と呼ばれるスイス

アルプスを抱え、ライン川とローヌ川という2つの大河の源流となっているスイスは、「欧州の給水塔」と呼ばれるくらい水力資源が豊富ですが、化石燃料資源はほとんどありません。そのため、石油、ガス、石炭のほぼ全てを輸入しています。それでも、水力、原子力、バイオマス*を利用し、2014年のエネルギー自給率は53%と健闘しています。

スイスにとって唯一恵まれたエネルギー源である水力発電の開発は活発に行われました。しかし、1950年代の末には、新規開発に限界の見えはじめた水力発電に代わって、火力発電と原発の開発が検討され、安価でエネルギー供給の自立性に優れた原発が重視されるようになりました。

1965年から1975年にかけて、原発5基の建設が開始され、ほとんど反対もなく1984年までに全て運転を開始しました。

しかし、その後は、新たに原発に設置が必要となった冷却塔から出る水蒸気によって、日照が遮られるなど気象に与える影響への懸念や、

*木材やゴミなどを燃やす発電

DATA

首都▶ベルン	宗教▶カトリック、プロテスタントなど
面積▶4.1万km²(日本の0.1倍)	産業▶機械・機器、金融、食品など
人口▶830万人(2015年)	GDP▶7,010億ドル(2014年)
言語▶ドイツ語、フランス語など	経済成長率▶1.9%(2014年)
通貨▶スイス・フラン	総発電量▶72TWh(2014年・日本の0.1倍)

1979年に米国で起こったスリーマイル島原発事故（125ページ）の影響などで反対運動が活発化。ドイツ・フランスとの国境に近いカイザーアウグストという原発の建設候補地では、なかなか計画が進まないままチェルノブイリ原発事故（108ページ）を迎えることになります。

メモ
河川流量が限られていて、また設備の大容量化もあって温排水の上昇を基準値以内に抑えるために冷却塔の設置が必要となりました。

●チェルノブイリ事故の衝撃

1986年のチェルノブイリ原発事故は、スイス国民にとってはよその国での大事故というにとどまりませんでした。遠く離れたチェルノブイリ原発から放出された放射性物質が風に乗って運ばれ、国内に雨とともに降り注いだことで、スイスの人々は自らの体験としてその衝撃を受け止めることになったのです。

放射能汚染の実態が次第に明らかとなり、保健当局が肉や牛乳の摂取量を減らし、野菜はよく水洗いするよう国民に勧告を行ったのは、事故から10日経ってのことでした。

湖や河川での魚釣りを禁止し、妊婦や乳幼児は牛乳を飲まないよう注意喚起されましたが、こうした呼びかけの遅れは、住民の間にパニックを引き起こしました。同じ年の6月には、国内全ての原発の閉鎖を求める約3万人の集会が開かれました。

2年後、国内の放射線レベルは平常に戻りましたが、原発の新規建設プロジェクトに対する国民の支持は失われ、カイザーアウグストを含む3つのプロジェクトが放棄されました。

とはいえ、国民は脱原発に全面的に賛成している訳でもないようです。1990年の国民投票では「新規の原発の建設を10年間凍結する」という提案には55%が賛成していますが、「原発を段階的に廃止する」という提案は反対53%で否決されました。この結果、原発の新規建設はしばらくできないことになりましたが、国内の原発がトラブルもなく安定した運転を維持したことで、時間の経過とともに国民の態度に徐々に変化がみられるようになります。

主な原子力の動き

1965年　初の原発の建設が始まる

1979年　スリーマイル島原発事故（反対運動が活発に）

1986年　チェルノブイリ事故（・放射能汚染で住民パニック　・約3万人の反対集会）

1988年　新規原発の建設中止

●原発賛成の時期もあった

2003年に再度、10年間の原発建設凍結を求める提案が国民投票にかけられますが、今度は反対57%で否決されました。また、脱原発を求める別の提案も反対66%で否決されました。

2005年には、建設凍結の解除などを定めた改正原子力法が発効しました。これにより、法的には新しい原発を作ることが可能となりました。2007年になると、「将来の電力不足を回避するためには原発の建て替えが必要」とする政府のエネルギー見通しが発表され、これに応える形で翌2008年にはゲスゲン、ミューレベルク、ベツナウの3カ所で原発を建て替えるための申請が電力会社から提出されました。2011年2月に実施されたベルン州の州民投票では、ミューレベルク原発の建て替えに51%が賛成し、建て替えは順調に進むかに見えました。

●福島原発事故で一気に脱原発へ

しかし、福島原発事故で状況は一変します。政府は原発建て替えの審査を中止し、既存の原発の安全性の検査を行いました。検査の結果は「いくつか安全対策の強化が必要なものの基本的に運転継続に問題はない」というものでした。それでも政府が2011年5月に発表した「2050年エネルギー戦略」では、今ある原発を段階的に廃止し、建て替えはしない方針が示され、この内容を盛り込んだ議員提案が議会で承認されました。

2016年11月には原発に否定的な緑の党が「原発の新規建設禁止とともに、原発の運転年数*を最長で45年に制限する」という脱原発を加速する国民投票を提起しました。この提案が通れば、国内5基の原発は遅くとも2029年までに全て停止しなければなりませんでした。しかし、国民

*現状の法律では原発の運転年数に制限はなく、安全が確保される限り運転年数は無制限。

2003年の国民投票

①原発の新規建設を10年間凍結する

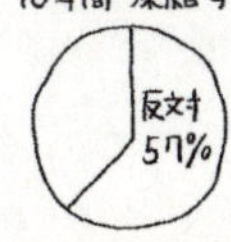

②脱原発を求める

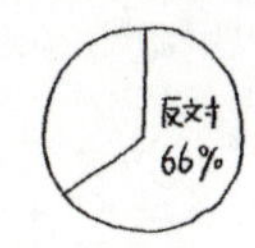

2016年の国民投票

原発の新規建設の禁止
既存の原発の運転年数を45年に制限

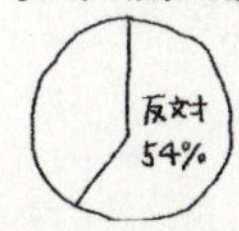

2003年の国民投票で
原発の建て替えが進むと
思われたけど、福島原発事故の
影響で、原発の段階的閉鎖が
決まったよ。
しかし、2016年の国民投票では
運転年数の制限が決まらなかったよ。

投票の結果、提案は反対多数で否決されました*。この結果について、脱原発が政府の方針として決まっている以上、閉鎖時期が多少早まるかどうかについて国民はあまり関心がないようだと現地紙は報じています。

* 賛成46%、反対54%で提案は否決（投票率は44%）。

●安全性は信頼されている？

スイスの連邦政府は5党の連立政権となっており、原発に関しては継続を求める国民党、早期脱原発を求める社会党など各党の意見はかみ合っていません。このうち、環境・エネルギー問題担当閣僚を出しているキリスト教民主党は、福島原発事故以前は原発を推進する姿勢を示していましたが、事故後は脱原発に回りました。「2050年エネルギー戦略」にはこうした複雑な閣内事情が反映されているようです。

これに対し、スイス国民は自国の原発の安全性に対して高い信頼を寄せており、毎年の世論調査では常に7割以上の人が原発は安全だと答えています。もっとも、福島原発事故が起きた2011年は安全と答える比率は前の年と比べて15%も減少し、7割を切りましたが、翌年には7割台に復帰しています。

既存の原発は、安全である限り運転年数の制限を設けずできるだけ長く利用するが、新規の原発の建設は認めないとする政府の立場は、こうした国民の意見を反映させたものと考えられます。原発と水力発電と再生可能エネルギーのおかげで、現在スイスで発電される電力の99%が二酸化炭素を発生しない電力となっています。

●脱原発へ進むスイス

「2050年エネルギー戦略」では、脱原発の理由として、福島原発事故後、新たな安全対策や投資リスクの増大によって原発のコストは上昇し、長期的にみ

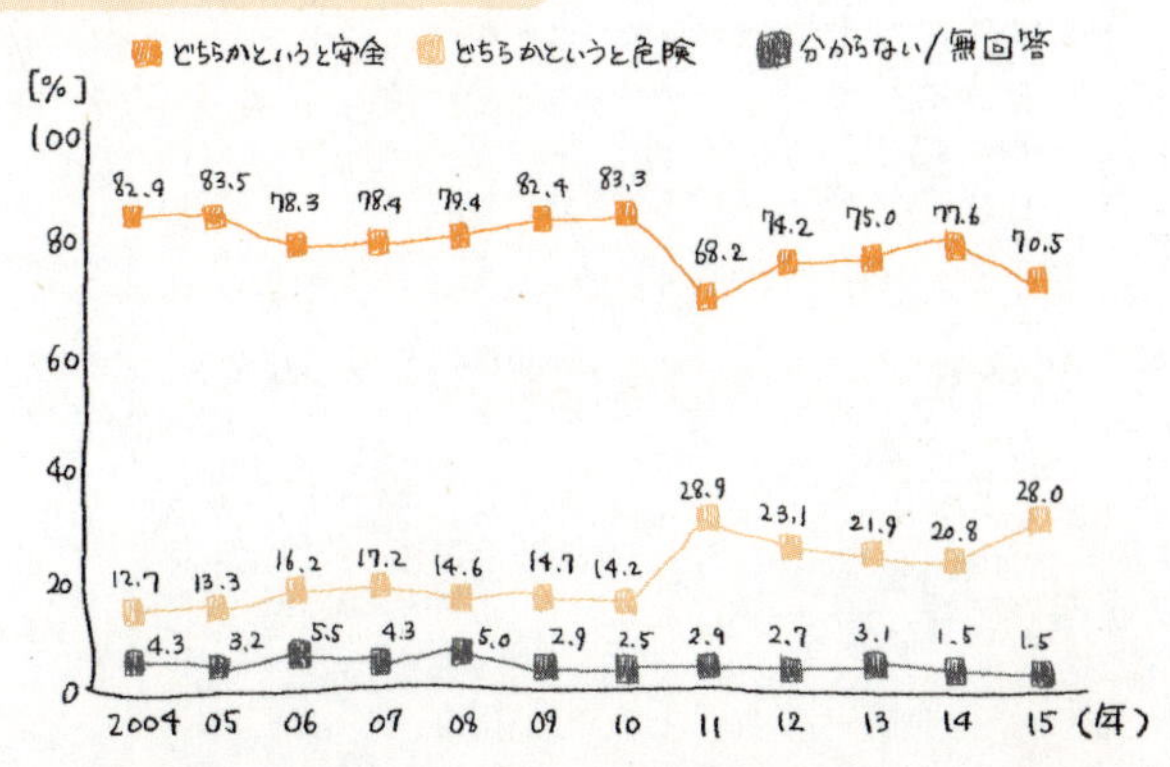

［出所］Swissnuclear/Demoscope,2015

ると再生可能エネルギーに対する経済的な優位性が失われると指摘されています。また、脱原発による電力供給上の問題を回避する方策として、①省エネルギーの推進、②水力発電の増強、③水力以外の再生可能エネルギー開発の推進、④コージェネレーション*・ガス火力などの火力発電設備の新規建設、⑤電力輸入などが挙げられています。

2012年には、2035年の1人当たりの年間エネルギー消費量を2000年比で35%削減すること、電力消費量は2020年以降増大させないこと、2035年の水力以外の再生可能エネルギー発電量などの具体的数値目標が入った政策（エネルギー政策パッケージ第1弾）が発表されました。

この政策について国民の意見を募ったのち、その結果を反映して、原発の新規建設禁止、省エネ目標は1人当たりの年間エネルギー消費量を2000年比で43%削減、再生可能エネルギー発電目標114億kWh（2011年比4・4倍）などとする改正エネルギー法が議会で審議され、2016年9月に可決されました。同法は2017年に国民投票に

*発電しながら余った熱を給湯や冷暖房等に利用するシステム

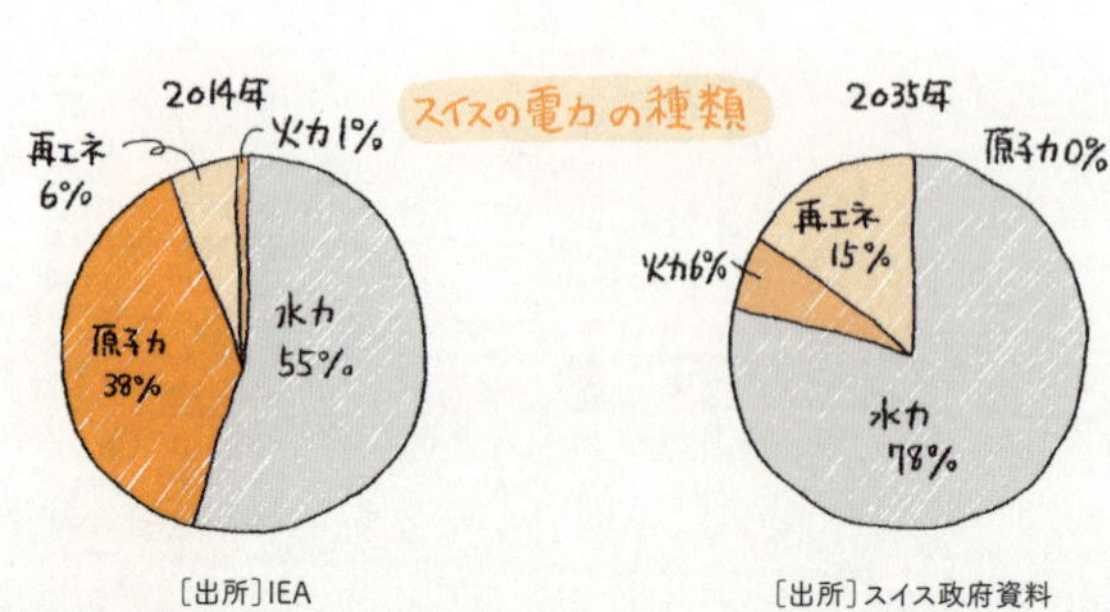

［出所］IEA
［出所］スイス政府資料

かけられ、2018年1月に発効の見通しです。

スイスまとめ

- 二酸化炭素をほとんど出さない電力構成。
- 既存の原発を段階的に閉鎖し、建て替えはしない方針。
- 原発の安全性は国民から信頼されているようである。
- 脱原発に向けた具体的な戦略を定めている。今後、国民投票が行われる予定。

スイスの脱原発5つの方策

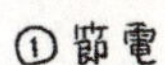

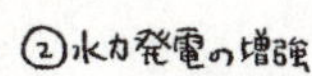

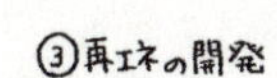

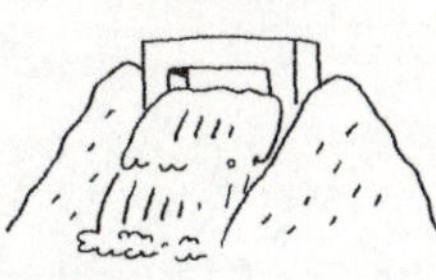

④火力発電の新規建設

⑤電力の輸入

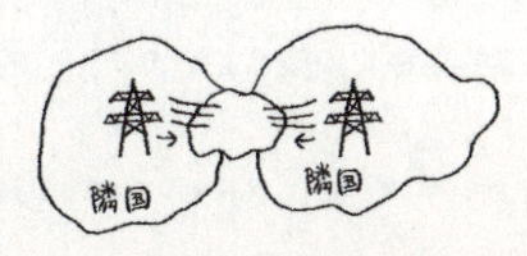

Italy

イタリア

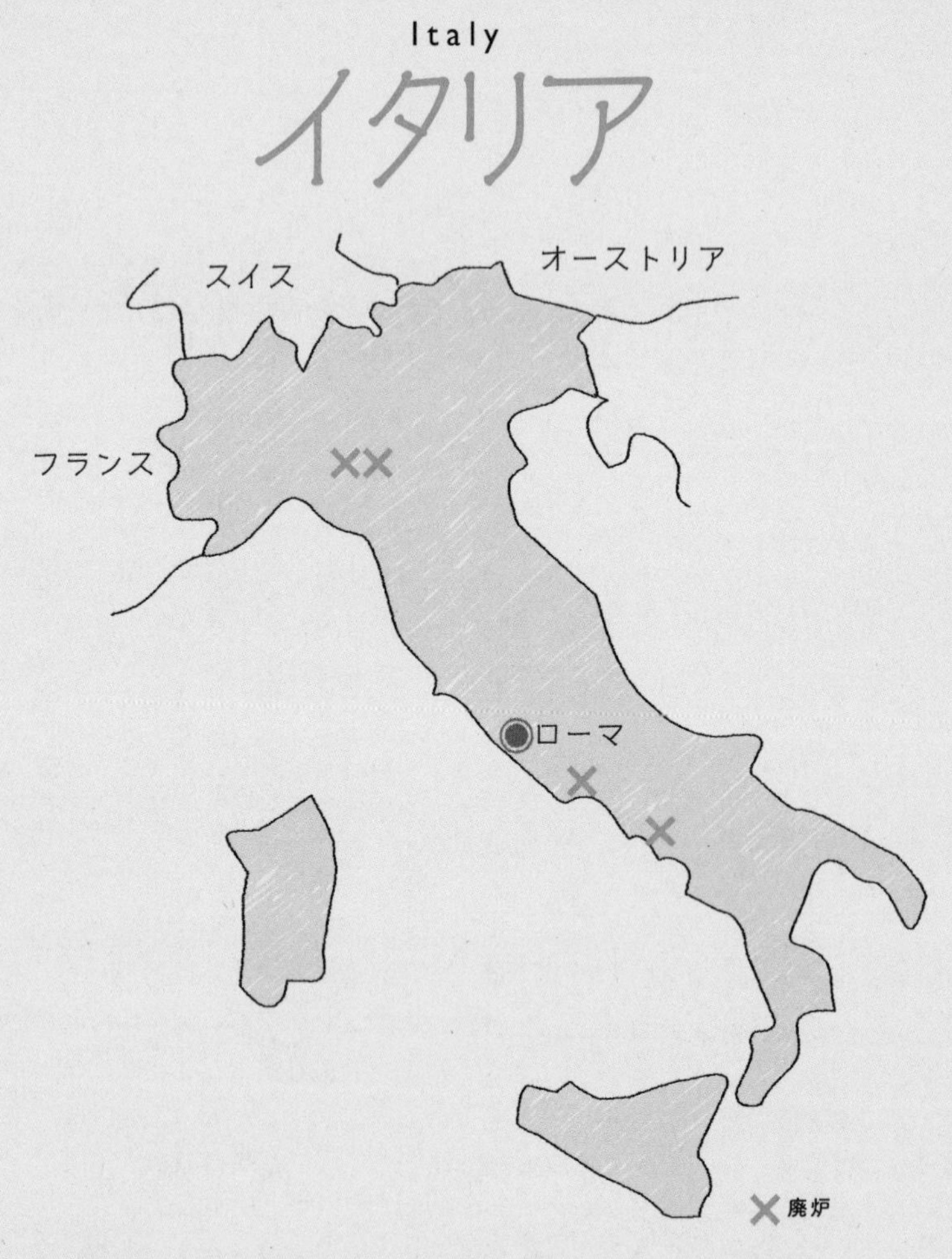

どんな国？

パスタ、生ハム、チーズ、オリーブ、ワインなど食の宝庫、女性には憧れの有名ファッション・ブランド、高級車フェラーリ、多くの人に親しまれているカンツォーネ・オペラの名曲の数々、ルネサンスの栄光、無数の世界遺産など、誰でも澄んだ空気と太陽の光に満ちた明るいイタリア像を描くことが可能です。ただ、最近は経済が低迷し、PIGS※という不名誉な名称を頂戴しています。イタリア経済が再び輝きを取り戻すのはいつの日になるのでしょうか。

※経済状況が悪いポルトガル、イタリア、ギリシャ、スペインの4カ国は頭文字をとって「PIGS（豚）」と呼ばれています。

●資源がほとんどないイタリア

イタリアは天然資源に乏しい国です。エネルギー自給率は1950年代に天然ガスの産出増加で一時上昇しましたが、その後は生産が国内消費の伸びに追いつかず、1960年代後半には2割を切るようになりました。最近は水力、風力、太陽光、地熱、バイオマスなどの再生可能エネルギーの導入で自給率は改善していますが、これは財政危機や経済のマイナス成長でエネルギー消費が落ち込んだことによる、いわば一時的に底上げされた数字で、実態はこれより低くみる必要があります。

エネルギー供給の主力である原油とガスも、供給量の約9割を輸入に頼っています。

●かつては原発先進国だった

エネルギー不足は、早くから重要な問題として認識されてきました。北

DATA

首都▶ローマ

面積▶30.1万km²（日本の0.8倍）

人口▶5,980万人（2015年）

言語▶イタリア語

通貨▶ユーロ

宗教▶カトリックなど

産業▶機械、繊維・衣料、自動車など

GDP▶2兆1,412億ドル（2014年）

経済成長率▶-0.4%（2014年）

総発電量▶280TWh（2014年・日本の0.3倍）

部に集中する水力資源だけでは拡大する電力需要をまかなうのには十分でなく、1945年には戦争で中断されていた原子力の研究が、まず民間部門で再開されることになりました。1957年以降、国内の3地点で相次いで原発の導入が決まり、建設が始まりました。これら3発電所は1960年代半ばに運転を開始し、発電量でフランスをしのぐ世界有数の原子力発電国となります。

さらに1973年の石油危機を契機としたエネルギー価格高騰への対応策として、政府は1985年までに2000万kW（出力100万kWの原発で20基分に相当）の原発を増やす計画を打ち出します。

しかし、山がちな国土の制約や観光業の発達、地質条件など、様々な立地問題に阻まれて計画は進みませんでした。地方分権が進み、立地許認可に対する地方自治体の権限が強いことも、計画を遅らせる大きな要因となっていました。

政府は、立地促進策として地元に交付金を支払ったり、一定の期間を置いて地方自治体の許認可手続きを国に移して建設手続きを進めようと

主な原子力の動き①

- 1960年代 3基の原発が運転開始
- 1973年 第一次石油危機（大規模な原発増設計画発表も1基のみ運転開始）
- 1986年 チェルノブイリ原発事故
- 1987年 国民投票で原発の不人気が明らかに
- 1990年 国内で全ての原発が閉鎖

しましたが、ほとんど効果はなく、1970年以降に完成できた原発は1基だけでした。

●チェルノブイリ事故で脱原発へ

1986年のチェルノブイリ原発事故では、遠く離れたイタリアでも広い地域で放射能を含んだ雨が降り、政府の情報提供が不透明だったこともあって国民はパニックに陥りました。政府の発表に信頼を持てなくなった人々は、原発に関する国民投票の実施を求める署名活動を開始し、1987年11月に国民投票が実施されました。

国民投票で問われたのは、原発利用の是非そのものではありませんでしたが、原発の立地促進を定めた法律の条項*などに対して廃止賛成が圧倒的多数を占め、原発の不人気ぶりが明らかとなったのです。

国民投票の結果、議会下院は同年12月、原発の開発計画はひとまず棚上げするものの、既設の原発については安全性を確認したのちに対応を

＊①地方自治体が決められた期限内に決定を行わない場合、経済関係閣僚委員会が立地点に関して決定することを認める規定。②原子力と石炭火力を受け入れる市町村に対して補償金を支払う規定。

決めるという内容の議員提案を採択しました。

政府もほぼ同時期に、5年間は原発の新規建設を中止すると決定し、次第に脱原発へと舵を切りました。1990年7月には、国際原子力機関（IAEA）の調査団などにより安全性が確認されていたカオルソ原発と、燃料を原子炉に入れて運転再開の合図を待っていたトリノ・ベルチェレーゼ原発の閉鎖が決定され、イタリアの原発の歴史にひとまず幕が下ろされることになりました。

●脱原発後もフランスなどから電力輸入

イタリアは以前から国内の発電量だけでは電力需要をまかなうことができず、周辺諸国から電力を輸入してきました。輸入量は発電所建設の遅れに伴い増加する一方でしたが、原発が完全に停止した80年代後半から、さらなる増加に弾みがつきます。

主な輸入先はフランスとスイスです。フランスでは原発が発電量の8

割近くを占め、冬場の暖房ピーク時を除いて、ほぼ一年中安い電力が余っています。イタリアは原発こそ断念しましたが、フランスからの電力輸入によって原発の恩恵をしっかり受けていることになります。

しかし、国内で消費する電力量の14～16％を輸入に頼る状態は、安定的に電気を供給する上では問題があります。実際、電気の輸入に使う国際送電線を限度すれすれまで使用するという綱渡り的な状態を続けてきた結果、2003年には全国的な大停電事故を2回も起こしています。

大停電後、政府は発電所立地促進策を打ち出し、電力供給を拡大しようとしました。最近は不況による電力消費量の減少や再生可能エネルギー電力の増加などによって電力輸入量は横ばい状態が続

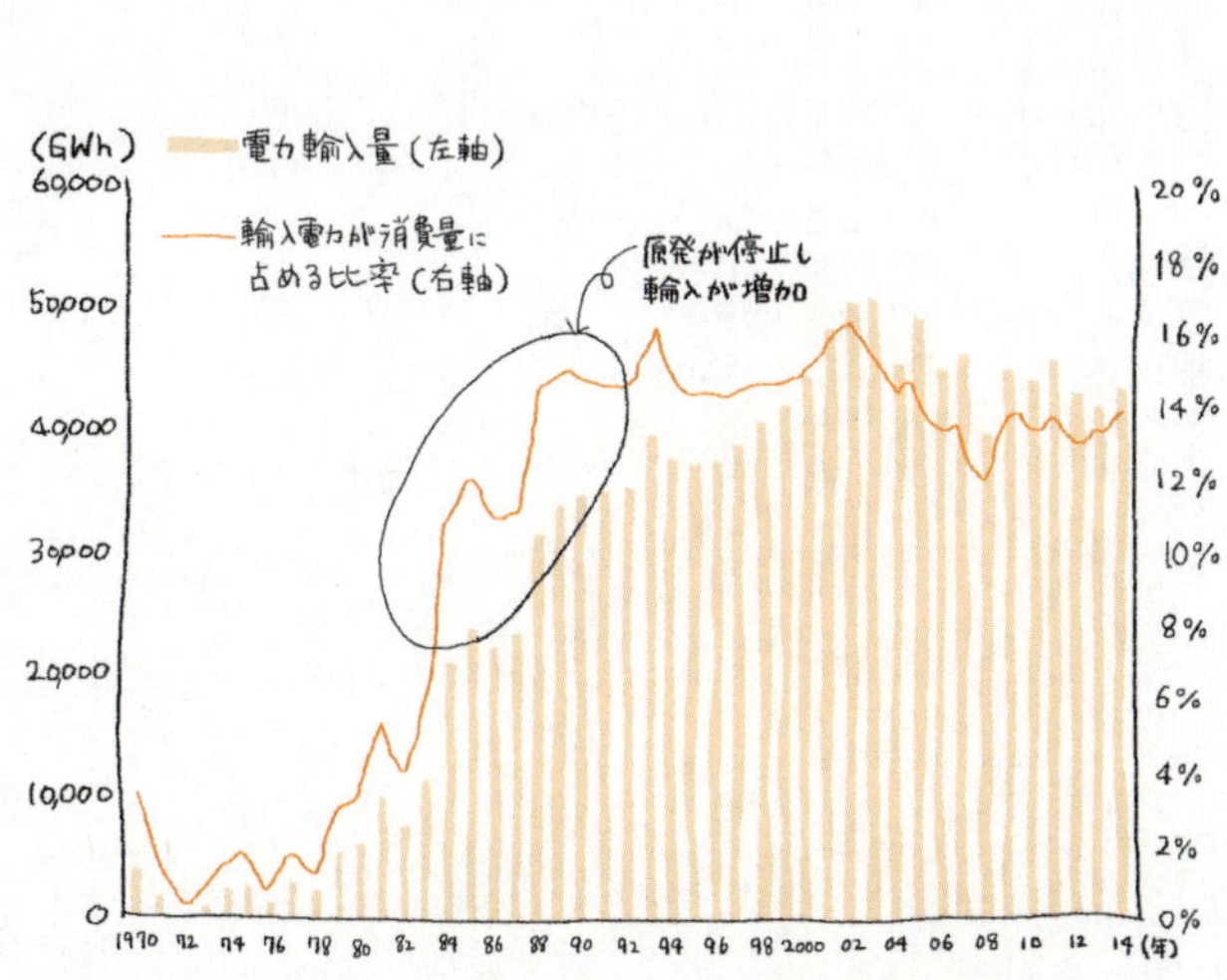

［出所］Terna"Dati Statistici sull'Energia Elettrica in Italia"

いていますが、それでもきわめて高い水準にとどまっています。

●原発再開を目指す政府

5年間と定められていた原子力モラトリアム（新たな原発の建設中止）は1992年12月に終了しましたが、原発は相変わらず国民に人気がなく、原油価格が比較的落ち着いていたこともあって、その後しばらくエネルギー政策に変化は見られませんでした。

しかし、21世紀になると新たな動きが出てきます。2001年に2度目の政権の座についたベルルスコーニ首相は、任期中に原油価格の上昇が続いたこともあり、折に触れて原発の必要性をマスコミに向け発信するようになります。

国内の原発建設は、ベルルスコーニ氏がいったん政権の座から退いたことで中断を余儀なくされますが、2008年に4度目の政権復帰を果たした後、急速に動き出します。同年8月に成立した法律の中で、国内での原発建設などを盛り込んだ「国家エネルギー戦略」の作成が明記されました。2009年7月には、原発立地に関わる政府の権限を強化したり、原発関連企業への支援措置について規定した法律も成立しています。

●原油高の追い風

国民投票で一度は原発利用を葬り去ったイタリアの世論は、原発に対して厳しいだろうと思われるかもしれませんが、21世紀に入ると原発の見直し機運が生じ、時期によっては原発支持が多数派というようなことさえ起こるようになりました。その理由は、イタリアの電気料金水準が欧州各国の中では常に上位に位置していることにあると思われます。

世論調査によれば、原油価格が高騰した2007年

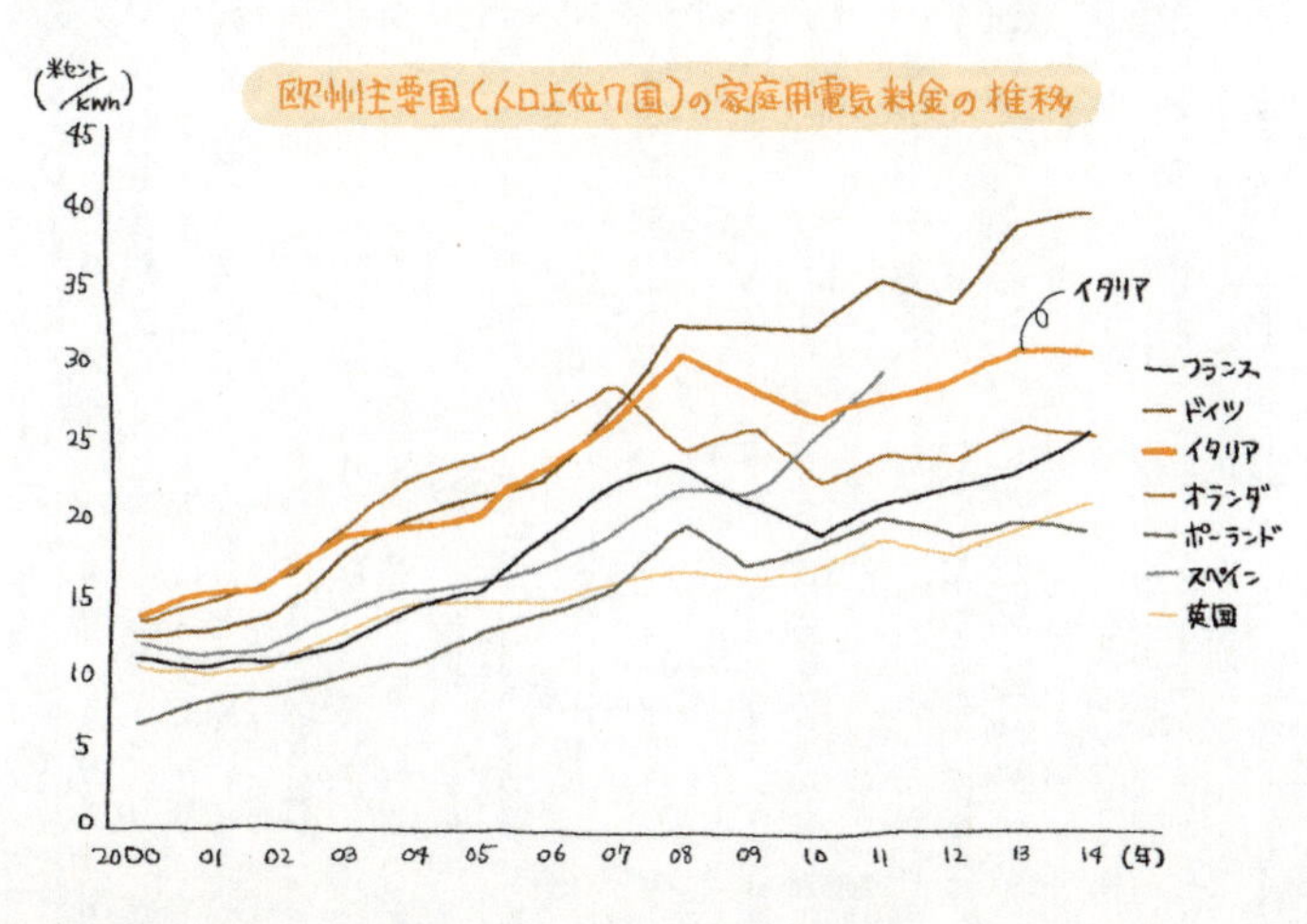

［出所］IEA

に原発支持率が最高となり、その後は少し低下するものの、2011年に原油価格が上昇すると再び原発支持率は高まりました。福島原発事故直前の2011年2月には、わずかながら原発支持が反対を上回っていました*。

* 2011年2月の世論調査
賛成：43％
反対：41％
わからない：16％
[出所] Ferrari Nasi & Assosiati

●それでも厚いNIMBYの壁

大型の建設プロジェクトに対して「経済・産業・社会的な便益を認めるけれど、建設は他でやって。自宅近くは絶対いや」という、いわゆるNIMBY*現象は先進国に共通してみられますが、立地場所がきわめて限られるイタリアのような国では特に顕著です。LNG基地、送電線、ゴミ処理施設など、地元の反対で立ち往生している計画は数え切れないほどです。

* NIMBY：Not In My Backyard（うちの裏庭では駄目）の略。大規模なプロジェクトの建設に対して原則賛成するものの、近所での建設は何があっても反対、という住民の態度。

前のページで述べた2009年の法律では、原発の立地場所を「戦略的国益サイト」として政府が宣言できる可能性に言及していました。「戦略的国益サイト」とは、ナポリのゴミ処分場の問題を解決するために政府が頼った究極の手段です。ナポリでは住民の反対によりゴミ処分場が建設できず、路上にゴミがあふれるという深刻な事態に発展していましたが、この宣言により、政府は軍隊を動員して処分場の建設作業を妨害するデモ隊や広場での抗議行動の封じ込めに成功しました。

原発建設のために軍隊動員というのは欧米諸国ではあまり例のない話ですが、ベルルスコーニ首相は「新規の原発建設予定地区を管理するために軍隊を利用する用意がある」と公式の場で発言しており、原発再開に対する本気度がうかがえました。

●3・11直後の国民投票は多数が原発反対

2010年、野党「価値あるイタリア」と市民団体の「市民防衛運動」は、原発建設法の廃止を求める国民投票の署名運動を開始して70万人を超える署名を集め、2011年6月に国民投票が実施されることに

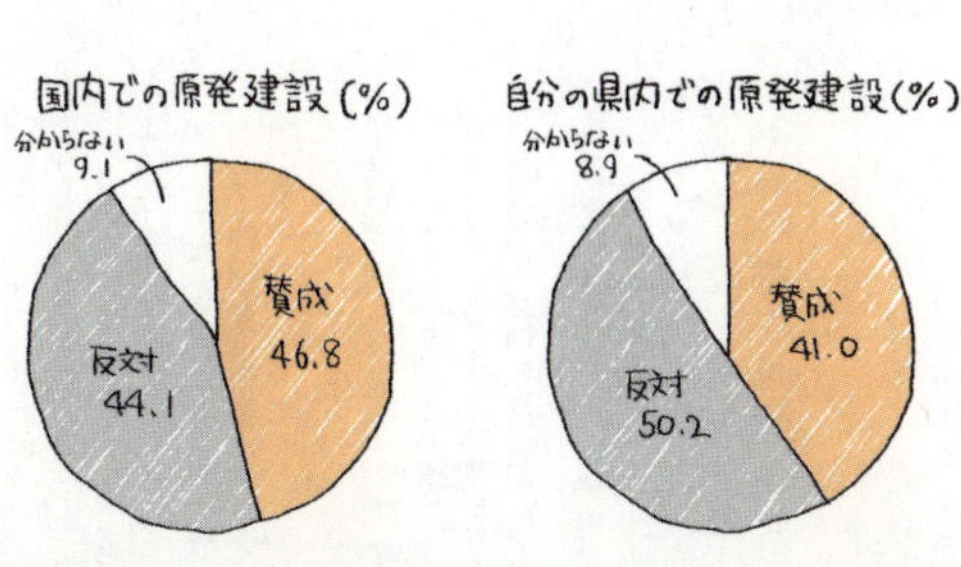

［出所］Demos & Pie, 2008年10月

なりました。こうした中、福島での事故が発生したのです。

この事故により国民が情動的に反応することを危惧した政府は2011年5月下旬、原発建設再開に関する議論を1年間凍結する法律を制定し、国民投票を回避しようとしましたが、憲法裁判所は回避を認めず、予定通り6月12、13日に国民投票が実施されました。

結果は廃止賛成（原発反対）派が圧倒的多数を占めました。しかし、実際の投票率は50%を若干超えた程度だったことや、原発に強く反対する人は投票率が高く、エネルギー問題にあまり関心がない一般の人の棄権率が高くなる可能性はあります。ただ、今回は棄権した人の票が全て原発支持であったと仮定した場合でさえ、原発反対票が上回っていたのです。

国民投票の結果、ベルルスコーニ首相は原発の再開が困難となったことを認め、再生可能エネルギーの開発に注力するとの声明を発表しました。さらに政府は2012年10月、原発抜きの「国家エネルギー戦略」案を発表しました。2020年には、エネルギーコストを欧州平均レベ

主な原子力の動き②

2010年
2011年6月に原発利用についての国民投票の実施が決まる

2011年
3月◆福島原発事故
（国民投票の実施を延期しようとしたが、憲法裁判所は認めず）
6月◆国民投票で約96%が原発に反対
⇓
政府は再エネ推進を決定

ルに近づけるとしています。しかし、イタリアの電気料金は、フランスと比べて3～4割高い状態が続いており、格差が解消される兆しは現在のところ見えていません。

2011年の国民投票
質問：国内での新たな原子力発電を認める法令の廃止（投票率55％）
賛成96％、反対4％

イタリア
まとめ

- エネルギー資源に乏しく原発もないため、電力輸入に頼っている。電気代の高さに国民は不満も。
- かつては原子力先進国であったが、1980年代後半に原発を完全に停止。
- 政府は原発の再開を目指していたが、福島原発事故が起き、国民投票で圧倒的多数が原発に反対。近年は再生可能エネルギーに力を入れる。

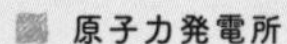

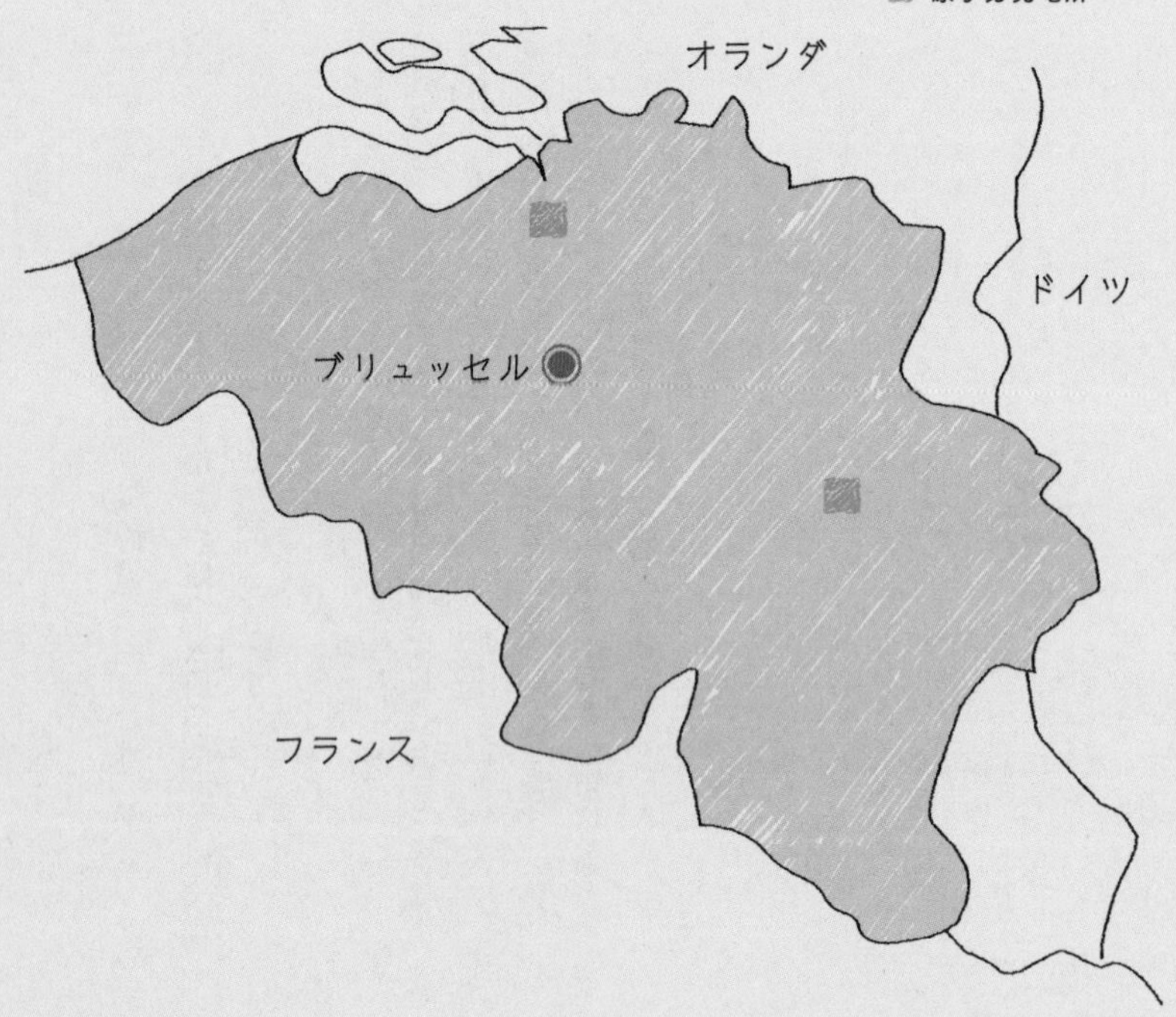

どんな国？

ベルギーといえば、チョコレートやビールが知られています。他にもブリュッセルの小便小僧あるいはフラワーカーペットが世界的に有名です。テレビアニメの「フランダースの犬」の舞台は北の中心都市アントワープとその郊外です。一方でベルギーは加工貿易を中心とした工業立国で、医薬品などの化学工業や、自動車などの機械工業が盛んで、日本にも輸出されています。

今も昔も最先端の工業立国

ベルギーは、19世紀にイギリスで始まった産業革命が最初に伝わったヨーロッパの国の一つといわれています。その後、当時豊富にあった鉄鉱石や石炭を使い、毛織物から始まって、鉄鋼、機械といった産業が発展していきました。今でもヨーロッパの最先端を行く工業国の一つで、常に新しい技術を取り入れている国です。

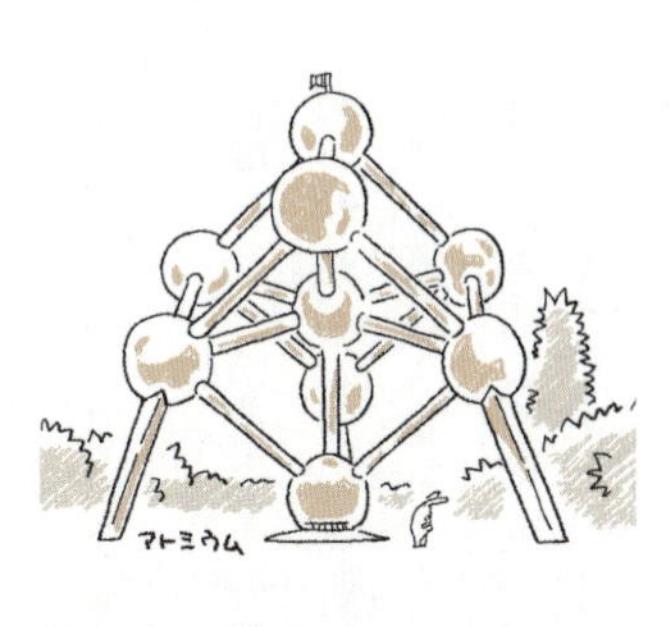

第二次世界大戦で中断していた万国博覧会が、戦後初めて開かれたのが首都のブリュッセルでした。テーマは「科学文明とヒューマニズム」。この時に建設されたのが、鉄の結晶の分子構造を1650億倍に拡大したアトミウムというモニュメントです。これを見ていると、当時のベルギーの人々の斬新な発想と科学に対する期待感が伝わってきます。

DATA

首都▶ブリュッセル

面積▶3.1万km²（日本の0.1倍）

人口▶1,129万人（2015年）

言語▶オランダ語、フランス語、ドイツ語

通貨▶ユーロ

宗教▶カトリックなど

産業▶化学工業、機械工業など

GDP▶5,334億ドル（2014年）

経済成長率▶1.1％（2014年）

総発電量▶73TWh（2014年・日本の0.1倍）

●資源の枯渇で原発導入を決断

産業革命の頃は鉄鉱石や石炭が豊富にありましたが、第二次大戦後はそれらが枯渇していきました。産業を復興し、荒廃した国を立て直すためには、豊富な電力の確保が不可欠でした。そのためベルギーは、当時開発が進んでいた原発の導入を決断しました。外国からの石油に依存せずに安定した電力を確保できる原発は、国の成長に欠くことのできない技術でした。

また、原発を自分たちの力で作れるよう原子力産業も育成していきました。1975年にドールとティアンジュという2カ所の発電所に合計3基の原発を建設し、1985年には合計7基の原発を保有するまでになりました。ベルギーの原発はトラブルも少なく、国が必要とする電力の半分以上をまかなうようになりました。

ベルギーの電力の種類(2012年)

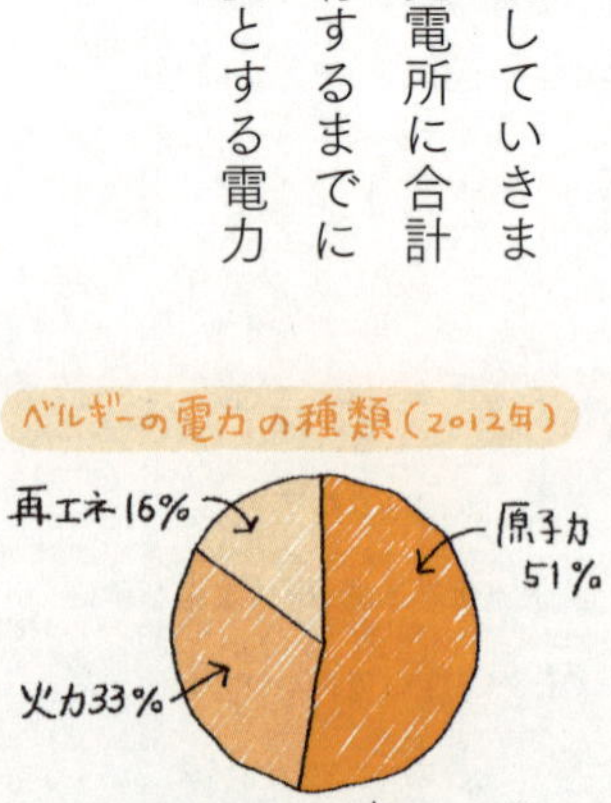

再エネ16%
原子力 51%
火力33%

エネルギー資源が乏しいので安定した原子力を導入。
原発比率50%を超える国は、フランスなど数カ国のみ。

［出所］IEA

●事故が続き不信感が高まる

しかし1979年に米国で起きたスリーマイル島原発事故（125ページ）以降、国内で原発に対する不信感が少しずつ高まっていきます。また、その頃ヨーロッパでも原発に関連した事故が起きました。1984年には、原発で使う燃料の原材料を輸送していた貨物船がベルギー沖でフェリーと衝突して沈没するという事故が起こりました。海底に沈んだこの原材料を回収するまで、人々は放射能汚染が海や沿岸に広がるのではと心配しました。次いで、原発から出る廃棄物を不正にドイツに運び出す事件が起き、原子力産業に対する不信感が一層高まっていきました。

さらに1986年のチェルノブイリ原発事故（108ページ）では、ベルギーでも乳製品が放射能に汚染されるなど、直接的な被害が発生して、原発に対する不安が急速に拡大します。事故の2年後、政府は計画していた原発の新規建設計画を白紙撤回し、代わりに石炭火力発電所を建設すると発表しました。初めて、原発の利用拡大に待ったがかかったのです。

1999年に発足した連立政権は、さらに一歩進んで将来の脱原発を決定し、2003年に脱原子力法が成立しました。これまでは運転期限を定めていませんでしたが、この法律では原発の寿命を40年と定めました。この結果、ベルギーで運転中の原発は2015~2025年に全て停止することになり、新しい原発の建設計画もなくなりました。

●脱原発の難しさ

しかし当時、代わりの発電所を作る計画もないままに原発を止めることは無責任だとの批判もあり、随分と議論されました。脱原発を決めたものの、二酸化炭素の削減目標をどう達成していくか道筋が見えないこともあって、政府は2005年に専門家に将来の発電設備の構成についての調査を依頼しました。

専門家は、40年で原発を止めてしまっては、代わりになる発電所の建

主な原子力の動き

1979年
スリーマイル島事故

1984年
原子燃料の原材料を載せた貨物船がベルギー沖で沈没
(原発に対する不安が拡大)

1986年
チェルノブイリ原発事故

2003年
脱原子力法が成立
(原発の寿命を40年に定め、2025年までに全ての原発が停止)

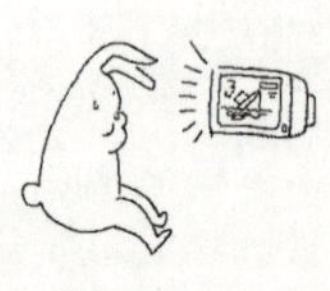

設が間に合わない可能性があるとして、原発の60年運転を大筋で認めるべきという報告書を発表しました。脱原発はするが、40年ではなく60年かけてゆっくりやるべきだという考えです。

政府は専門家の意見を取り入れ、原発の寿命を40年から60年に延長するための改正法案を国会で成立させようとしますが、この法案が通過する直前に議会が解散してしまい、法案は不成立となりました。この頃、ベルギーでは国内の南北対立が激化。史上最長の政治空白と揶揄されるように、連立政権発足までに1年半かかり、政策運営が滞ってしまいました。2011年12月にようやく発足した8党連立政権は、福島原発事故の直後ということもあって、この脱原子力法修正案を破棄し、原発以外のエネルギー開発を急ぐことを確認するにとどまりました。

メモ　ベルギーの南北対立

ベルギーでは古くから北のオランダ語系フランデレン地方と南のフランス語系ワロン地方が仲たがいしています。組閣時は小規模政党が連立政権を組むことが一般的です。2010年の選挙では、経済的に優位なフランデレン地方の分離独立を主張する政党が第一党に躍進しましたが、過半数を占めるには至らず、連立政権発足までに1年半かかるなど、政治が混乱しました。

●原発停止で輪番停電を覚悟？

2012年夏、2基の原発の圧力容器*内部に細かいひび割れのよう

＊圧力容器：燃料を収納している鋼鉄製の容器のこと。最も重要な設備の一つ。

なものが点検で見つかりました。いったんは問題なしとして運転を再開しますが、2014年には詳細な点検を行うために再度停止しました。この2基の原発が運転再開の目途が立たないまま止まったことで、将来の電力不足を懸念した政府は、2003年に制定された脱原子力法の改定に踏み切り、早い時期に閉鎖される予定だった原発1基の運転期間を40年から50年に延長しました。

さらに、ひび割れが見つかった2基に加えて、同じ年にもう1基が故障で止まりました。7基の原発のうち3基が止まり、運転している残り4基のうち2基も、次の年には40年目を迎えて停止するという事態に直面しました。

政府は2014年の冬の寒さが厳しい場合、電力が不足する可能性があるとして、輪番停電の実施を準備します。政府と電力会社は電気を止める地域やその順番を決めて、広くテレビ、インターネットなどで国民に準備を呼びかけ、節電についての協力も要請しました。この時期、多くの国民が停電を覚悟したようです。この時、ベルギーの電力会社は、福島原発事故の際に日本で実施された輪番停電の経験を参考にしたといわれています。

●中途半端な脱原発政策

2014年の冬は、隣国からの電力輸入や工場の操業調整による節電などで乗り切ることができ、結局、停電には至りませんでした。しかし、多くの国民はあらためて、自分たちの使う電気が原発に大きく依存していることを認識したのです。

これ以上、原発が停止した場合の電力不足の解消策が見つからないことから、政府は2015年に、40年目を迎え停止予定だった2基の原発について、10年間の運転延長を決めました。細かいひび割れが見つかった原発も強度に問題はないとして2015年12月に運転を再開し、何とか電力不足は解消されました。

当面の電力不足は解消されましたが、このままでは2025年に5基

の原発が一斉に停止することになります。風力発電などの再生可能エネルギーの導入を急いでも、必要とする電力の多くをまかなうのは難しそうです。また、天候次第で発電量が変わる再生可能エネルギーをたくさん導入するには、発電量の変動を調整するバックアップの発電所が必要ですが、こうした新しい発電所建設が電気料金の上昇につながらないか心配されています*。

●原発が必要だという声も

国民も少しずつ、原発との付き合い方を考えるようになってきています。原発と再生可能エネルギーをうまくバランスさせながら、最終的には再生可能エネルギー中心の世界に移行していくのか、あるい

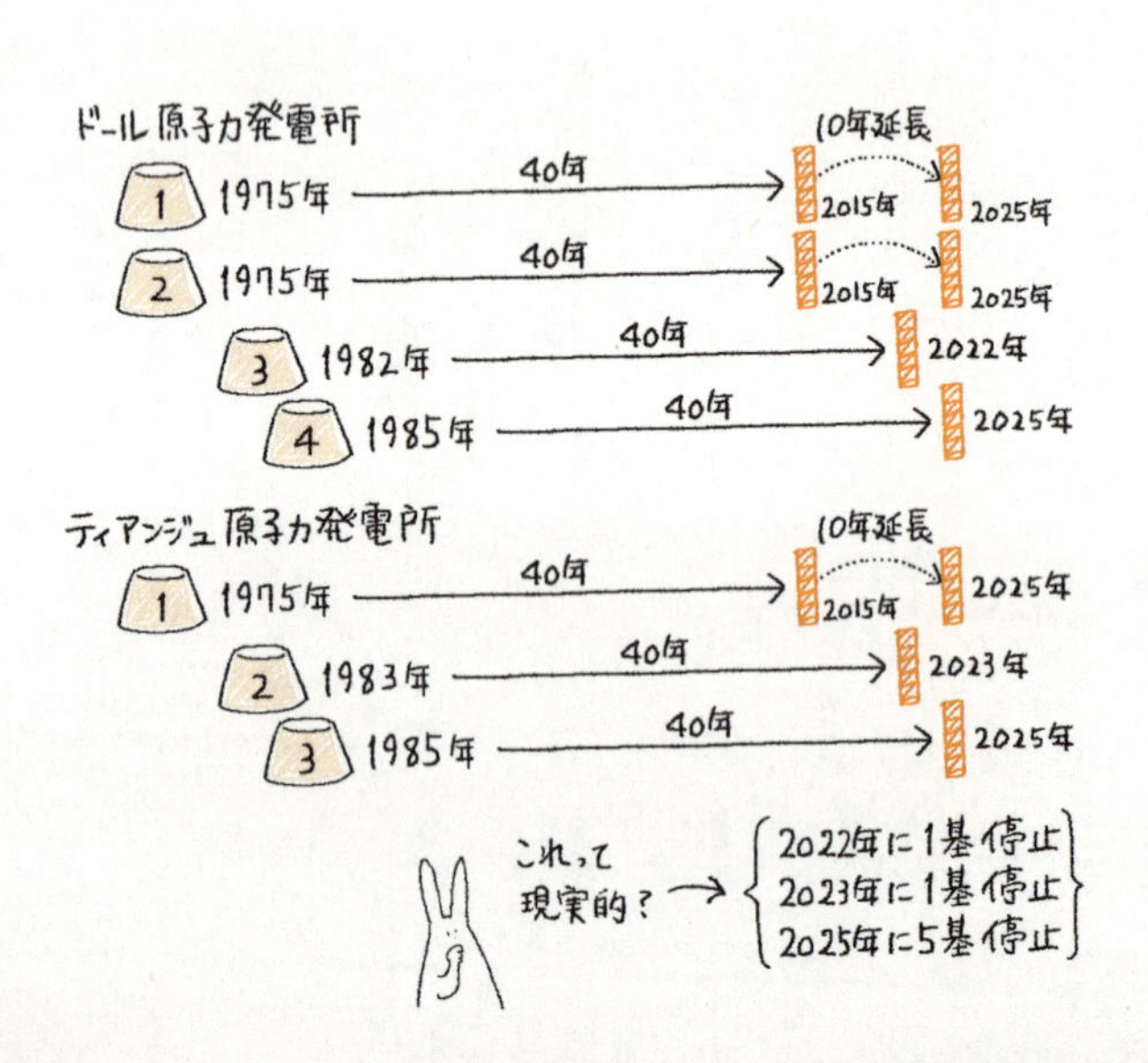

は一定量の原発を残していくのか。ベルギーでは、今後のエネルギーのあり方を考えていかなければならない時期を迎えています。

最近の世論調査では、国民の63％が原発の維持が必要だと答えています。そして51％が、2015年に停止するはずだった原発2基について、10年間の運転延長を決めた政府の決定を支持しています。原発と再生可能エネルギーを上手にバランスさせることに前向きな意見も75％にのぼりました。一方で、原子力に関する情報開示が不十分だと感じる人も65％と高い割合になっています。

＊再生可能エネルギーが使えない場合（無風時や夜間など）に備えてバックアップの発電所（火力発電所など）を待機させておく必要があります。バックアップ発電所の容量が足りなければ、新たにバックアップ発電所を建設しなくてはならないため、建設コストがかかります。

ベルギー まとめ ▼

- 外国の原発事故などの影響で原発への不信感が高まり、2003年に脱原子力法が成立。
- 電力不足や二酸化炭素削減の問題もあり、脱原発はなかなか進まない。
- 2014年には原発がトラブルで停止し、輪番停電を覚悟したことも。

Taiwan

台湾

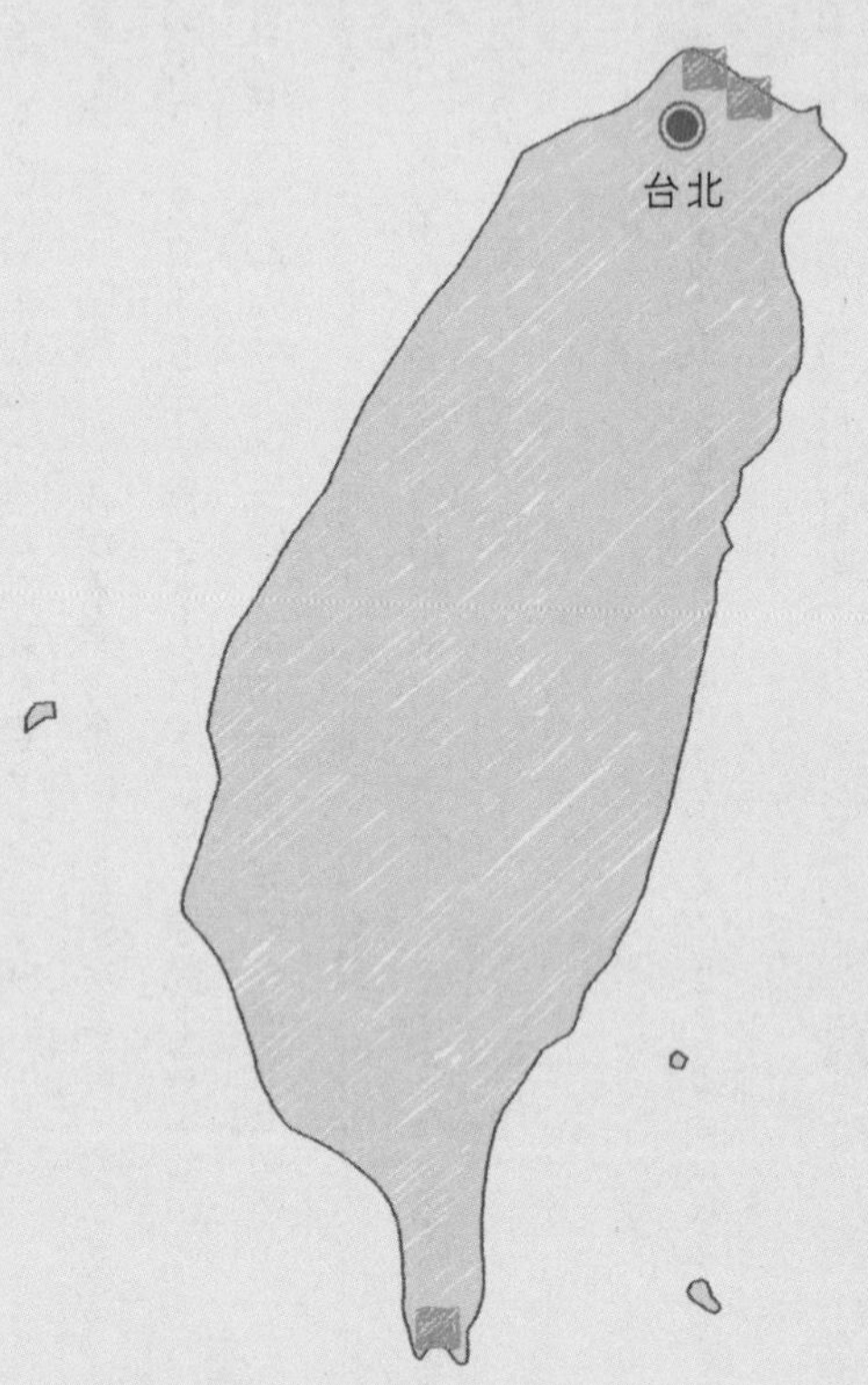

どんな国？

小籠包と屋台ラーメン（坦仔麺）、優しい味付けがおいしいです。李登輝元総統をはじめ、日本語を上手に話す年配者、日本のサブカルチャーが大好きな若者など、日本ファンの多い国です。ノスタルジックな雰囲気が感じられる下町や台北101ビルに代表される超近代的なビジネス街は、日本の観光客にも人気があります。

●親日家の多い台湾

台湾は工業化政策により1950年代に経済発展の基盤を築きました。工業製品の輸出で急速な経済発展を遂げ、1979年に経済協力開発機構（OECD）から新興国として位置づけられました。近年、中国の成長鈍化の影響で台湾経済にも陰りが見えていますが、台湾企業は元気で、鴻海精密工業（ホンハイ）が日本のシャープを買収したニュースは記憶に新しい出来事です。

台湾には親日家も多く、年配の人たちは流ちょうな日本語を話します。若い世代も日本の流行に敏感で、いつも日本に注目しています。「かわいい」とか「おいしい」といった感覚や、安全、安心などの日本人の考え方も浸透しています。

DATA

首都▶台北

面積▶3.6万km²（日本の0.1倍）

人口▶2,343万人（2014年）

言語▶北京語、台湾語

通貨▶台湾元

宗教▶道教、仏教、キリスト教

産業▶情報・電子，化学品など

GDP▶5,295億ドル（2014年）

経済成長率▶3.8%（2014年）

総発電量▶260TWh（2014年・日本の0.2倍）

●原発の運営は国営企業

台湾では1895年からの日本統治下で水力発電などの建設が進み、1919年に各地の電力会社を1社に統合して「台湾電力株式会社」が設立されました。日本の統治から外れた1946年に同社が台湾政府に接収され、国営の「台湾電力公司」が誕生しました。

1994年には、発電部門に民間発電会社の参入が認可されました。2014年時点で、約2割の発電所が民間企業のものとなっています。

2014年の総発電量は、火力発電72％、原発24％、水力発電4％であり、再生可能エネルギーは1％未満です。原発は国営の台湾電力が所有、管理しています。民間企業に認められているのは発電事業だけで、電気の販売などは全て台湾電力が行っています。

●台湾と原子力の出会い

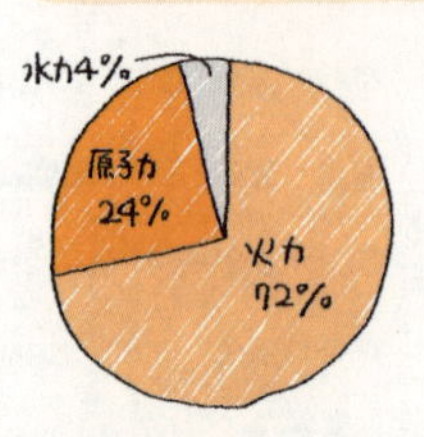

［出所］IEA

台湾政府は、1955年に原子力委員会を設立し、原子力分野の人材育成や研究開発を開始しました。また、米国の原発メーカーであるGE社から実験炉を購入して、1968年に清華大学*に「核能科学研究所」を開設。1972年には、台北市の北約28kmに第一原発（米国製）の建設を開始しました。

1971年の中国の国連加盟や、1972年の米国のニクソン大統領の中国訪問など、米国が台湾より中国を重視していることに台湾政府は危機感を募らせます。冷戦下で中国に対抗するために米国の支援が必要だった台湾は、米国の関心を取り戻すため、米国から武器や原発を購入することが必要と判断したといわれています。第二原発（米国製）の建設は時期を早め、1975年に台北市の北東23km地点に開始されました。折からの石油危機で、エネルギーのほとんどを輸入に頼る台湾は、原子力開発を加速することになり、1978年に島の最南端に第三原発（米国製）の建設に着手、1985年に運転を開始しました。

* 中国の清華大学は世界的にも有名ですが、台湾にも清華大学という名前の大学があります。

二大政党が原子力政策でぶつかり合い

しかし、原発の運営は当初から設備の故障などが相次ぎ、周辺住民に不安が広がりました。1979年には米国でスリーマイル島原発事故(125ページ)が発生し、一党独裁体制で戒厳令下にあった台湾でも反対運動が起こりました。

こうした動きは政治の世界にも波及し、民主化により1986年に結成された最大野党の民進党が反原発を唱えるようになり、原発推進派の与党・国民党と激しく対立します。その後、両党の国会での対立の焦点は、当時建設が始まっていた第四原発に移っていきました。

第四原発は1980年に台湾電力が政府に建設を申請し、1981年に建設場所が台北市の北東40kmの地点に決定しました。計画は一進一退の時期を経て、1990年代の経済発展に伴う電力不足を理由に国民党が建設を決定、1999年に建設工事が開始されました。

ところが2000年の総統選挙で反原発を掲げる民進党が政権を奪う

主な原子力の動き

1972年 第一原発の建設開始

1975年 第二原発の建設開始

1978年 第三原発の建設開始

と、民進党は「アジア初の脱原発を目指す」と宣言し、第四原発の建設工事の停止を決定しました。しかし、2008年の総統選挙では民進党が敗北し、再び国民党が政権に復帰すると、第四原発の建設が再開されました。

●アジア初の脱原発をめざす

こうした中、2011年に福島原発事故が発生しました。親日派の多い台湾の人たちがテレビで事故の様子を見て、「あの日本ですら事故が起きたのだから原発は危険」との認識を持つようになりました。特に台北の市民は、2カ所の原発が20～30kmと近い場所にあり、太平洋に面していることから津波などに対する不安感も高まりました。

台湾では、1999年に中部一帯に被害をもたらしたマグニチュード7・6の「集集大地震」が発生していますが、同じ規模の地震が北部で起きると、「台北市が放射能で汚染される危険性がある」として反原発が

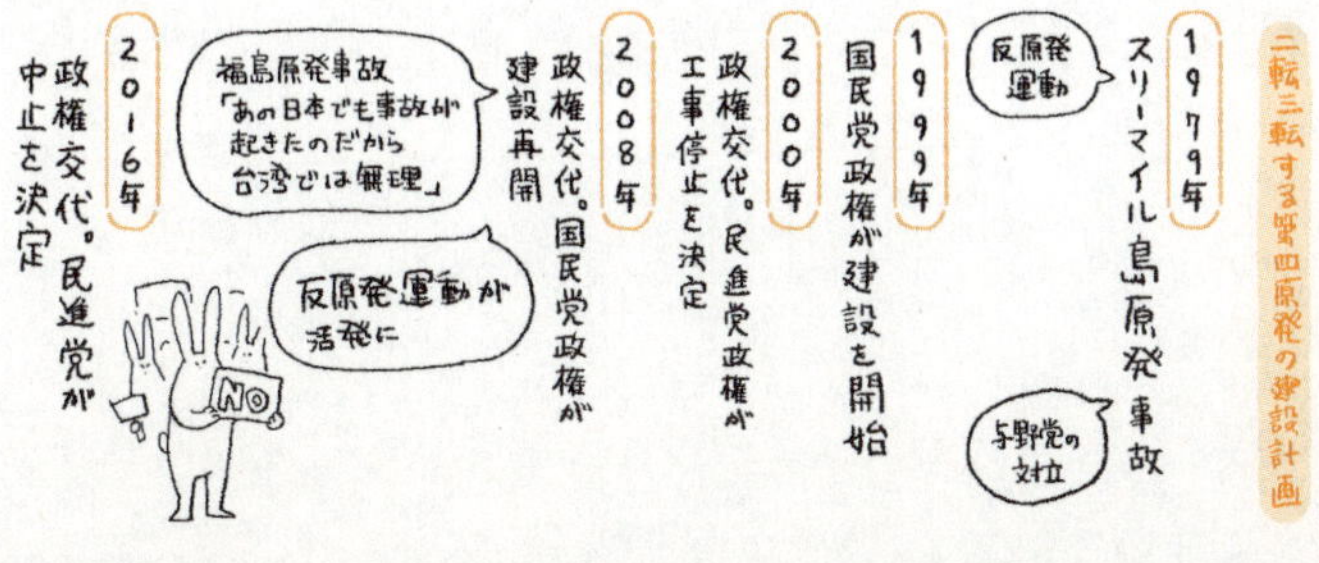

叫ばれました。

　これまで無関心だった人も反原発運動に参加して、反対運動が盛んになります。「媽媽監督核電廠聯盟」（原発を監視する母親の会）や「公投護台湾聯盟」（住民投票で台湾を守る会）など多数の反原発団体が誕生し、反原発運動を繰り広げました。

　2011年以後、台北市やマスコミが世論調査を数回行っていますが、いずれの調査でも原発に反対する人が多く、全体の70％以上が「将来的に廃止すべき」と答えています。「技術が進んだ日本でもだめだったのだから、台湾では無理」という感情が背景にあるようです。こうした国民の動きを反映し、国民党は2015年に、工事が95％まで終わっていた第四原発の建設を一時中止することを決定しました。

　2016年に行われた総統選挙で、「脱原発の推進」を公約に掲げた民進党が勝利し、同年5月20日に蔡英文政権が発足しました。この政権は、発足直後の5月25日に第四原発の建設中止と、運転中の3カ所の原発（6基）について運転延長を認めない決定を下しました。さらに

２０１７年１月に、２０２５年末までに全ての原発の運転を停止するとした法律の改正案が国会で承認されました。

現在のエネルギー開発計画では、２０２５年までに建設される発電設備が約１０００万ｋＷであるのに対し、脱原発や火力発電所の廃止で１５００万ｋＷの設備が減るため、電力が不足する恐れがあります。民進党政府は、再生可能エネルギーを増やすなどのエネルギー開発計画の見直しを進めていますが、反原発の姿勢に変更はなく、台湾は脱原発を進めるものとみられています。

台湾
まとめ

- 原発政策で二大政党が激しく対立。政権交代のたびに原発の工事を開始したり止めたりと政治の動きに翻弄されている。
- 親日家の多い台湾にとって、技術大国・日本で起きた福島原発事故は大きな衝撃。
- ２０２５年末までに全ての原発を停止することが決定。建設中の第四原発の工事も中止された。

台湾の発電設備の種類

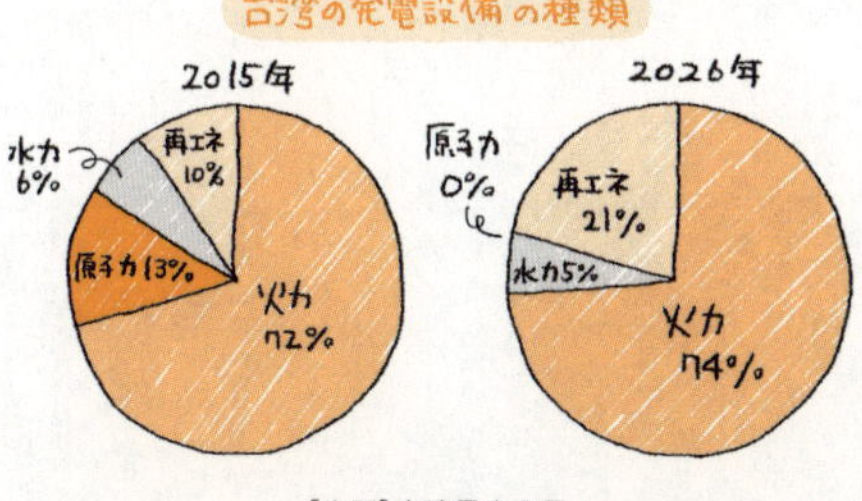

［出所］台湾電力公司

1996年	ルーマニアで最初の原発が発電開始
1999年	日本で東海村JCO臨界事故が発生（INESレベル4）
2011年（3月）	日本で福島第一原発事故が発生（INESレベル7）
2011年（9月）	イランで最初の原発が発電開始

［出所］DOE, IAEA資料等

原子力の歴史は原子爆弾（原爆）の開発から始まりました。1945年に米国が原爆を完成させた後、1949年にはソ連が原爆の開発に成功し、両国の核兵器開発競争が激しくなりました。

その後、1953年に国連総会で米国アイゼンハワー大統領が「平和のための原子力（Atoms for Peace）」という有名な演説を行い、世界中で原子力の平和利用（戦争のためではなくエネルギーとして利用すること）が始まりました。

世界で最初に原発の発電に成功したのはソ連でした（1954年）。日本は世界で9番目でした（1963年）。

▶INES

INES（国際原子力事象評価尺度：International Nuclear Event Scale）とは、原発などの事故・トラブルについて、それが安全上どの程度のものかを表す国際的な指標です。レベル0からレベル7まであり、数値が大きいほど深刻な事態であることを表します。チェルノブイリ原発事故と福島原発事故は最も深刻な「レベル7」とされています。

コラム

原子力の歴史

1942年	シカゴ大学の実験室内で核分裂連鎖反応が初めて確認される
1945年（7月）	米国ニューメキシコ州アラモゴルド砂漠で最初の原子爆弾実験が行われる
1945年（8月）	広島と長崎で原子爆弾が使用される
1949年	ソ連が原子爆弾の実験に成功
1951年	米国が世界に先駆けて実験炉で電気を作ることに成功
1953年	米国アイゼンハワー大統領が「平和のための原子力（Atoms for Peace）」を演説
1954年（6月）	世界初の原子力発電所（オブニンスク）がソ連で発電開始
1954年（9月）	世界初の原子力潜水艦（ノーチラス）が米国で就役
1956年	イギリスで最初の原子力発電所（コールダーホール）が発電開始
1957年（9月）	ソ連でウラル核惨事（放射性物質の爆発事故）が発生（INESレベル6）
1957年（10月）	イギリスでウィンズケール原子炉火災事故が発生（INESレベル5） 米国で最初の原子力発電所（GEバレシトス）が発電開始
1958年～1969年	以下の国で最初の原発が発電を開始　［発電開始年］ フランス［1959］、ドイツ［1961］、カナダ［1962］、ベルギー［1962］、イタリア［1963］、日本［1963］、スウェーデン［1964］、スペイン［1968］、オランダ［1968］、インド［1969］、スイス［1969］
1970年～1978年	パキスタン［1971］、スロバキア［1972］、カザフスタン［1973］、アルゼンチン［1974］、ブルガリア［1974］、アルメニア［1976］、フィンランド［1977］、韓国［1977］、ウクライナ［1977］、台湾［1977］
1979年	米国でスリーマイル島原発事故が発生（INESレベル5）
1980年～1985年	スロベニア［1981］、ブラジル［1982］、ハンガリー［1982］、リトアニア［1983］、南アフリカ［1984］、チェコ［1985］
1986年	ソ連でチェルノブイリ原発事故が発生（INESレベル7）
1987年～1994年	メキシコ［1989］、中国［1991］
1995年	日本で高速増殖炉もんじゅナトリウム漏えい事故が発生（INESレベル1）

2章

原発の利用を続ける国

福島原発事故後も原発を使い続ける国があります。スリーマイル島原発事故があった米国やチェルノブイリ原発事故を経験したウクライナは、今でも原発を使い続けています。事故があっても、原発を使い続ける理由は何なのでしょうか。
国民は原発のことをどう考えているのでしょうか。
2章では原発の利用を続ける国を詳しく見てみましょう。

France

フランス

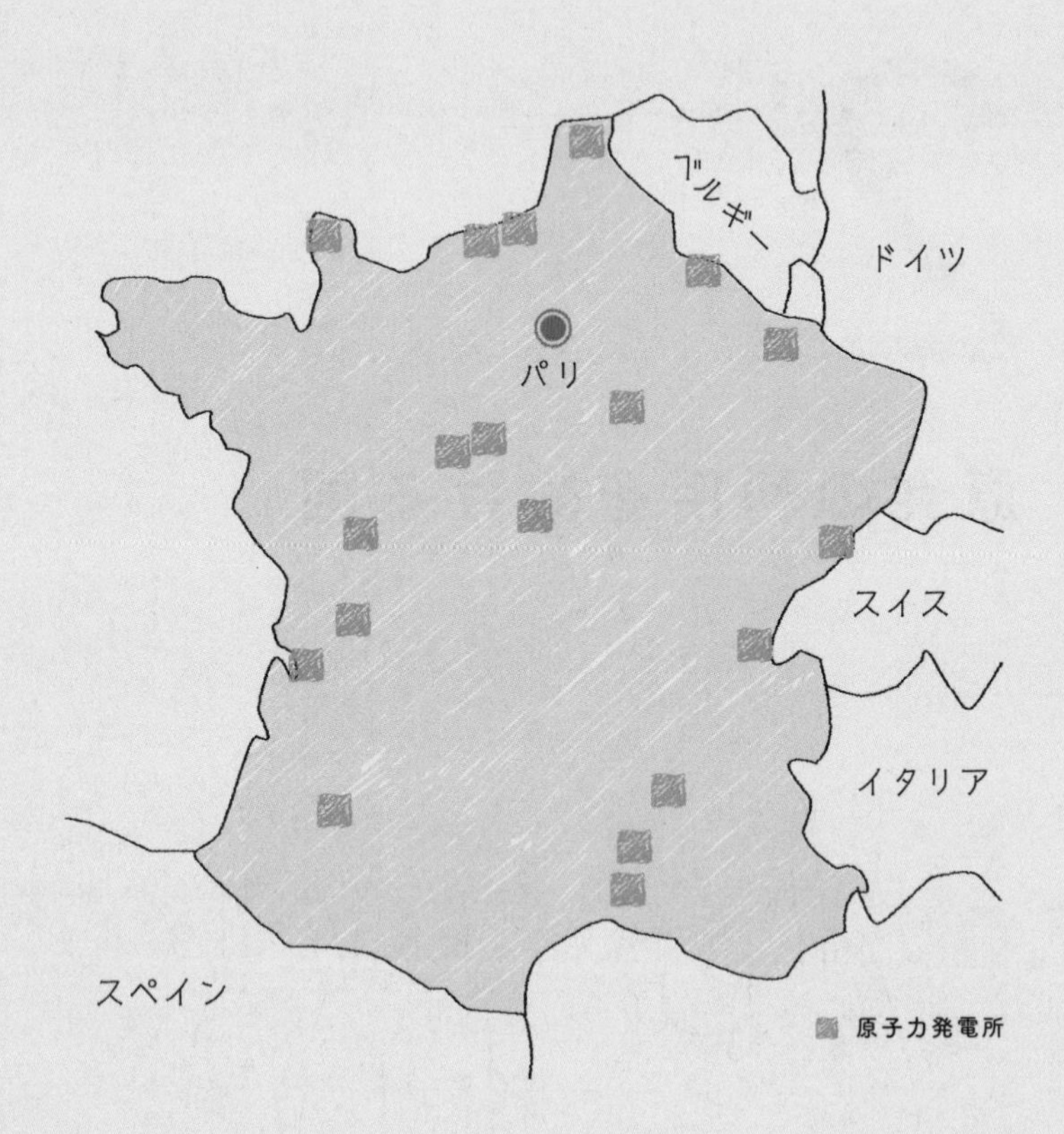

どんな国?

フランスといえば、ワインにフレンチ。またエルメスやシャネルなどのファッションやコスメでもおなじみの国。ヴィクトール・ユゴーの「レ・ミゼラブル」や、世界最古のバレエ団「パリ国立オペラ」も有名ですね。フランス人は自由と独立の精神を大切にします。寛容な移民政策をとってきた一方で昨今はテロが心配されますが、脅威に屈するべきではないと考え、なるべく普段の生活を心がけている人が多いようです。

●独立心の強い国民性が生んだ原子力大国

フランスは日本と同じくエネルギー資源に乏しい国で、国境に近い地域で石炭をめぐってドイツと戦争になったこともあります。また、石油を求めて中東に進出しましたが、石油資源を中東の国が国有化したことで、輸入に大きく依存することを余儀なくされました。そのため1973年の石油危機を契機として、石油の代わりになるエネルギーの開発を推進することを決めました。

特に力を入れたのが原発で、その後、原子力開発はフランスのエネルギー政策の中心に据えられてきました。独立心が強いとされるフランス人は、エネルギー資源で他国に依存することを嫌い、自前のエネルギーを持つことを強く望んだといわれています。

また、国際政治的な理由として、石油危機当時、北海の豊富な石油・天然ガス資源の開発にまい進していたイギリス、豊富な石炭資源を持つドイツとエネルギー面で伍していくためには、フランスが持っていた技

DATA

首都▶パリ	宗教▶カトリックなど
面積▶54.3万km²(日本の1.4倍)	産業▶航空機、原子力、自動車など
人口▶6,440万人(2015年)	GDP▶2兆8,292億ドル(2014年)
言語▶フランス語	経済成長率▶1.0%(2015年)
通貨▶ユーロ	総発電量▶563TWh(2014年・日本の0.5倍)

術である原発に集中して開発すべきだと政府は考えたようです。この結果、1970年代初めにはわずか20%だったエネルギー自給率（原発を含む）が、現在では50%まで上昇しています。

●電気が余るほど原発を作った

フランスといえば、パリの観光名所であるエッフェル塔、ルーブル美術館、モンマルトルの丘、それからファッションやワインを思い浮かべる人が多いでしょう。ですから、実はフランスがヨーロッパでは最大の原子力発電国であり、世界でも2位（1位は米国）であることは、なかなか想像しにくいことかもしれません。フランスの総発電量に占める原発の比率は78%であり、原発の発電比率では世界一の国です。

実際、歴史的にみてもフランスは原子力と大変ゆかりのある国です。19世紀に初めて放射線を発見したのは、フランス出身のアンリ・ベクレルです。ベクレル（Bq）は放射能の単位になりました。また、ポーランド

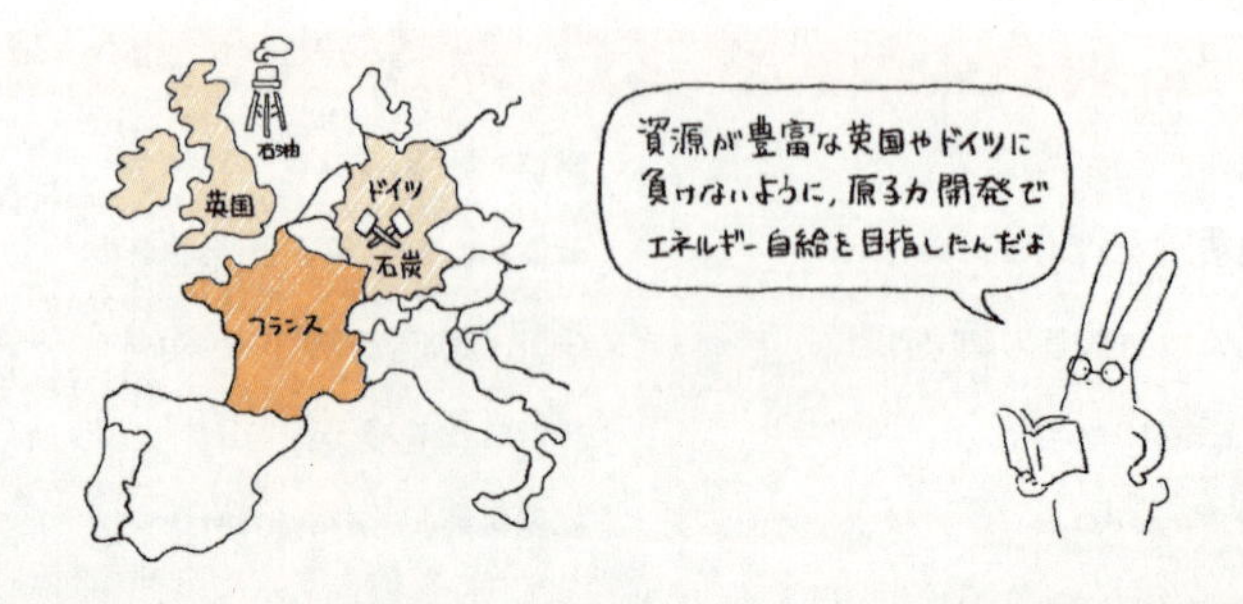

出身でフランス人のピエール・キュリー氏と結婚し、2度のノーベル賞を受賞したマリー・キュリー夫人は放射線研究者として有名です。

このようにフランスは第二次世界大戦前から原子力関係の研究が盛んな国でしたが、第二次大戦後は自前の核兵器を保有するという国防の観点から、まず軍事利用のために原子力の開発が推進されました。それが前述のように、自前のエネルギーを持つという考え方から、原発の開発も盛んに行われてきたという経緯があります。

1986年のチェルノブイリ原発事故（108ページ）による影響もほとんどなく、順調な開発によって、原発の発電量が国内で必要とされる電力の供給量を上回るようになりました。余分に発電された電力は隣国へ輸出され、新規の建設は必要なくなったことから、2002年以降、新しい原発は増えていません。

しかし、2005年には将来も原発を中心に据えるため、新型の原発の開発が不可欠とされ、その建設に着手することが決まりました。現在、2018年末の運転開始を目指して、フラマンビルで新型の原発「欧州加圧水型原子炉（ＥＰＲ）」を建設中です。

フランスでは現在、58基の原発が運転されています。これらの原発は全て、フランス電力（ＥＤＦ、国が87％の資本を保有）が一社で運転しています。

●原発が受け入れられてきた理由

フランスでこれほど原発の開発が積極的に行われ、それが国内で受け入れられてきたことには、いくつかの理由があると考えられます。

フランス人は独立精神を重んじる国民です。第二次世界大戦の緒戦でナチス・ドイツに国土を占領されたフランスは、最後にはイギリスに逃れたド・ゴール将軍が凱旋し独立を取り戻しましたが、ナチスによる占領はフランス人に大きなトラウマを残しました。戦後、フランスがいち早く米国とソ連に伍して核兵器開発に着手したのも、二度とフランスの独立が侵されてはならないという強い意志の表れといえるでしょう。エネルギーに関しても、中東などに大きく依存することを嫌い、1970年代の石油危機後の原発の導入は広く国民に受け入れられました。

また、フランスでは、科学技術に関する国家主導の大規模なプロジェクトが歓迎されるという文化的背景があります。フランス人は自国の科学技術の高さに誇りを持っています。第二次世界大戦以前から開発が進められてきた原子力技術も、国の代表的なテクノロジーとして位置づけられているのです。

さらに、フランスでは強力な中央政府のリーダーシップが確立されており、その政府が作った原子力開発計画に沿って、国有会社のフランス電力が開発を進めてきました。国有会社が計画を進めたことで、比較的容易に国民の信頼が得られたことから、大きな反対もなく、原発建設の許可手続きも順調に進みました。

最近の世論調査では、80%の人が原発はエネルギー自立に不可欠で、価格も安い発電と評価しています。こうした支持の理由には、国内の原発で、これまでチェルノブイリ原発事故や福島原発事故のような大きな事

フランスで原子力が受け入れられた主な要因

- 独立精神を重んじる国民性
- 自国の科学技術への誇り
- 中央政府のリーダーシップ

故を起こしていないことも関係しているでしょう。

2015年、シャルリ・エブドという新聞社がイスラム過激派に襲撃される事件がありましたが、その時にはテロに抗議する大規模なデモが組織されました。これはフランス人が重要と考える報道、表現の自由が侵されたことに対する抗議でした。フランスでの原発建設が盛んになった1970年代後半には、高速炉スーパーフェニックスの建設地に隣国ドイツなどの反対派が押し掛け、死者を出す事件も発生しました。しかし、1978年にパリで大停電が発生し、電力の必要性が国民に広く認識されたこともあり、反対運動は沈静化していきました。また、1981年に政権についた社会党も、すでに本格化していた原発開発を継続しました。

もちろんフランスでも、政府やフランス電力が、普段から原発に関する情報を積極的に公開し、国民や地元住民の理解を得る努力をしています。原発の地元には情報委員会が設けられ、発電所の運転状況や安全に関する情報などが常に得られるようになっています。

また、原発は二酸化炭素を出さないという点で、地球温暖化対策を進める上でも非常に有効です。実際、フランスは世界的にみて、人口1人当たりの二酸化炭素排出量が最も少ない国の一つとなっています。

さらに、ヨーロッパで電気料金が一番安い国の一つはフランスです。燃料費が安い原発は、石炭や天然ガスを使用する火力発電などよりも電気料金を低く抑えることができるのです。

●原発への過度な依存を見直す動きも

ただフランスでも、原発への過度な依存を見直す動きが出ています。福島原発事故後、2012年の大統領選で政権についたオランド大統領は、選挙で緑の党の協力を得たこともあり、「総発電量に占める原発の比率を50%まで低くする」という公約を掲げて当選しました。

このオランド社会党政権は、エネルギー政策の柱として「エネルギー移行」を掲げ、2015年には「グリーン成長のためのエネルギー移行法」（以下、エネルギー移行法）という、持続可能な成長のためのエネルギー政策を示した新しい法律を制定しました。

この法律では、選挙公約に従って、原発の比率を現在の75％程度から2025年に50％まで減らす一方、再生可能エネルギーの比率を増やしていくことが示されています。

フランスでも再生可能エネルギーの推進を支持する人が増えています。前保守政権下で風力や太陽光などの開発を促進する法律が制定されています。実際、EU全体で再生可能エネルギーを推進する法律が定められ、フランスもそれに従わなくてはいけません。EUは2020年までに発電の34％を再生可能エネルギーにする目標を掲げていますが、フランスも2020年には27％を再生可能エネルギーでまかなうことにしていて、エネルギー移行法では2030年に40％へ引き上げる目標が掲げられました。

ただし、これは必ずしも原発の設備を減らしていこうというものではありません。エネルギー移行法では、原発の設備の規模自体は現在の

6300万kWを維持していくとしているのです。

政府は、今後電力消費が増える分を再生可能エネルギーでカバーしていくことを考えています。しかし、原発の比率を50％に減らすには17～20基の原発の閉鎖が必要との見方もあり、エネルギー移行法で示されたとおり実現できるかどうかには疑問が残ります。フランスでは2017年の4月末から5月初めにかけて大統領選挙があります。選挙で政権が代われば、エネルギー移行法の見直しがあるかもしれません。

フランスの原子力産業は20万人以上を雇用する巨大産業です。経済が低迷し失業率が高止まりしているフランスにとって、原子力産業は不可欠な産業となっています。そのため、フランスは他国での原子力開発に積極的です。国有の原子力企業アレバ（AREVA）が開発したEPR（欧州加圧水型原子炉）と呼ばれる新型原子炉はフランス国内だけでなく、フィンランド、中国でも建設されています。またイギリスでは、フランス電力の子会社がEPRの建設計画を進めています。フィンランドとフランスのEPR建設では、建設工事が大きく遅延するケースも出て、アレバが経営危機に陥るという事態も発生していますが、政府はアレバを支援し、今後も原子力産業をフランスの重要産業の一つとして維持していく方針です。

フランス
まとめ

- ヨーロッパ最大の原子力大国。国内で消費しきれない電気を周辺諸国に輸出。
- チェルノブイリ原発事故の影響もほとんどなく、順調に原発政策を進めてきた。
- ただし、福島原発事故後は原発一本やりを見直す動きもみられる。

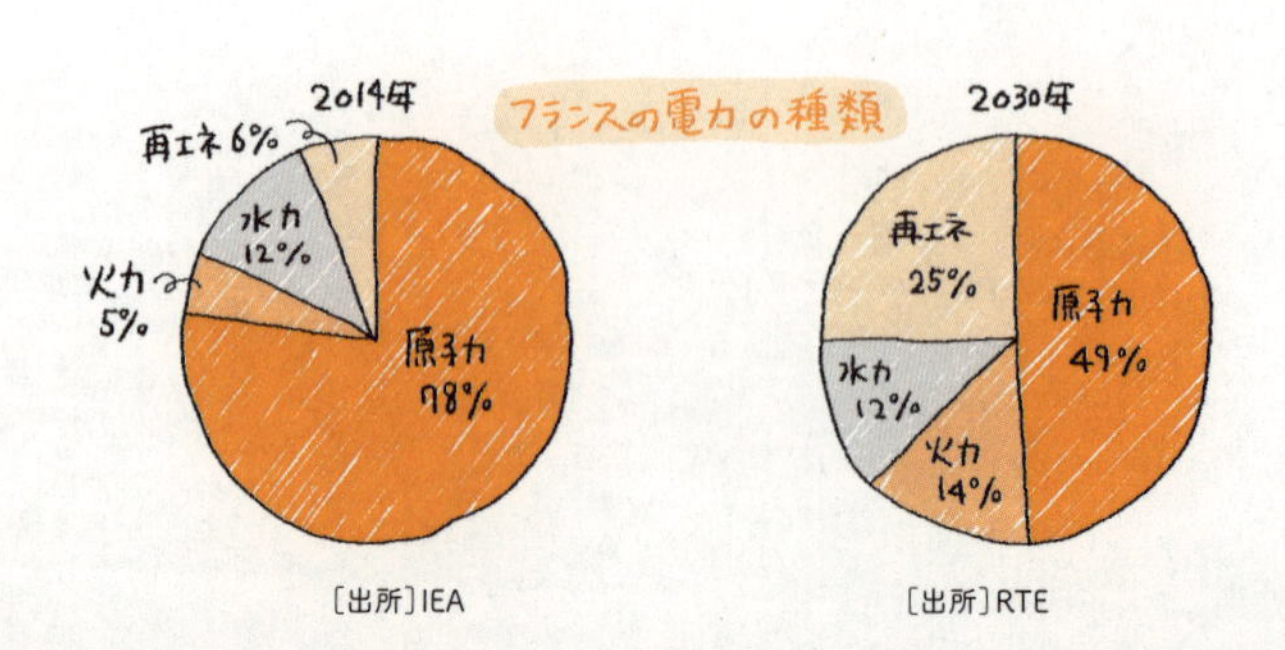

［出所］IEA　［出所］RTE

Sweden

スウェーデン

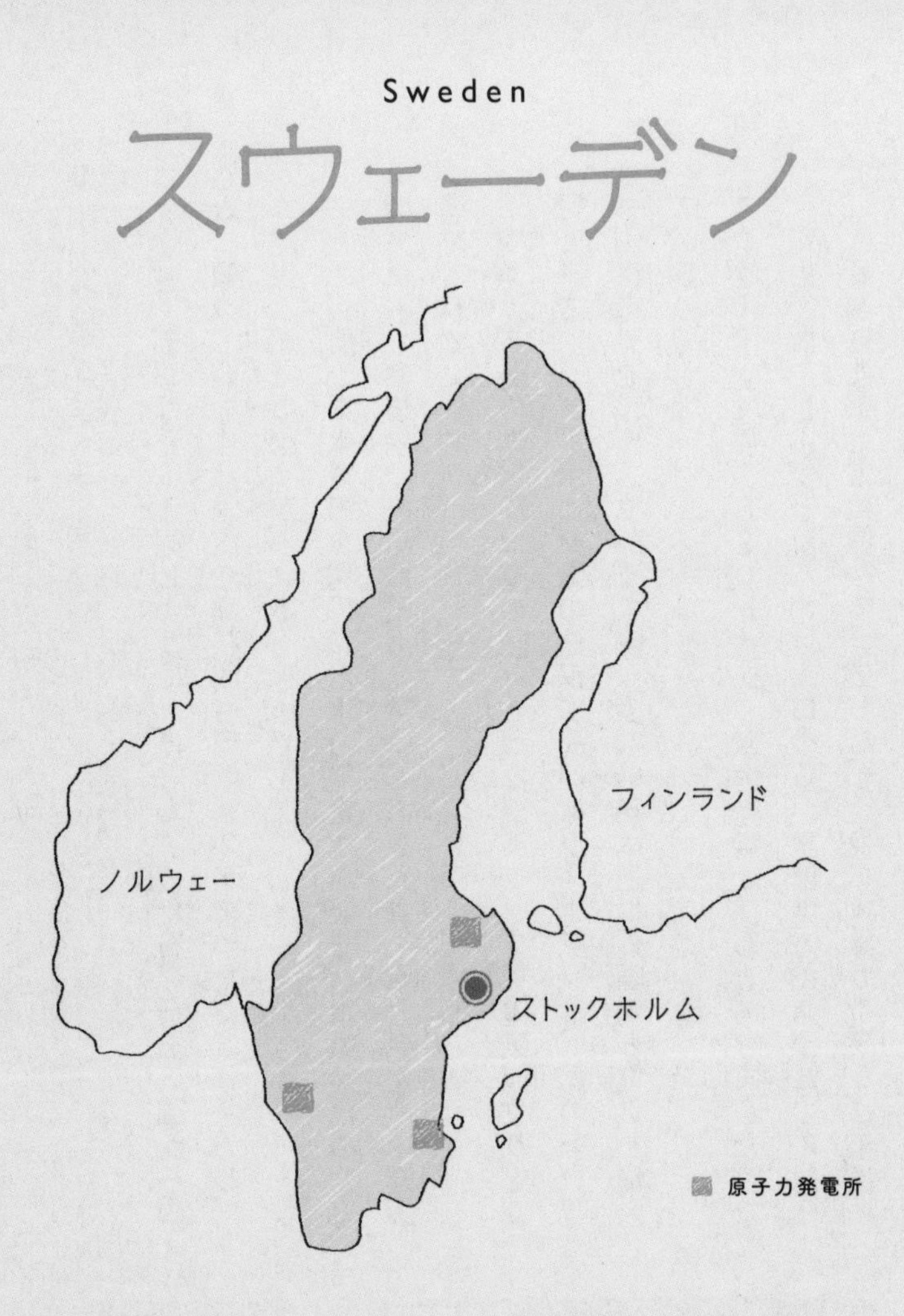

どんな国？

スウェーデンといえばIKEAやH&M、リサ・ラーソンでおなじみの国。映画「アナと雪の女王」の舞台でもあります。北欧は寒いというイメージがありますが、実際はメキシコ湾流の影響で高緯度の割に比較的温暖。自然に対する意識が高いエコ先進国でもあります。人々はコーヒーが大好きで、フィーカというお茶の時間を大切にしています。税金が高い分医療福祉はとても充実していて、老後に幸せな国としても注目されています。

●水力発電が足りず原発へ

スウェーデンは日本と同じように、ほとんどの化石燃料を外国からの輸入に頼っています。国内では石油や天然ガスがまったくとれず、わずかに泥炭（泥状の炭）がとれるくらいです。

一方で、豊かな水資源を利用した水力発電は活発で、水力発電の比率は42％にもなります。近年は風力発電にも力を入れ、風力発電所の建設が進められています。

スウェーデンの送電線は隣の国々とつながっていて、電気のやりとりが行われています。水力発電の比率が高いスウェーデンは、雨の多い年は外国に電気を輸出していますが、少ない年は逆に外国から電気を輸入しているのです。

スウェーデンでは1880年代から水力発電が使われてきました。ただ、電力がたくさん使われるのは人口の多い南部地方であったのに対して、水資源は北部地方に偏っていました。その水資源も1960年代に

DATA

首都▶ストックホルム	宗教▶福音ルーテル教会
面積▶45万km²（日本の1.2倍）	産業▶機械工業、化学工業、林業など
人口▶978万人（2015年）	GDP▶5,706億ドル（2014年）
言語▶スウェーデン語	経済成長率▶2.3%（2014年）
通貨▶クローナ	総発電量▶154TWh（2014年・日本の0.1倍）

はほぼ開発し尽くされてしまったので、それ以降、火力発電や原発の開発が進められるようになりました。

スウェーデンで最初の原発が運転を開始したのは1972年で、それから1985年までの十数年間で合計12基もの原発が運転を開始しました。

●世界に先駆け脱原発を決定

1979年に米国でスリーマイル島原発事故が発生し、国民の原発への反発が一気に高まりました。翌1980年に、原発の賛否を問う国民投票が行われた結果、スウェーデン議会は「2010年までに国内の原発（建設中を含む）12基を全廃する」ことを決定しました。ドイツが最初に脱原発を決めたのは2001年で、スイスの場合は2011年ですから、これらの国と比べてもスウェーデンは世界に先駆けて脱原発を決めた国といえます。

●チェルノブイリ事故で脱原発が加速

1986年に発生したチェルノブイリ原発事故を受けて、スウェーデン国内では反原発の声が再び高まりました。そして翌1987年には、新しい原発を作ることを全面的に禁止する法律が制定されています。

脱原発をいち早く決めたスウェーデンですが、その政策がうまく進んだわけではありません。原発を閉鎖する条件として「雇用と社会的利益が損なわれないこと」、「石油と天然ガスの使用量を増やさないこと」などの制約があったため、なかなか原発の閉鎖は実現しませんでした。

実際、1999年にバーセベック原発1号機が国内で初めて閉鎖されるまで、国民投票から20年近くもの歳月がかかりました。その後、2005年にバーセベック原発2号機が閉鎖されましたが、それ以外の10基の原発は閉鎖されずに今日まで運転を続けています。

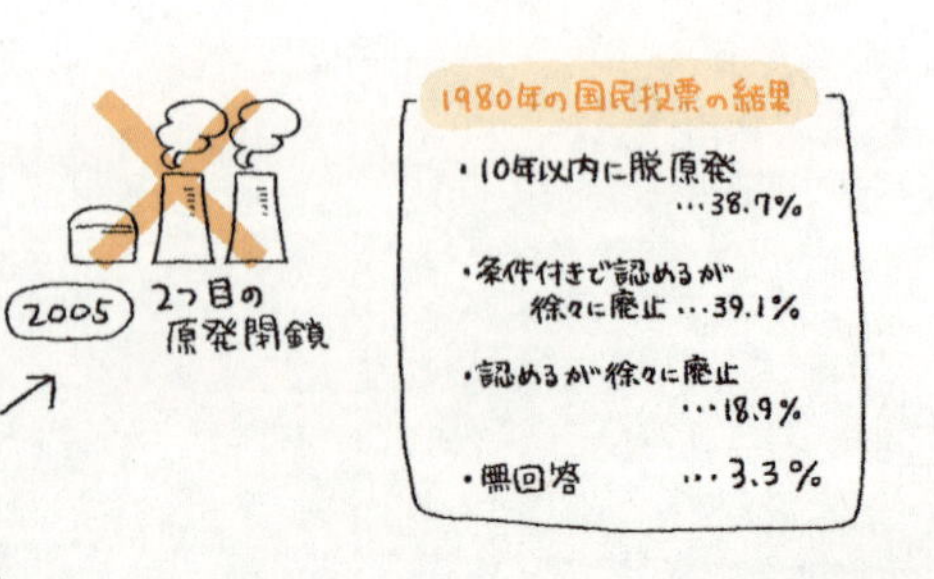

●結局は脱原発政策の撤回へ

国民投票の結果を受けて脱原発を決めたスウェーデンでしたが、脱原発の問題点も指摘されていました。具体的には、電気料金の上昇や二酸化炭素の排出量が増えることなどです。

2000年代に入ると、再び原発に賛成する国民が増えてきました。2010年には古い原発を廃止する代わりに、新しい原発を作ること（リプレース）を認める法律が制定されたのです。つまり事実上、スウェーデンは脱原発政策を撤回したことになります。

スウェーデンがエネルギー政策で最重視しているのが、環境に優しいエネルギーを利用することです。二酸化炭素を排出する化石燃料が地球環境にマイナスだということは国民に広く認識されています。発電時に二酸化炭素を排出し

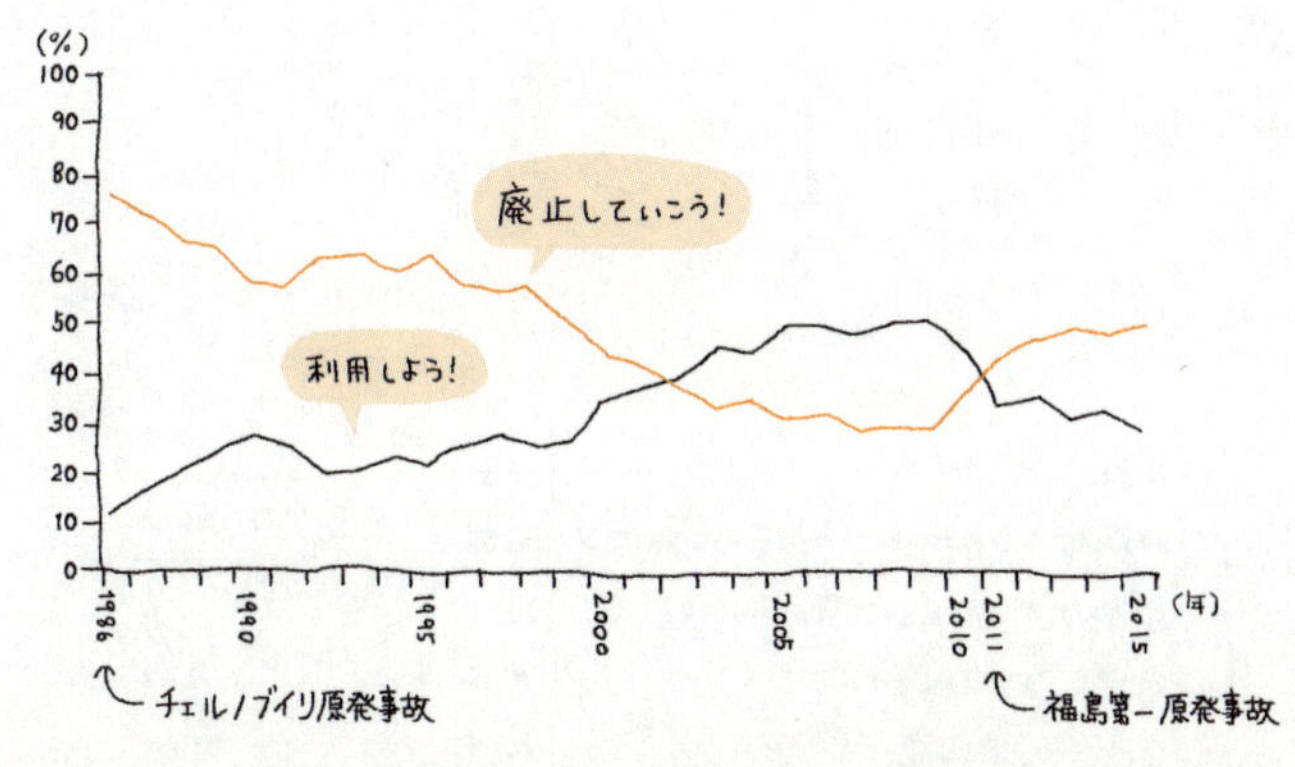

［出所］Energimyndigheten, "Swedish Opinion on Nuclear Power（2016）"

ない原発は、地球温暖化を防止するための対策の一つとして考えられているのです。

●3・11後の原発政策

2011年に福島原発事故が発生し、スウェーデンでは再び脱原発の声が高まりました。前ページのグラフに示すように、2011年を境に「原発利用」より「原発を将来的に廃止」という意見の方が多くなっています。

2014年の総選挙では、これまで脱原発政策を掲げていた左派3党が政権を取り戻し、再び脱原発政策へと舵を切るかと思われました。

ところが、議会で過半数に満たない現政権は、原発推進政策を掲げる野党への歩み寄りを余儀なくされ、与野党5党は「2040年に再生可能エネルギー100%を目指すが、それはあくまで目標で、原発の廃止期限を示すものではない」という見解を示しました。さらに、国内10基

2015年の意見の内訳

・すぐにやめる	…12%
・将来的にはやめるが既存の10基は利用する	…38%
・10基を上限に原発を建て替えて利用する	…22%
・原発を今より増やして利用する	…8%
・分からない／無回答	…20%

意外とすぐやめると考えている人は少ないね

の原発の建て替えを認め、原発に課税される原子力発電税を廃止するなど、原発を後押しする政策を打ち出しています。

しかし、すでに原発4基の廃炉が決まっていて、2020年までに原発の数は6基に減ります。今のところ新しい原発を建設するという具体的な計画はありません。原発を維持する方針が明確になりましたが、原発の建て替えは電力会社の経営判断に任されるため、建て替えが進むかどうかは現時点ではわかっていません。

スウェーデン
まとめ

- 1980年、世界に先駆けて脱原発を決めたが、二酸化炭素や電気料金の問題から脱原発は進まず。2010年に脱原発政策を撤回。
- 福島原発事故後、脱原発に戻ると思われたが、原発を後押しする政策もみられる。
- 今後、原発の建て替えが進むかどうかは不透明。

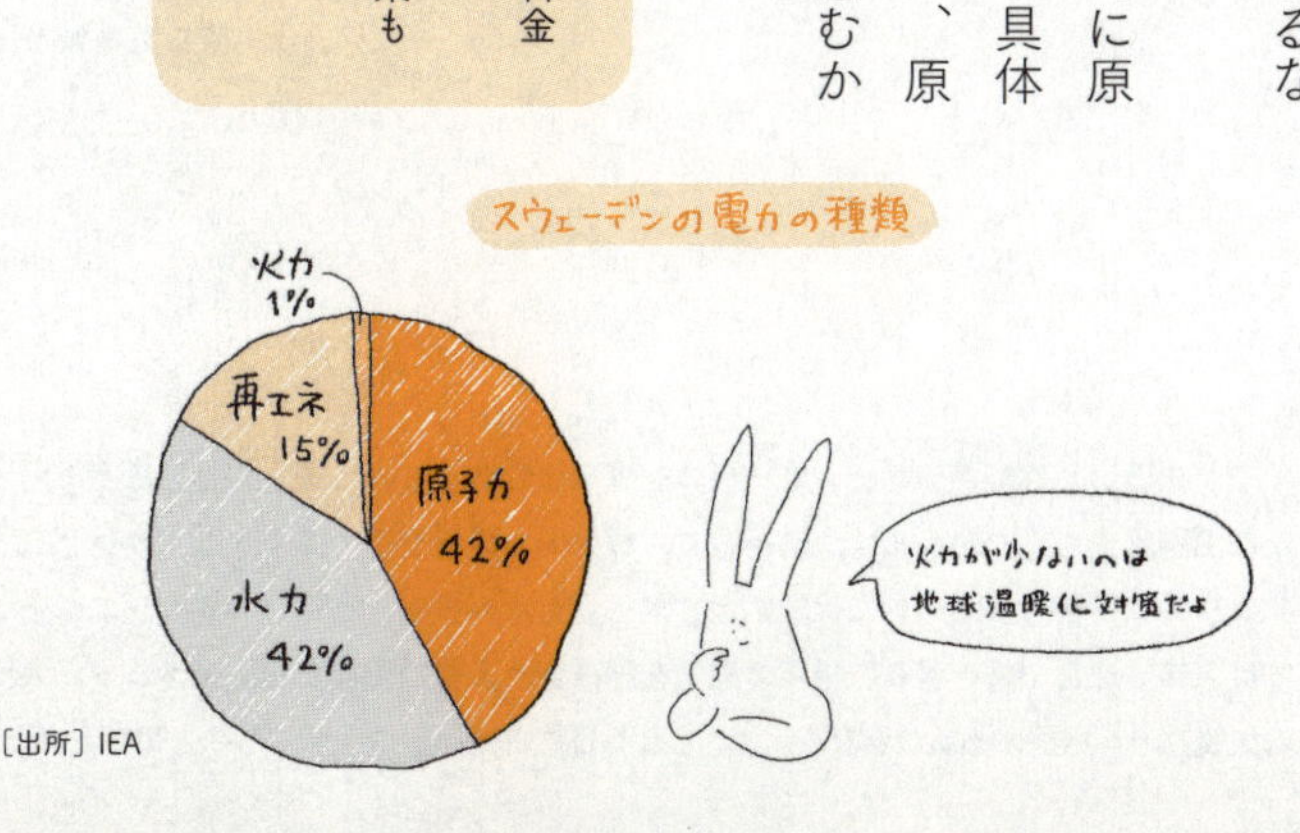

［出所］IEA

Great Britain

イギリス

どんな国？

イギリスといえば紅茶や紳士、ガーデニングなどでおなじみの国。郊外に広がる豊かな田園風景も趣がありますね。一方で、ロンドンの曇り空、紳士・淑女が織りなす貴族的な建前社会といった保守的なイメージもあります。実際、人間関係においては直接的な言い方を避け、相手の意図を読み合う人情の機微が垣間見えます。人の気質然り、島国であること然り、どことなく日本に近いものを感じることでしょう。

●かつては資源大国

イギリスはかつて化石資源に恵まれた国でした。産業革命以来のエネルギー源である石炭に加えて、1960〜1970年代には北海で石油、天然ガスの開発が本格化し、1980年以降、20年間にわたってエネルギー資源の輸出が輸入を上回っていました。

しかし、2000年に入ると北海の油田・ガス田の生産量が年々減少し、2004年にはエネルギーの純輸入国*に転じています。2014年のエネルギー自給率は約56%です。

イギリスの送電線はヨーロッパ大陸のフランスやベルギーとつながっていますが、海を隔てていることから制約があり、電気を海外からの輸入に頼ることはできません（輸入電力量は国内で消費される全電力の5%程度）。特に冬場の暖房需要が大きくなる時に電力が足りなくなることが毎年懸念されています。

イギリスは、北海の油田・ガス田の枯渇や地球温暖化問題に対処する

＊エネルギーの輸出より輸入が多い国

DATA

首都▶ロンドン	宗教▶キリスト教など
面積▶24.2万km²（日本の0.6倍）	産業▶機械工業、金融業など
人口▶6,460万人（2014年）	GDP▶2兆9,419万ドル（2014年）
言語▶英語	経済成長率▶2.6%（2014年）
通貨▶英ポンド	総発電量▶339TWh（2014年・日本の0.3倍）

ため、2000年代初頭から、積極的にエネルギー・環境対策に取り組んでいます。2008年に制定されたエネルギー法では、2050年の温室効果ガス削減目標を1990年比で80%減と設定し、再生可能エネルギーの開発や省エネを積極的に進めています。

1990年以降、一度は下火になった原子力開発も、最近では再開の動きも見られます。原発が発電時に二酸化炭素を排出しないというメリットが注目されているためです。また、老朽化した原発の閉鎖が2020年代に相次ぐという問題も背景にあります。政府は2008年に、あらためて原子力開発を推進するとした原子力白書を発表しました。許認可プロセスの見直しなどにより、電力会社が原発を建設しやすい環境整備を進めることにしたのです。

●原子力発電の草分け国

イギリスは西側諸国で初めて原発を完成させるなど、原子力開発で古

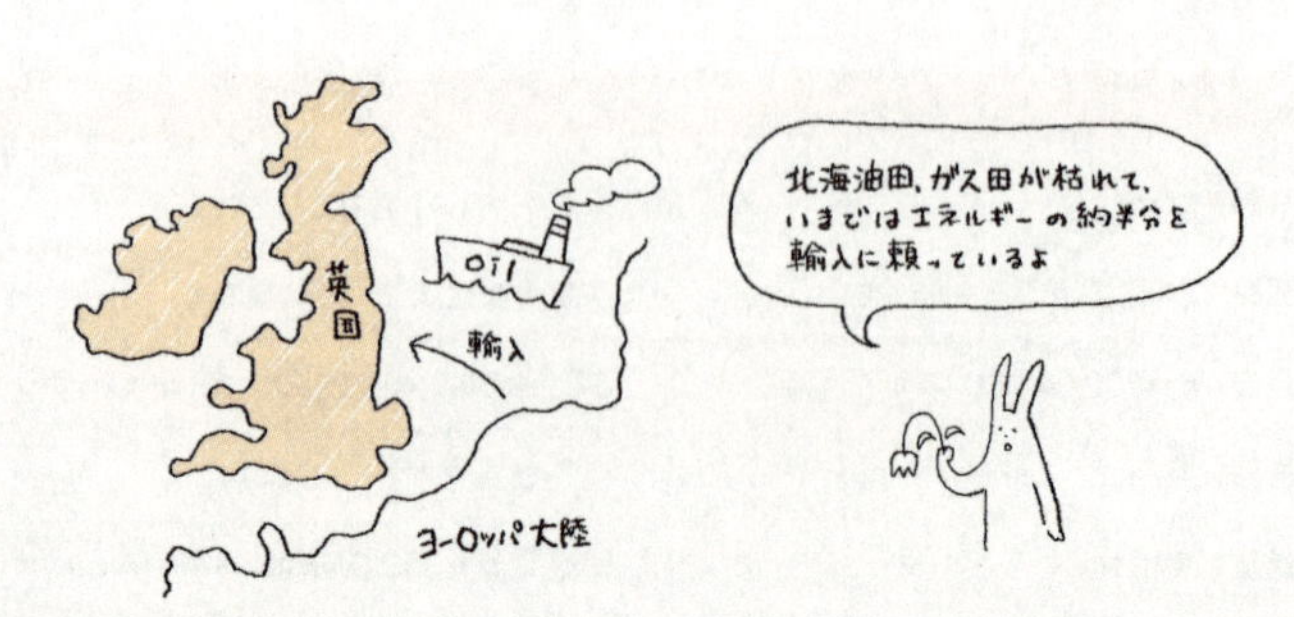

い歴史を持っています*。1950～1970年代には国産技術による原発の建設を進め、米国、旧ソ連（ロシア）、フランスと並ぶ原子力発電国となりました。さらに、原発で使用した燃料の再処理（215ページ）技術の開発も同時に進めて、そのための施設も建設しました。

こうした原子力開発を進める中で、事故が全くなかったわけではありません。1957年には、初期に建設された原子炉で火災事故が起き、放射性物質が施設周辺へ放出されて甚大な環境汚染が引き起こされました。また、北西部の核燃料の再処理施設では、放射性物質が漏れる事故が何度か発生。作業労働者や近隣住民への健康被害が問題視され、論争の火種となったこともありました。しかし、これらの事故にもかかわらず、イギリスの原子力開発が途絶えることはありませんでした。

ただ、1990年代以降、新しい原発の建設は停滞します。これは国有であった電力会社の民営化や、電力自由化が行われたことで、巨額の建設費が必要な原発の建設は、民間企業にとって投資リスクが大きいと判断されたからです。すでに建設されていた原発は電力自由化後も運転

＊世界最初の原発は1954年に旧ソ連で運転を開始したオブニンスク原発です。イギリスで最初（西側諸国で最初）の原発は1956年に運転を開始したコールダーホール原発です。

ウィンズケール原子炉火災事故

1957年10月7日、イギリス北西部カンブリア州のウィンズケール原子炉という核兵器製造施設で、運転員の誤った操作により火災が発生し、大量の放射性物質が漏れるという事故が起こりました。牛乳などの汚染が問題となりましたが、出荷制限などが適切に行われたことで、重大な健康被害は防止できたとされています。

が続けられましたが、新しい原発は1995年に運転を開始したサイズウェルB原発が最後となりました。しかし、前述のとおり油田・ガス田の枯渇や地球温暖化問題、老朽化した原発の閉鎖に対応するため、2008年以降、イギリスは再び原発推進政策を掲げます。

●3・11後も原発推進は変わらず

政府の原発推進の方針は、福島原発事故後も変わりません。事故後、安全規制当局が設備の安全確認や対策を検討し、原発の運転は継続されました。新規建設についても、エネルギー大臣が「イギリスの繁栄は原子力発電なくしては困難」と話し、原発推進の方針を再確認しました。

イギリスの世論調査では2000年代以降、地球温暖化問題や燃料価格の高騰を背景に、原発への支持率が増加する傾向をみせています。福島原発事故直後には一時的に反対が増加したものの、最近では賛成の意見が反対を上回っています。2016年にエネルギー省が実施した世論調査では、賛成36％、中立40％、反対23％となっています。

２０１６年1月時点で、運転中の原発は15基あり、国内の電力のおよそ20％が原発で発電されています。

●外国の力を借りて原発建設

電力会社は、具体的な原子力開発計画を進めています。ＥＤＦエナジーというフランス電力の子会社は、２カ所で4基の原発の建設計画を打ち出しています。日本の日立製作所傘下のホライズンは2カ所、東芝とフランス・エンジー社の合弁会社であるニュージェンが1カ所の建設を計画しています。これらを合わせると合計11基（１６００万ｋＷ＝現状の2倍以上）にもなる大規模な建設計画です。

このうち、ＥＤＦエナジーが進めるヒンクリーポイントＣ原発（２基）の建設計画がもっとも早く進んでいます。２０１６年9月には、イギリス政府が正式にこの計画を承認しました。この原発には中国企業も出資する予定です（136ページ）。ヒンクリーポイントC原発の運転開始は2020年代半ば頃とみられ、イギリスで約20年ぶりとなる新規原発となります。

イギリスでは長い間、新規建設が行われておらず、国内で原発を建設できるメーカーもなくなってしまったため、外国で開発された原発を導入する方針です。

政府は、再生可能エネルギーや原発など二酸化炭素の出ない発電所の建設を促すため、2014年に新たな補助制度*を導入しています。ヒンクリーポイントC原発もこの補助制度の対象となっており、運転開始から35年間、補助金を受け取ることが決まっています。

*再生可能エネルギーや原発の電気を固定価格で買い取ることを保証する「FIT-CfD」という制度があります。ヒンクリーポイントCの場合、保証期間は35年間、保証価格は92・5ポンド／MWhとなっています（サイズウェルC計画が確定した場合は89・5ポンド／MWh）。

イギリスまとめ

・かつての資源大国。近年は北海油田・ガス田の生産量が減少しており、エネルギー純輸入国に。
・原子力開発は長らく停滞。2008年以降は原発推進政策を掲げ、この方針は福島原発事故後も変わらない。
・長年原発の建設がなく、国内に原発を建設できるメーカーがいない。外国の技術や資本を借りて原発導入へ。

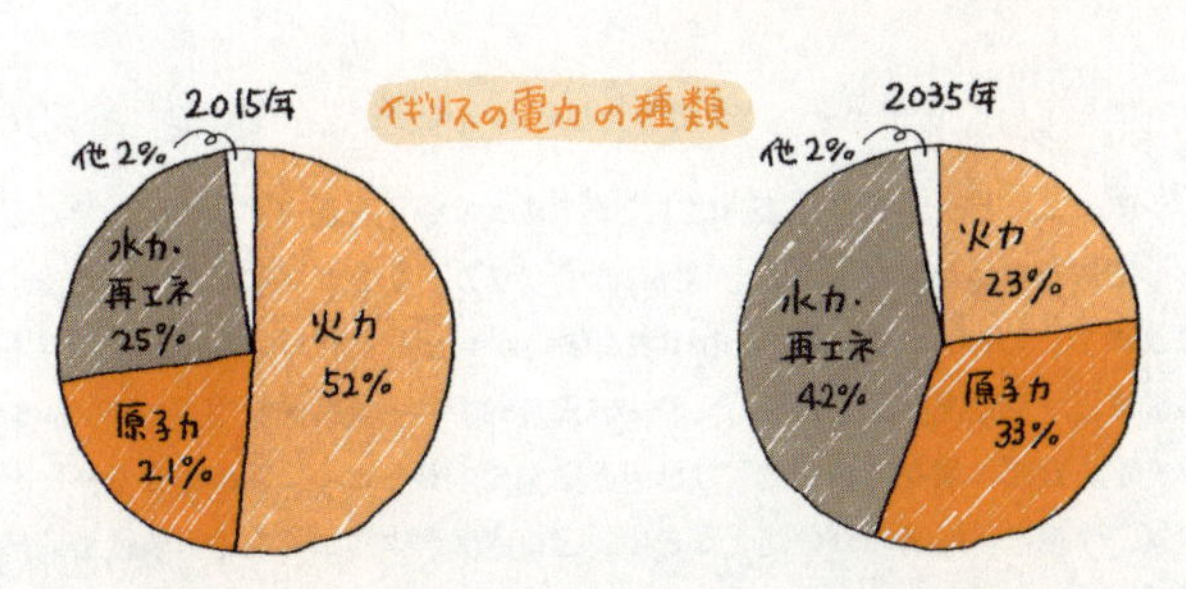

［出所］イギリス政府資料

Russia

どんな国?

ロシアはユーラシア大陸の東西にまたがる広大な領土を保有する大国です。日本にとっては日本海を挟んで隣国の関係にありますが、いまだ平和条約の締結も未解決なままで、「近くて遠い国」との印象が強いかもしれません。また、報道などで知る限り日本や欧米諸国と比較してやや非民主的で中央集権的な国家のイメージもあります。ただ、個々のロシア人は意外と陽気で人懐っこく、冗談好きな一面もあります。今後は、経済協力の強化などで、日ロ関係がよりよくなる可能性も期待されています。

世界有数の資源大国

ロシアは、広大な国土に豊富な化石燃料資源を抱える資源大国です。埋蔵量は天然ガスと石炭が世界2位、石油で6位です。これらの化石燃料はロシアにとって重要な輸出品であり、外貨の収入源にもなっています。現在、ロシアの年間総輸出額に占めるエネルギー資源の割合は、電力輸出も含めて約7割に上ります。

ただし、エネルギー資源の輸出に過度に依存した経済構造は、必ずしも国内経済の安定を保証するものではありません。仮にエネルギー輸出先である諸外国の景気が低迷すれば、ロシア国内の景気も悪化してしまいます。輸出先の国々との関係が良好であることも重要ですが、重要な輸出先であった欧州諸国とは、2014年にウクライナで

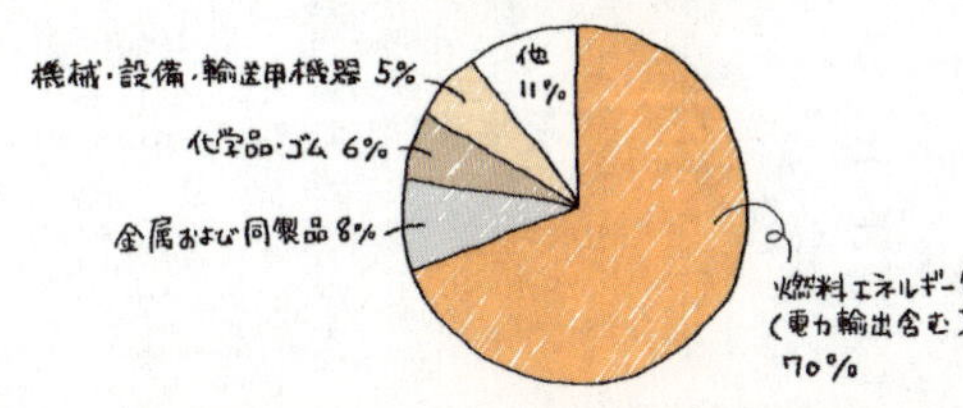

DATA

首都▶モスクワ	宗教▶ロシア正教など
面積▶1,709.8万km²(日本の45倍)	産業▶鉱業、鉄鋼業、機械工業など
人口▶1億4,346万人(2015年)	GDP▶1兆8,606億ドル(2014年)
言語▶ロシア語	経済成長率▶0.6%(2014年)
通貨▶ルーブル	総発電量▶1,064TWh(2014年・日本の1.0倍)

発生した内戦を契機に、ぎくしゃくした関係が目立つようになっています。

現在、ロシア政府のエネルギー政策では、これまでと異なる2つの大きな方向性が打ち出されています。

一つは、エネルギー輸出の東方シフトです。これは従来の欧州中心から、今後需要の増大が期待されるアジア太平洋地域に力を入れるものです。もう一つは、単に原油や天然ガスを原料として輸出するだけでなく、より付加価値の高いエネルギー製品や、関連する技術の比重を高めるという方針です。天然ガスを冷却・液状にして、タンカーなどで海上輸送できるようにする液化天然ガス（LNG）の生産などがこれに当たります。

この観点から、ロシアにとって今、もっとも重要な輸出商品の一つに挙げられるのが、原発です。

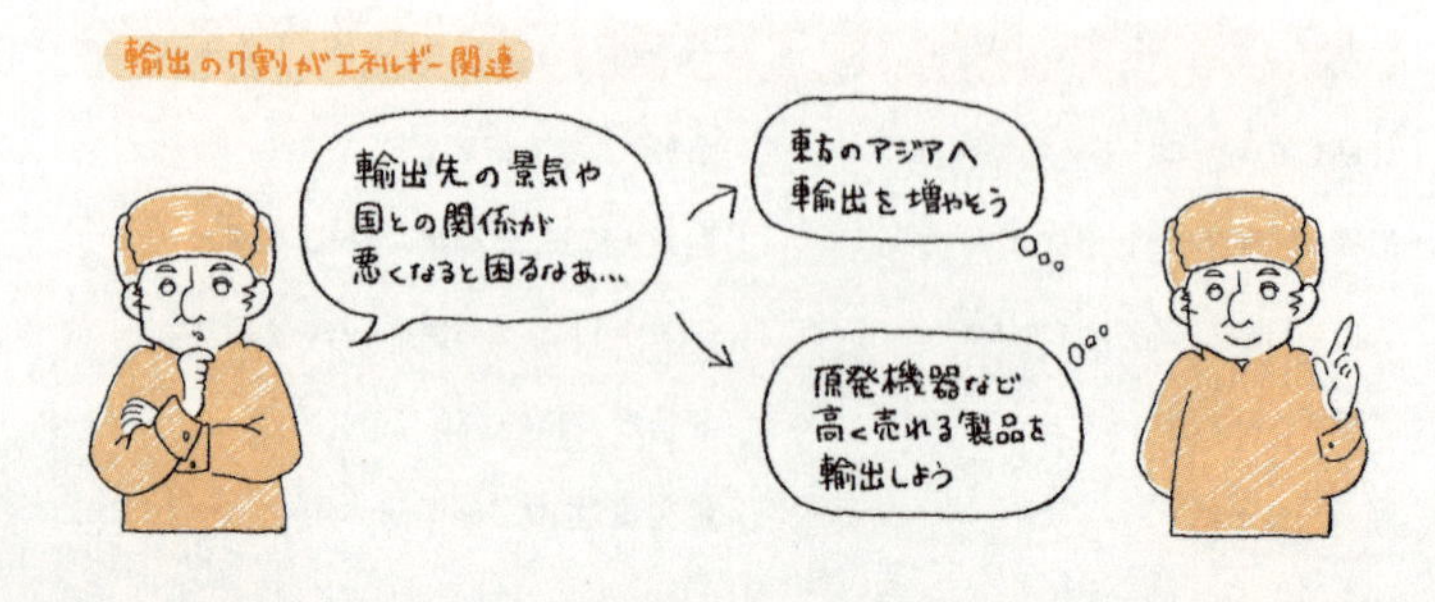

●世界初の原子力発電に成功

　ロシアは核兵器保有国として、第二次大戦後の早い時期から原発の開発に着手しました。旧ソ連時代の1954年、世界最初の原発が、モスクワ郊外のオブニンスクという都市で運転を開始しています。

　原発の多くは、比較的人口の集中するロシア国内の西部、欧州ロシア（欧ロ）と呼ばれる地域に建設されました。石油やガスなどのエネルギー資源生産の中心地が、シベリア地域などの開発条件の厳しい東部地域へ移動するに従って、電力の大消費地である欧ロ地域にエネルギー資源を輸送するよりも、原発を建設する方が経済的と判断したためです。

　2015年末時点で、ロシア国内では30基の原発が運転中です。合計出力は2600万kWを上回る規模

となっています。世界の中では米国、フランス、日本、中国に次いで5番目に大きな規模になります。

●3・11後も積極的な原子力開発

ロシアの原子力開発は現在も続いています。これは、2011年3月の福島原発事故の後も大きく変わっていません。

福島原発事故の後、ロシアでも自国の原発の安全性を確認するためテストが行われました。その結果、ロシア政府は、国内の原発は基本的に設計上の安全性が確保されており、自然災害などにも耐えうるものと結論づけました（ロシアには大きな地震や津波が発生する可能性は非常に少ないことも理由としてあります）。

その後も原発の建設はほぼ計画通りに進められています。2015年末時点で、国内ではさらに10基（合計出力は約1000万kW）の原発が建設中となっており、この中には、「海上浮揚式原発」という珍しいタ

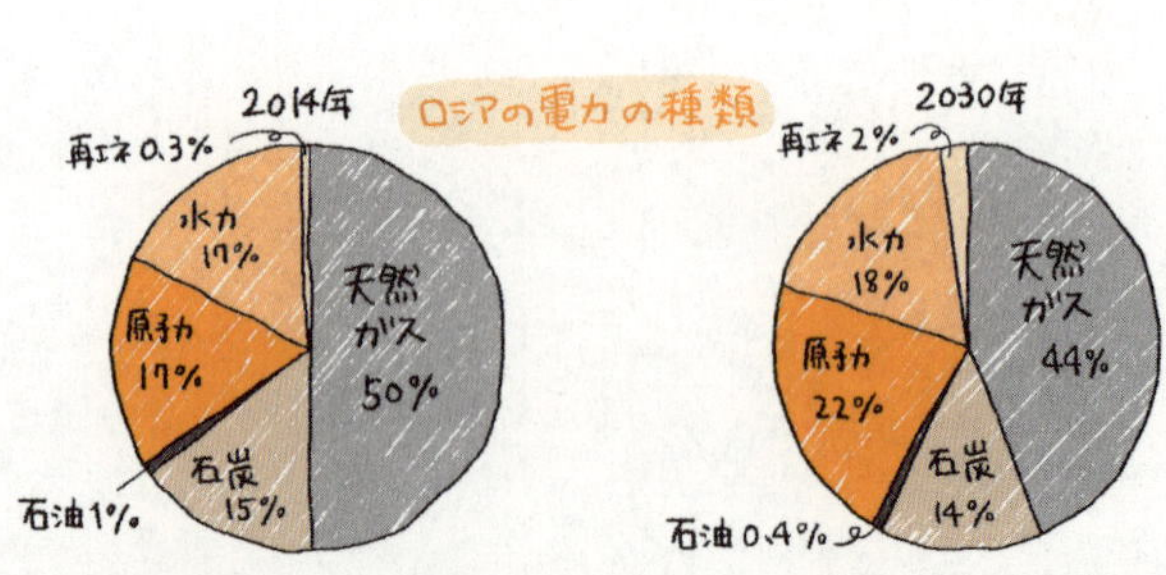

［出所］IEA

イプも含まれています。これは、船のような海上の浮体に原発を設置するもので、極北地域の都市に電力を供給する目的で開発が進められています。ほかにも、国内ではさらに10基以上の原発の建設計画が打ち出されています。

●原子力開発の本当の目的

エネルギー資源を豊富に持つロシアが、原子力開発を積極的に進める理由は何でしょうか。ロシアでは将来的に、国内の電力消費量はそれほど大きく伸びないと予測されています。一方で、古くなった火力発電所が今後、大量に閉鎖される見通しです。その際、外貨獲得のためになるべく多くのエネルギー資源を輸出に振り向け、国内の電力需要は原発でまかなうという方針があります。

さらに、国内の原発技術を諸外国に輸出し、外貨収入を増やし、国内の原子力産業の発展につなげたいという思惑があります。

ロシアは現在、中国やインドなどのアジア諸国、旧ソ連のベラルーシ、中東のイラン、そしてトルコなど、世界中の様々な国で原発の建設を受注しようとしています。原発輸出は、原発を建設してしまえばそれでおしまいではありません。原発を売った後は、アフターサービスや原子燃料の供給にも携わることができます。

さらには、その国のエネルギー安全保障にとって極めて重要なカギをロシアが握ることになり、外交上の関係を強化することにもつながります。ロシアにとって原発の開発は、単に国内のエネルギー安定供給という目的のみで進められているわけではなく、外交上の重要な戦略をも担っているのです。

●国民は原子力開発に肯定的

一般のロシア国民は、原発に対してどのような意見を持っているのでしょうか。ロシアはもともとソ連の中心国家でしたが、そのソ連では

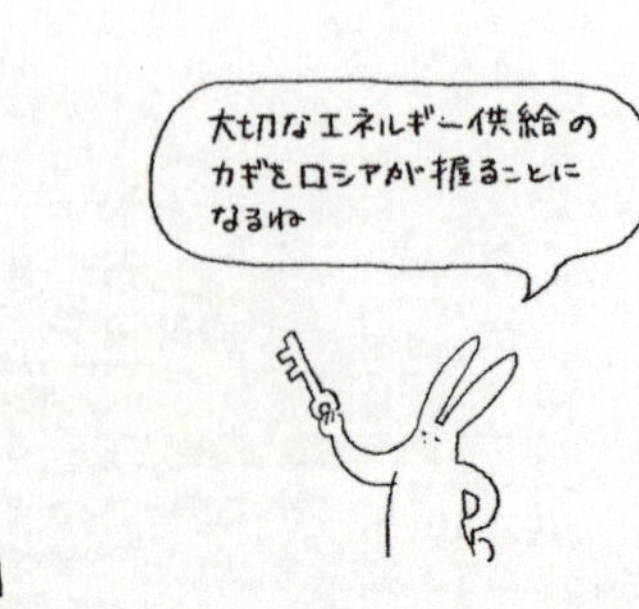

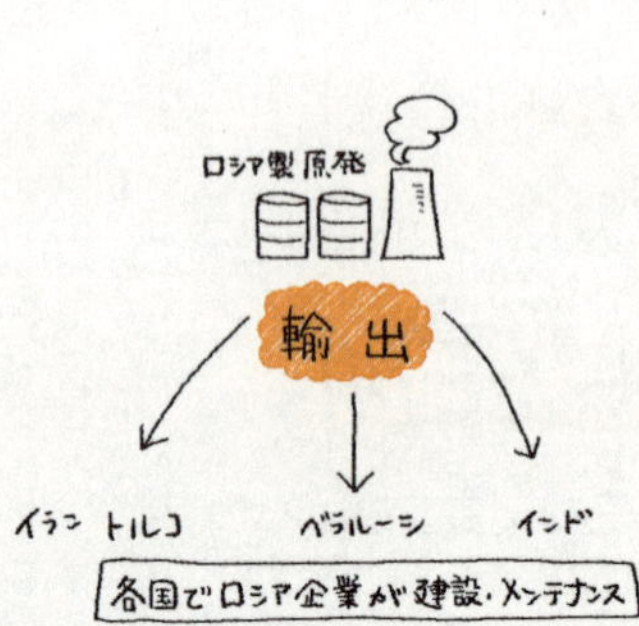

1986年にチェルノブイリ原発事故（現ウクライナ）を経験しています。

最近の世論調査によれば、ロシア国民は政府による原子力開発の方針を、おおむね受け入れているようです。2016年4月、チェルノブイリ原発事故からちょうど30年後に当たる時期に実施された世論調査では、原子力開発に賛同する人が58％（1990年では14％）、反対の人が28％（同56％）という結果でした。

また別の民間の調査結果では、グラフに示したように、福島原発事故の直後に、原子力開発に反対する意見が一時的に増えていますが、2013年には、ほぼ事故前の傾向に戻っています。

ただし、2012年の世論調査（政府系）では、こんな質問がありました。「近隣に原発を建設する計画があるとしたら、あなたはこの計画を支持しますか」。結果は、「支持する」が18％、

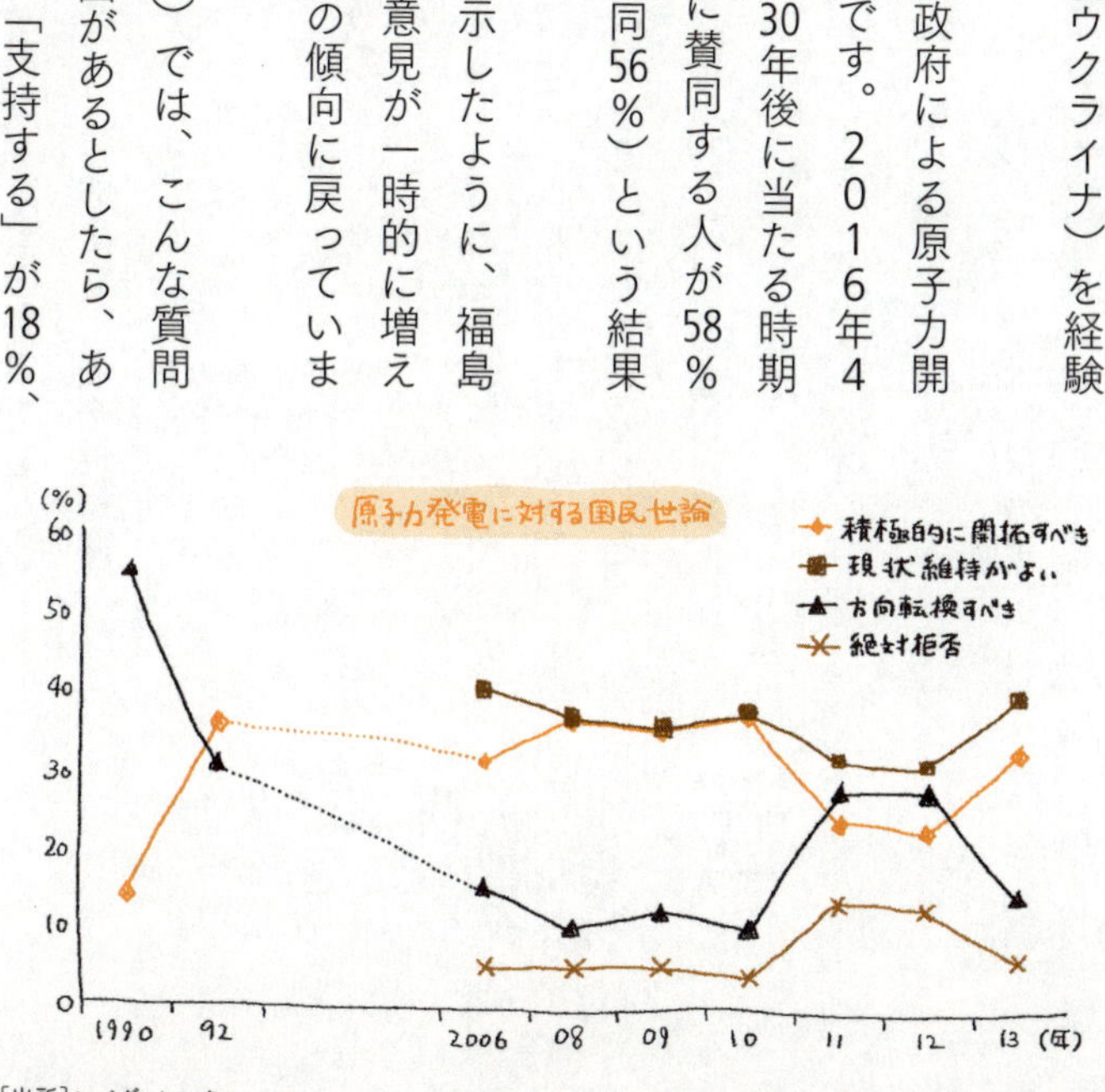

［出所］レバダ・センター

「支持しない」が74％でした。福島原発事故後の調査であった点を差し引いても、ロシアの人々は原子力開発そのものには賛成でも、安全性に関しては手放しで信頼しているわけではなさそうです。

●ロシアにとって原子力の意味するもの

ロシアは今後も国内外で原発の開発を進めることになるでしょう。ここでもう一つ、視点は少し変わりますが、興味深い世論調査結果（民間調査機関、2015年）を紹介しましょう。ロシアが「大国」であるための条件は何か、という複数回答が可能な質問に対して、「軍事力・核ミサイルの保有」を選んだ回答者が51％います。

この結果からは、ロシア国民は、原子力技術や核兵器の保有に対して抵抗感が少なく、むしろそれを積極的に評価する意識が強い様子がうかがえます。かつて米国と世界の覇権を争った超大国ソ連、それを引き継いだロシアの国民にとって、核兵器や原発は国の権威と国民のプライド

を維持する上でも必要な技術なのかもしれません。

ロシア
まとめ

・世界初の原子力発電所は、モスクワ郊外のオブニンスク原発（1954年）。
・福島原発事故後も、積極的に原子力開発を進める。
・ロシア製の原発を世界中に輸出。原発輸出で相手国のエネルギー安全保障上の重要なカギを握ることも狙う。

Ukraine

ウクライナ

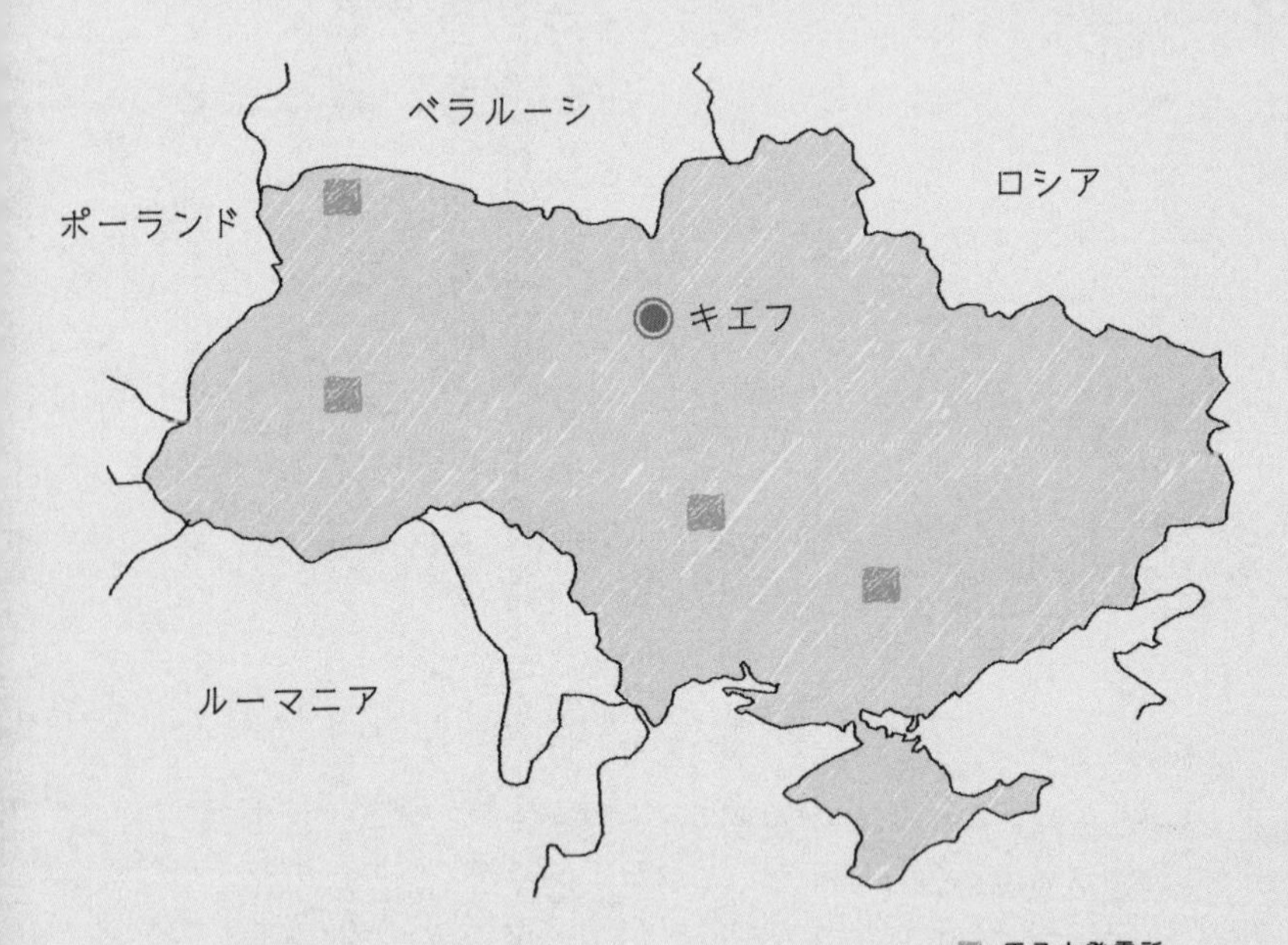

どんな国？

外国の支配を受けたり独立したりを繰り返してきた国です。ソ連崩壊で独立できたと思えば、経済悪化でGDPはソ連時代の半分近くに下落してしまいました。現在、クリミア半島の併合でロシアと対立中で東部は内戦に近い大変な状態です。肉と野菜を煮込んだスープ料理「ボルシチ」はロシア料理として有名ですが、実はウクライナ発祥の料理です。ウクライナと関係ある有名な日本人は横綱大鵬です。あまり知られていませんが、大鵬の父親はウクライナ人で、母親が日本人です。

●チェルノブイリ原発は事故後も運転していた

チェルノブイリ原子力発電所という名前を聞いたことがある人も多いと思います。歴史上最悪の原発事故といわれたチェルノブイリ原発事故はウクライナで起こりました（108ページ）。事故が起こったのは約30年前で、ウクライナが独立する5年前のソ連時代でした。事故当時のソ連は情報開示が進んでおらず、各国は都合の悪い情報を隠そうとするソ連の体質を強く批判しました。さらに、事故情報の公開を求める動きでグラスノスチ（情報公開）が浸透し、ソ連国民の間で活発な政治討論などが行われるようになりました。その結果として、ソ連の解体が進んだといわれています。

事故当時、チェルノブイリには4基の原発があり、事故を起こした4号機を除く3基の原発は独立後も運転を続けました。また、新しい原発の建設も継続され、事故後に9基が完成しています。現在、電力の約半分は原発で発電され、世界第8位の原子力大国であることは、あまり知

DATA

首都▶キエフ	宗教▶ウクライナ正教
面積▶60.4万km²（日本の1.6倍）	産業▶重工業、軍需産業など
人口▶4,482万人（2015年）	GDP▶1,318億ドル（2014年）
言語▶ウクライナ語、ロシア語など	経済成長率▶6.8%（2014年）
通貨▶フリブナ	総発電量▶183TWh（2014年・日本の0.2倍）

られていないかもしれません。ヨーロッパ各国に放射能をまき散らした原発事故を経験しながらも、なぜ原発を続けるのでしょう。

●エネルギー不足は国家の危機

ウクライナは石炭資源に恵まれています。東部に位置するドネツ炭田は、旧ソ連でも最大級の石炭生産地でした。しかし、2014年のロシアのクリミア半島併合以来、併合を認めないウクライナと親ロシア派の間で内戦に近い状態が続いており、石炭の生産も落ち込んでいるようです。また、石油・ガス資源は少なく、開発済みのガス田や油田は掘り尽くされた状態です。

ソ連崩壊で独立を勝ち取ったウクライナですが、事あるごとに資源を盾に大国ロシアの圧力を受けることになります。実際、パイプラインを使った天然ガスの輸入で、たびたび供給元のロシアと対立しています。1994年には、ロシアとの対立からガス供給を停止されました。

2000年代に入ってからも対立は続き、2006年にガス供給が停止された時には、同じガスパイプラインを利用している欧州諸国にも影響が広がりました。このように、ウクライナにとってエネルギー資源の確保は死活問題なのです。

チェルノブイリ原発事故を経験してもなお原発を利用する道を選んだ理由は、エネルギーの確保が国家の存亡に影響しかねないという厳しい現実を踏まえた判断だと考えられます。

●ソ連製の2種類の原発

ソ連では、エネルギー資源の多くは広大な国土の東部にありましたが、消費地は欧州に近い西部に集中していました。そのため、ソ連末期には、燃料輸送が鉄道の積荷の40%を占めていたといわれています。

こうした燃料輸送の負担を軽減するため、ソ連では原子力開発が推進されました。ソ連邦の一員であったウクライナでも、原発の建設が積極

的に行われました。

ソ連が開発した「黒鉛減速軽水炉」と「ロシア式加圧水型炉（ＶＶＥＲ）」の2つのタイプの原発がウクライナで建設されました。事故を起こしたのは黒鉛減速軽水炉のタイプで、ＶＶＥＲは現在でも順調に運転されており、世界の主流技術の一つに育っています。

●チェルノブイリ原発事故

１９８６年４月26日、当時運転開始から2年の最新鋭機だったチェルノブイリ原発４号機で、定期検査前の実験中に事故が発生、原子炉と建屋が爆発で破壊されました。核反応に加え、火災で減速材の黒鉛が燃え、消防士による消火活動、ヘリコプターを使った砂や中性子吸収剤の投下で放射能を封じ込めました。その後は、原発の周りをコンクリートで囲む外部隔壁が突貫工事で設置されました（１０８ページ）。

驚くことに、コンクリート隔壁の完成後、１９８６年10月には直接の

メモ

国の生い立ちと現状
日本のような島国では理解しにくいかも知れませんが、陸続きの欧州はいろいろな民族の栄枯盛衰や領土を取ったり取られたりの歴史でした。ウクライナもモンゴル軍の侵入、ポーランドの支配、帝政ロシアの支配、ソ連への併合と苦難の歴史が続いたようです。最近では、ロシアのクリミア半島の併合を認めないウクライナ政府と親ロシア派の対立で東部は内戦状態が続いています。

損傷がなかった1号機が、11月には2号機が運転を再開します。4億ドル（現在の為替で約470億円）を使って安全対策がとられましたが、チェルノブイリ原発が全て閉鎖されたのは、事故から14年が経った2000年のことになります。

●チェルノブイリ原発の閉鎖を拒否

独立後の1993年10月、ウクライナ最高会議は原発建設凍結の解除を決め、翌年にはタービン火災を起こして休止していたチェルノブイリ原発2号機の運転を再開する大統領令を出しました。

しかし、1994年の国際原子力機関（IAEA）の調査の結果、チェルノブイリ原発の安全レベルは認定基準以下で、早急に改善が必要との警告が出されました。ところが、ウクライナ側は国内の切迫したエネルギー事情や資金不足で新たな発電所の建設が難しく、閉鎖はできないと反発しました。

欧米各国からは、チェルノブイリ原発の閉鎖と新たな発電所建設のために融資しようとの動きが生まれました。チェルノブイリ原発閉鎖後には、ロシアの協力で、建設途中だった2基のロシア式加圧水型炉を2004年までに完成させました。

●これからも原発は生命線

ウクライナでは現在、15基の原発が運転しています。化石燃料は輸入に頼るしかなく、エネルギー戦略上、原発の割合を維持していくとみられます。新規原発の計画や、原発の運転期間延長についても検討を続けています。

最悪の原発事故を経験したウクライナですが、大国の支配を受けずに生き延びるため、エネルギーの確保を生命線と考え、原発と共存することを選択しています。

ウクライナ
まとめ

・チェルノブイリ原発事故を1986年に経験。事故を起こした4号機以外の原発は、事故後も運転を継続。
・事故後、国際機関がチェルノブイリ原発の安全性に問題があると警告。ウクライナ政府は閉鎖を拒否。
・原発を使い続ける理由は、エネルギー不足は国家の存亡に関わるという危機感があるため。

ウクライナの電力の種類

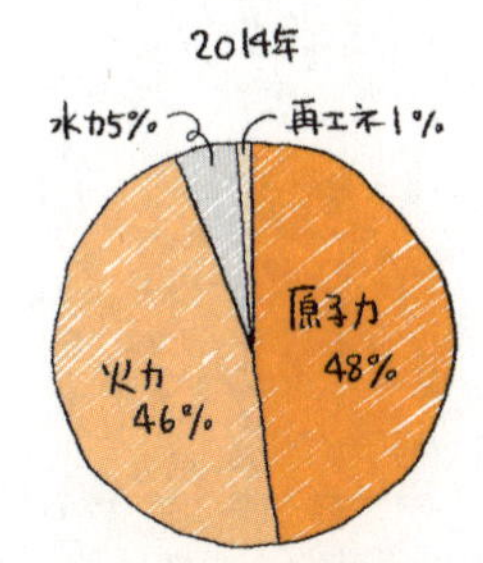

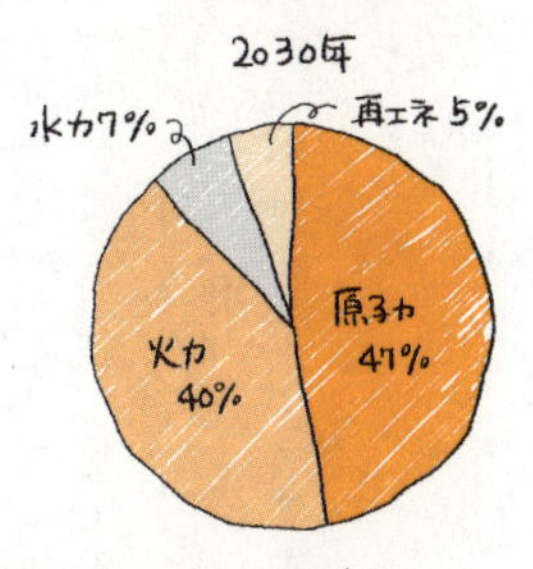

［出所］IEA

種類別発電量推移

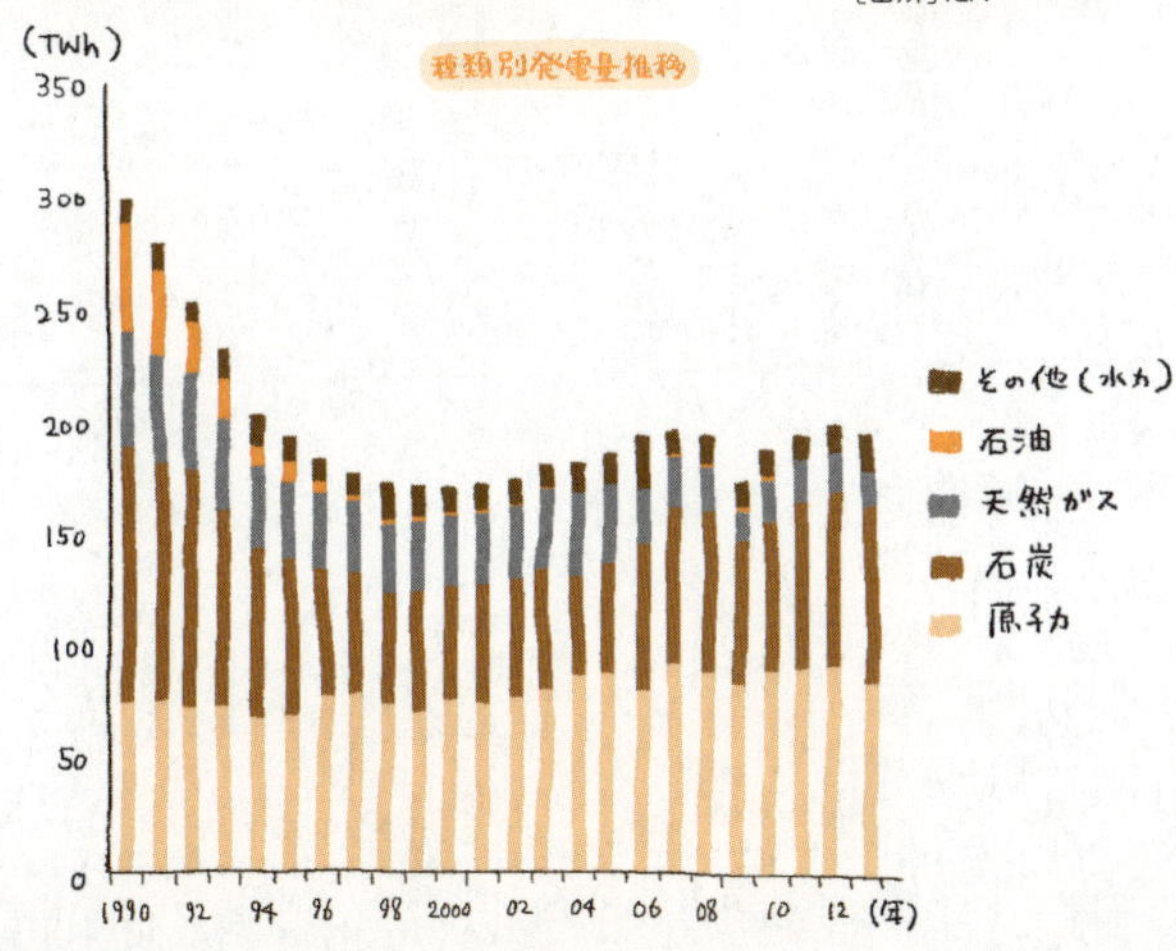

［出所］IEA

チェルノブイリ原発事故

●チェルノブイリ原発の特徴

チェルノブイリ原発は、ウクライナの首都キエフの北約130km、隣国のベラルーシとの国境からは約20kmの距離にあります。

チェルノブイリには4基の原発があり、1号機と2号機は1978年と1979年に、3号機と4号機は1982年と1984年に完成しました。減速材（中性子を減速し、ウランの核分裂を起こしやすくするもの）に黒鉛を使うタイプの原発（黒鉛減速軽水炉）です。当時、ソ連の原発の約半分がこのタイプで占められていました。

事故の概要

事故の発生は1986年4月26日です。事故を起こした4号機は、運転開始から2年程しか経っていない最新鋭機でした。緊急発電の実験中に、原子炉が不安定な状態となり、出力が急上昇して大量の水蒸気が発生し、2回の爆発で原子炉と建屋は破壊されました。

高温の炉心の破片が飛び散り、黒鉛が燃え出して、大量の放射性物質が10日以上にわたって大気中に放出されてしまいました。事故後2日目から10日目にかけて、ヘリコプターを使って5千トンにも及ぶ砂や中性子を吸収するホウ素が、燃え上がっている原子炉に投下されました。ヘリコプターによる投下は1800回に及びました。ほかにも、窒素の強制送風や、隣接の3号機の下からトンネルを掘り冷却するなどの懸命の作業が続けられた結果、事故から10日後の5月6日には炉心温度も下がり始め、放射性物質の飛散も抑えられていきました。

その後は、直ちにコンクリート隔壁の建設作業が開始されました。こ

事故当時の現場の動き

1986年4月26日
2回の爆発で原子炉と建屋が破壊
大量の放射性物質が放出

↓

事故2〜10日目
砂やホウ素を投下し原子炉を消火
放射性物質も抑制

↓

すぐに「石棺」の建設を開始

のコンクリート隔壁はその年の11月に完成しています。ニュースなどで「石棺」と呼ばれたのがこの隔壁です。

●事故時の報道

当時のソ連は情報公開がほとんどなされず、驚いたことに、チェルノブイリ原発事故の発生が明らかになったのは、遠く離れたスウェーデンでした。

事故2日後の4月28日早朝、スウェーデンの原発で異常な放射線が検出されました。次第にスウェーデン東海岸一帯が放射能で汚染されていることが判明し、「風上のソ連で大きな原発事故が起こったらしい」との推測が世界を駆けめぐったのでした。

西側メディアは情報を確認しようとしましたが、当時のソ連は情報公開が少なく、噂もどれが真実であるか判らない状況でした。

28日午後9時、ソ連国営のタス通信から公式発表がありました。打ち出されるプリンターの最初についた文字は「哀悼」。続いて次の内容が流れたそうです。

「チェルノブイリ原発で事故が起きた。原子炉の1つが損傷し、取り除く措置がとられている。被災者には援助が行われていて、政府の調査委員会が設けられた」。全文わずか23語の発表でした。

事故から4カ月後の8月下旬、ソ連が国際原子力機関（IAEA）の専門家会議に事故報告書を提出し、ようやく事故の実態が明らかになったのでした。

●福島原発事故との比較

チェルノブイリ原発事故では、事故の当日2名の作業員が爆発で亡くなり、数週間以内に急性放射線障害で28名の作業員や消防士が命を落としました。ちなみに福島原発事故では、放射線の直接の影響で亡くなった人はいませんでした。

もちろん死亡者の数だけで事故の被害の比較はできません。

日本の原子力安全・保安院（当時）の発表では、福島原発事故で放出された放射能の総量は、ヨウ素131に換算して770ペタ・ベクレルとされています。一方、チェルノブイリ原発事故で放出された放射能の総量は、IAEAの発表では、同様の換算で5200ペタ・ベクレルだったとしています。大気中に放出された放射能の量でみても、チェルノブイリは福島の5倍以上と、はるかに大きかったといえます。

また、福島原発事故は、格納容器の一部が壊れて放射性物質が漏れたため、拡散されたのは空気中で揮発しやすい物質*が中心でした。しかし、チェルノブイリの場合は、炉心の破片が飛び散ったことでプルトニウムなどの揮発しにくい物質も一緒に放出されてしまい、除染作業をより難しくしたといわれています。

メモ

放射能の単位

放射能の量はベクレル（Becquerel）という単位で表します。ペタとは10の15乗を意味します。原発事故では、ヨウ素やセシウムやストロンチウムなどの様々な放射性物質が放出されますが、放射性物質の種類によって人体影響は異なります。人体影響の違いなどを考慮して事故を比較するためにヨウ素換算が用いられます（放射線の詳しい説明は193ページ）。

*「揮発しやすい物質」とは気体になりやすい物質のことです。福島原発事故ではヨウ素やセシウムなどの揮発しやすい放射性物質が大気とともに広い範囲に拡散したあと降雨などによって降下し、各地の森林や土壌等が汚染されました。

●チェルノブイリの現在

事故から30年が経過し、コンクリート隔壁（石棺）も老朽化してきました。2016年11月には、放射性物質の飛散を防止するため、石棺全体を覆い封じ込める鋼鉄製の巨大シェルターが完成しました。

事故後、発電所から30km以内に住んでいた約12万人は強制的に避難させられました。現在も30km以内は立ち入りが厳しく制限されています。被害の大きかったウクライナ、ベラルーシ、ロシアの3カ国は、国際的な組織の支援を受けつつ、地域や住民の社会的・経済的な回復に今も取り組んでいます。

放射線による健康被害の評価は難しいですが、原子放射線の影響に関する国連科学委員会（UNSCEAR）が国連に提出した報告では、重度に被ばくした作業員134名のうち、28名が急性放射線障害で数週間以内に死亡。それ以外の19名が、必ずしも放射線被ばくと関連しない原因で2004年までに死亡。事故当時小児だった6000名以上が、

2005年までに甲状腺がんと診断され、そのうち15名が死亡。これらの人を除くと、被ばくした人たちの集団で、放射線に起因するがんや白血病の発生率の増加を明確に実証値として示すものはなかったと報告されています。

一方、同報告書では、事故による放射線被ばく量の高い人たち*は、がんで死亡する確率が数%増える可能性があると予測されています。一般的にがんで死亡する人が10万人と仮定すると、事故の影響によりさらに数千人が死亡する可能性もあると書かれています。ただし、それを過去将来にわたって、実際に死亡原因を検証して数値化することは不可能に近いともされています。

* 事故処理作業員や制限地域からの避難民などの最も放射線被ばくの高い人のグループ。

United States of America

アメリカ合衆国

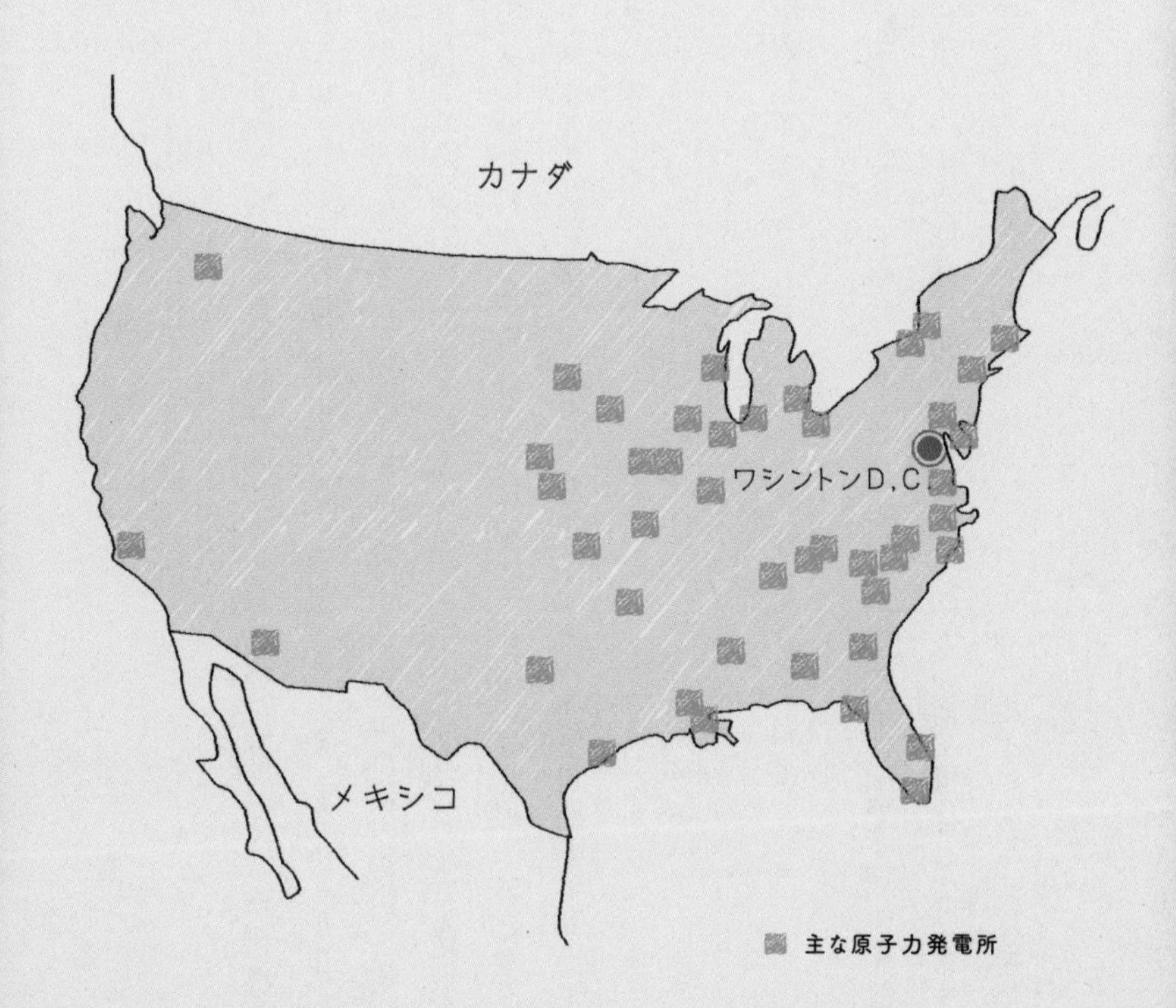

どんな国？

米国は言わずと知れた世界第一の経済先進国です。建国240年の歴史の浅い国ですが、アップル、グーグル、マイクロソフト、フェイスブックなど世界的ブランド企業を多数輩出しています。2016年のリオオリンピックでは断トツ121個のメダルを獲得しています。2017年にドナルド・トランプ大統領が誕生したことは日本でも大きな話題となっています。

●資源に恵まれた超大国

米国はエネルギー資源に恵まれた国です。埋蔵量は2015年現在、石炭が世界1位、石油が9位、天然ガスが5位。一方で、エネルギー消費量も莫大で、2015年の米国のエネルギー消費量は日本の約5倍、22億8060万トンで中国に次ぐ世界2位です。天然ガスの生産量は、シェールガスの開発により2009年にロシアを抜いて世界1位となりました。シェールガス効果で、2015年のエネルギー自給率は90%まで上昇しています。

●原発の数も圧倒的

米国には現在、99基の原発があり、世界最大の原発大国です。総発電量に占める原発の割合は過去30年にわたって20%前後で推移しています。原発の運転による二酸化炭素の削減量は、日本の総排出量の半分に相当

DATA

首都▶ワシントンD.C.

面積▶985.7万km²（日本の26倍）

人口▶3億2,177万人（2015年）

言語▶英語など

通貨▶ドル

宗教▶プロテスタント、カトリックなど

産業▶工業、農林業、金融など

GDP▶17兆4,190億ドル（2014年）

経済成長率▶1.1%（2016年）

総発電量▶4,339TWh（2014年・日本の4.2倍）

する年間7億トンと試算されており、政府は原発の新設に対して、優遇税制や資金調達時の債務保証を行うなどの支援制度を設けています。

しかし、近年では、国産シェールガスの増産により天然ガス価格が下がり、特に電力自由化が進む州を中心に、ガス火力発電よりも原発の発電コストの方が高くなるところもでてきました。原発の代わりにガス火力発電を使えば二酸化炭素排出量が増えるため*、いくつかの州政府は、環境への優位性を考慮した州独自の原発支援策を導入したり検討したりしています。

*二酸化炭素の排出量の違いは145ページ参照。

●原子力の歴史

第二次世界大戦後、原子力利用を先導したのは米国海軍で、原子力を潜水艦の推進力に利用しました。

アイゼンハワー大統領は1953年、国連総会で原子力を平和利用するのは人類の権利であるとする「平和のための原子力（Atoms for Peace）」

を提唱しました。同大統領は、国が軍事開発で得た科学工学的知見を平和利用に無償で提供する法案を通過させ、米国の原発事業が本格的に始動しました。1957年には米国初の実証炉、シッピングポート原発（9万kW）が運転を開始しました。

●大事故で原発建設がストップ

世界経済が石油依存で成長を続ける中、1973年に石油危機が起こり、米国は石油に依存しない経済に向けて方針を転換します。

次々と原発の建設が進められる中、1979年、ペンシルベニア州でスリーマイル島原発事故が発生しました。事故は、人為ミス、機械トラブル、設計ミスが重なり、炉心溶融に至ったもので、10万人を超す住民が避難し、原発の安全性に対する信頼を揺るがす大事件でした（125ページ）。

この事故以降、多数の原発建設計画が中止されます。そうした中にあっても生き残った計画もあり、1990年までに100基を超える原発が運転を開始しました。しかし、新規原発の発注は長らく途絶え、新たに建設認可が下りたのは実に34年ぶりとなる2012年のことです。

●米国人は原発支持が多い

ある調査会社が長期間にわたり行った原発の世論調査があります。

長期的にみると、原発の支持率は1983年の49%から2016年4月の67%へと上昇傾向にあります。一方、反対は同じ期間中に46%から29%へと低下傾向にあります。1986年のチェルノブイリ原発事故直後の調査では一時的に反対が賛成を上

原発の支持率の推移

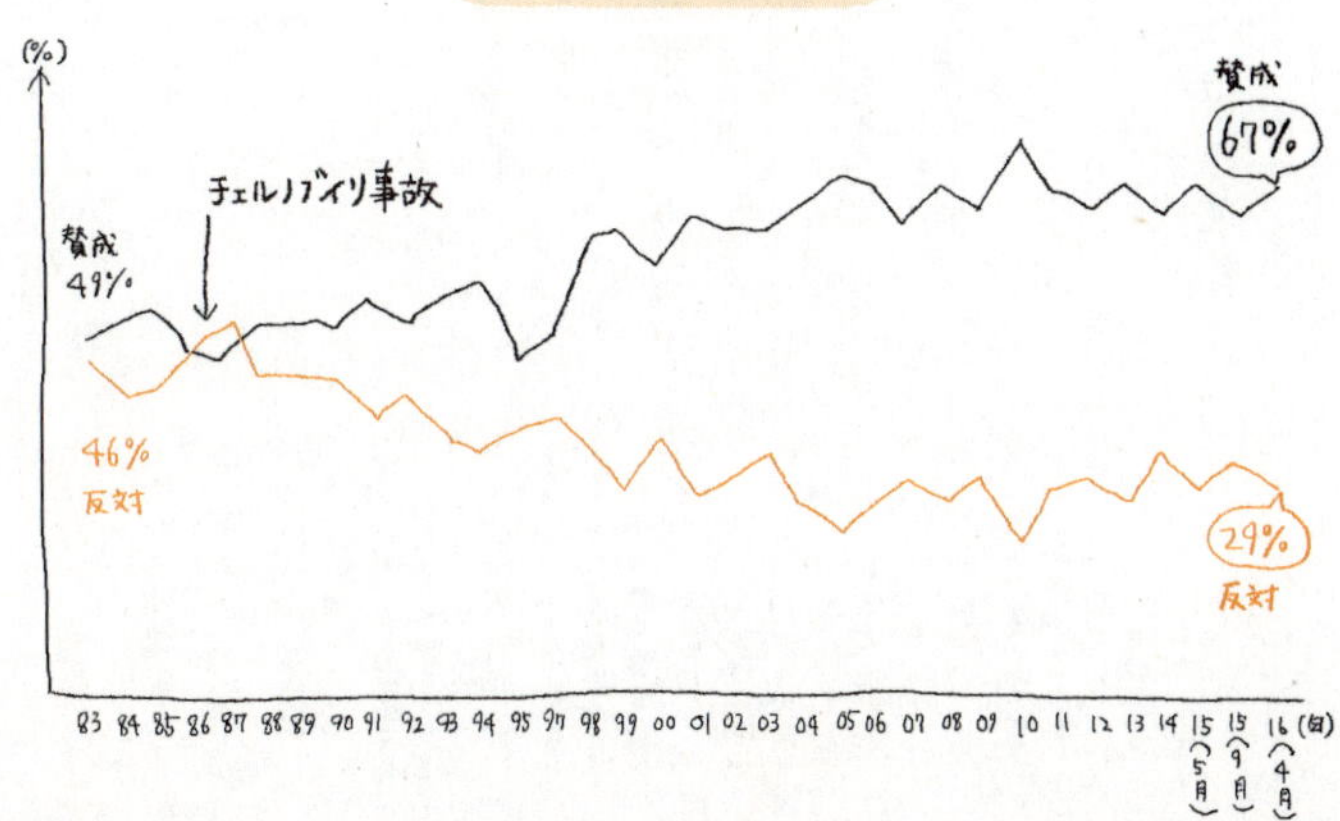

［出所］ビスコンティ・リサーチ

回ったこともありましたが、2011年の福島原発事故はほとんど影響しませんでした。

●原子力反対運動

一方で、1960年代後半からは、原子力に対する強い反対運動がみられるようになりました。

反対運動の対象は原発の建設に限らず、時に核兵器であったり、ウラン採掘の環境問題であったり、渾然一体となった運動もありました。

1979年3月に発生したスリーマイル島原発事故により反対運動は大規模化します。同じ年の9月にはニューヨーク市で約20万人が参加する原発反対運動が行われました。ニューヨーク州のショアハム原発は1984年に完成しましたが、スリーマイル島原発事故やチェルノブイリ原発事故後に地域住民から激しい反対運動を受けて、結局、営業運転に入らないまま1989年に廃炉となりました。

原子力反対運動の変せん

1960年代後半〜
原発、核兵器への反対運動

1979年
スリーマイル島原発事故
ニューヨーク市で20万人デモ

1986年
チェルノブイリ原発事故
米国内で原発建設なし
関心は核兵器凍結へ

2000年代
温暖化対策で市民運動家に
原発再評価の動きも

１９８０年代になると新規建設計画もなくなったことから、原子力反対運動の関心は核兵器開発の凍結に移行しました。２０００年代に入ると市民運動家の優先課題が地球温暖化に移り、一部の著名な市民運動家が二酸化炭素を排出しない原発を支持するような動きも出てきました。

●今後の見通し

米国では、原発の持つリスクを新たな技術や運転管理などで克服し、原発を長期にわたって安全に利用していこうとしています。さらに連邦政府は、温室効果ガスを排出しないクリーンな発電技術として原発を位置づけています。

また、すでにある原発をどのくらいの期間安全に運転できるかという研究が進んでいます。当初、原発の寿命は40年と考えられていましたが、現在運転中の原発の大半が60年へ運転期間を延長しています。最近では、寿命を80年まで延長する検討も行われています。このような寿命延長では、古くなった設備を新しいものに取り替えるなどして、長期間運転しても安全性に問題がないよう対策が取られています。

米国では、スリーマイル島原発事故を教訓に安全対策や効率化を進めた結果、2002年以降は原発の設備利用率が90%前後で推移しています。これは1970年代前半の設備利用率50%から飛躍的に向上しています。

一方、電力自由化が進んでいる州では、競合する天然ガス発電に対して経済性で不利となった原発は経営が立ち行かなくなっています。これまで、5基の原発が経済性を理由に廃炉することが公表されています。

一部の州では原発を支援する動きもみられます。例えば、ニューヨーク州では州内の電力の30%以上を原発が供給していますが、原発の運営会社が経営危機に陥っているため、その支援策を導入しました。二酸化炭素や大気汚染物質を排出しない原発に価値を与えるという制度です(ゼロエミッションクレジット政策)。これを受けて、2017年に閉鎖されることになっていたフィッツパトリック原発は閉鎖せずに運転を継続

メモ

設備利用率

発電所がどれだけ安定的に運転したかを示す指標です。例えば、原発が100%出力で1年間運転すれば、設備利用率は100%となります。一方、トラブル等により1年間の半分の時間しか運転しなければ、設備利用率は50%となります。

一般的に、設備利用率が高いということは、トラブル等が無く安定的に運転したということになります。

ちなみに、福島原発事故が起きる前、2010年度の日本の原発の平均設備利用率は67・3%でした。

することになりました。

一方、原発を持っていない火力発電会社はこの政策が不公平であると州政府を提訴しました。しかし、裁判所はこれを退け、支援策は継続されています。続いてイリノイ州でも同様の原発支援策が成立しましたが、この州でも同じ火力発電会社が不公平と提訴しています。さらに、オハイオ州でも原発支援策が議員により提案される見通しです。米国では、原発が電力安定供給や低炭素化の切り札と評価されていますが、州によって電力事情や気候変動問題への対応が大きく違っています。また、自由化市場の中での不公平をめぐる裁判も加わり、今後の原発の見通しはわかりにくくなっています。

現在は、大型で安全性を高めた新設計の第3世代炉（AP1000）と呼ばれる原発が、2カ所（4基）で建設中です。小型モジュール炉（SMR）、新型原子炉技術（第4世代炉）の開発も進められています。

小型モジュール炉は設備容量で30万kWより小さく、工場で組み立てて、トラックや鉄道で建設地まで輸送できる原発です。将来の有望な新

メモ

AP1000

米国で建設中の4基の原発はAP1000という新型の原発です。これらの原発は東芝の子会社ウェスチングハウス（WH）が建設しています。ウェスチングハウスは中国でも4基のAP1000を建設中ですが、両国での工事の大幅な遅れに伴う巨額損失がニュースなどで話題となっています。

技術として、開発には政府だけでなくビル・ゲイツ氏などの著名人が私財を投じて推進しています。

米国
まとめ
▼

- 1979年のスリーマイル島原発事故で原発建設がストップ。それでも原発の数で世界トップの原子力大国。
- 事故後に安全対策や効率化を進めた結果、設備利用率が飛躍的に向上。
- 近年はシェールガス革命の影響でガス火力発電のコストが安くなり、原発の経済優位性が低下。閉鎖する原発が相次ぐ。一部の州では、原発を支援する動きもみられる。

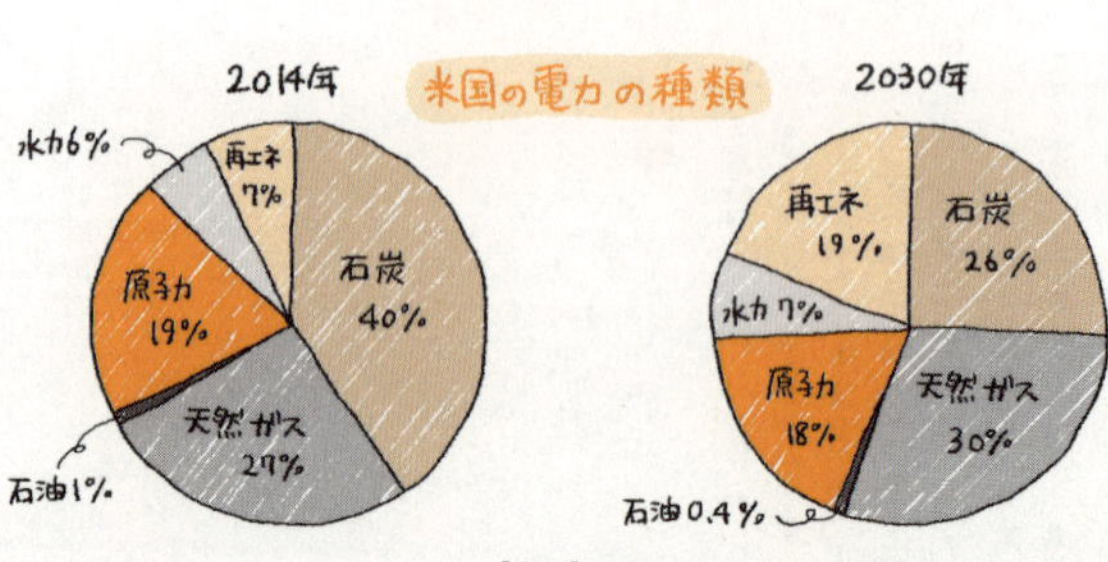

［出所］IEA

スリーマイル島原発事故

●ヒューマンエラーによる事故

今から約40年前の1979年3月28日、米国ペンシルベニア州にあるスリーマイル島（TMI）原発2号機で事故が起きました。この原発は、前年の12月に運転を開始したばかりの最新鋭のものでしたが、わずか3カ月後に事故を起こしたのです。

機器の故障により原発は自動で緊急停止しましたが、その時に、自動的に閉まるはずの弁が故障してしまい、冷却水が大量に漏れました。

制御室内の様々な計器は温度上昇や圧力上昇の警報を鳴らし、原子炉の冷却水が漏れていることを示しました。しかし、運転員は「原子炉の冷却水は十分にある」と誤った判断*をして、警報の意味を正しく理解

*事故時、加圧器という機器の水位計だけは水量が十分にあることを示していたので、運転員は加圧器の水位計の値から「原子炉の冷却水は十分にある」と判断しました。しかし、加圧器の水位計は通常の運転時に使うもので、このような事故のときには正しい値を示さないものでした。

しないまま、原子炉に冷却水を注入するための装置（非常用炉心冷却装置）を停止してしまったのです。

これは定められていた緊急手順書に違反した操作でした。対応していた運転員は十分な知識がなく、事故に対する訓練も不十分であったとされています。

この間違った操作によって、原子炉の冷却水はますます減少し、燃料は空だき状態となって大きく損傷しました。

事故発生から約2時間後に次の運転チーム（当直）が発電所に出勤してきて、弁が故障して閉まらなくなっていることに気づきました。そして故障していた弁の元弁を閉める操作を行い、ようやく冷却水の漏れを止めることができました。結果として、炉心の約半分が溶けてしまったといわれています。さらに放射性物質の一部が周辺に漏れました。

スリーマイル島原発事故は、運転員が弁の故障に気づかなかったり、止めてはいけない非常用炉心冷却装置を誤って止めてしまったりといった運転員の判断ミス（ヒューマンエラー）に加えて、設計上の不備、緊急

手順書の不備などが重なって起きた事故です。

●事故の影響

事故の報告を受けて、米国の原子力規制委員会（ＮＲＣ）は、原発から5マイル（約８ｋｍ）以内の住民だけが避難すれば十分と発表していましたが、後になって、避難区域を10マイル（約16ｋｍ）に広げ、さらには20マイル（約32ｋｍ）まで広げました。度重なる避難区域の変更で、住民は混乱しました。

結果として、14万4千人もの住民が避難するという大事件となったのです。ただし、事故で漏れた放射性物質による周辺住民の被ばく量は1ミリシーベルト以下*であり、被ばくによる健康影響（発がんなど）はほとんど無視できる程度でした。

このように、幸いにも放射線による被害はほとんどなかったのですが、スリーマイル島原発事故が米国の原子力産業界に与えた影響は計り知れ

＊病院で胃のエックス線検診を1回受けると3ミリシーベルトの被ばくをするといわれています。1ミリシーベルトはその3分の1程度です。（放射線については、193ページ参照）

ないほど大きなものでした。

事故後、米国では34年もの間、原発の新規建設が止まってしまいました。また、技術大国の米国で起こった原発事故は、世界中の人々に不安を与え、反対運動が活発化するなど大きな影響を与えました。

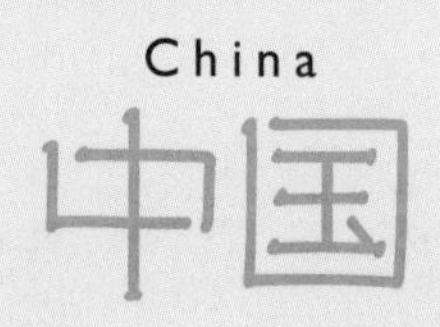

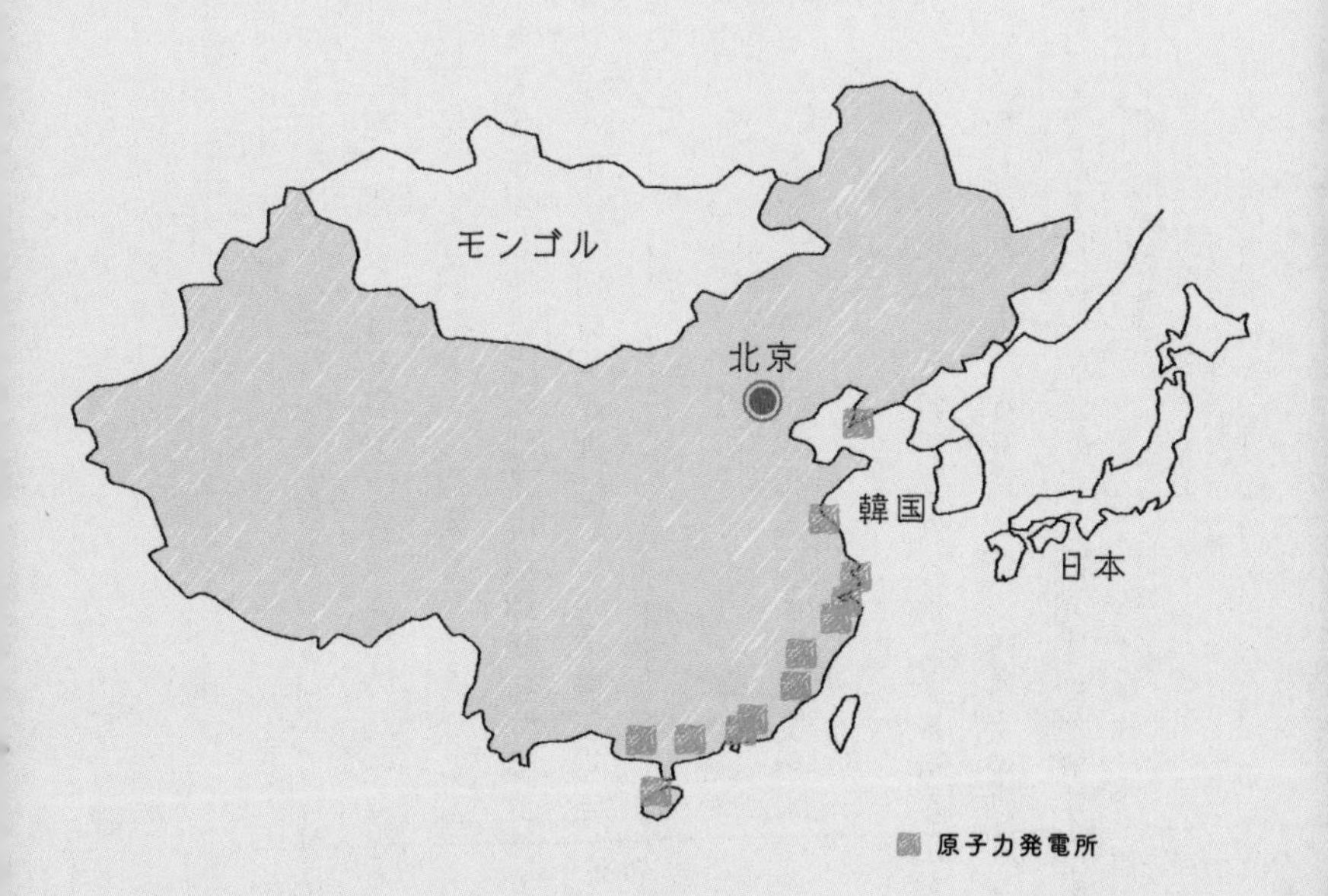

どんな国？

日本は、隣国である中国とは古くから交流がありました。身近では、中国料理が日本の食卓を賑わす場面が多いのではありませんか。でも、中華丼、焼きギョウザなどは日本生まれであることをご存知ですか？　中国はイギリスをはじめとする外国との戦争を経て、苦難の道を歩みましたが、2000年以降急速に力をつけ、今では経済面ではもちろん国際政治の舞台でも活発な動きを見せ、大きな影響力を持つようになり、目覚めた巨龍といわれています。

●世界の注目を集める中国

中国では、1949年に中華人民共和国が成立しました。1972年の米国のニクソン大統領の訪中、日本の田中角栄首相の訪中などを経て、各国と順次国交を正常化し、国際社会への復帰を果たしました。

経済面では、1978年から始まった改革開放政策により発展が始まりました。1990年代には経済成長が加速し、世界の工場といわれるまでに成長しました。2010年には日本を追い抜き、米国に次いで世界第2位の経済大国となっています。このところ成長率が鈍って世界経済の懸念材料となっていますが、中国経済はまだまだ成長を続けると見込まれています。

北京の街を歩いていると屈託ない笑顔で友人と談笑する若者たちが目立ちます。街にはモノがあふれ、大きな高級車で市内は交通渋滞が深刻化。生活にスマホは必需品となり、中国からの観光客が世界中を闊歩し、中国企業の世界進出が続いています。

DATA

首都▶北京

面積▶960万km²（日本の25倍）

人口▶13億1,041万人（2014年）※

言語▶漢語、チベット語など

通貨▶人民元

宗教▶仏教、キリスト教など

産業▶金属、機械、化学、繊維など

GDP▶10兆3,601億ドル（2014年）

経済成長率▶6.9%（2015年）

総発電量▶5,679TWh（2014年・日本の5.5倍）

※台湾、香港、マカオを除く

●世界一の電力消費国、そして世界一の二酸化炭素排出国

世界の工場となった中国は、鉄鋼、化学など電気をたくさん消費する産業が集中的に立地しています。電力消費量は2010年に米国を抜いて世界一。2016年末の発電設備の規模も、米国と日本を足してもまだ届かない、堂々の世界一です。

中国では大気汚染がひどく、その主な原因は石炭の燃焼*と自動車の排気ガスだといわれています。中国の総発電量の68%は石炭火力が占めていて、世界最大の二酸化炭素排出国です。中国政府は大気汚染対策として、効率の悪い古い発電所を廃止するなどの対策に取り組んでいます。さらに、再生可能エネルギーの導入を急速に進め、水力、風力、太陽光の発電設備容量は全て世界一となっています。

*石炭火力発電、工場の石炭ボイラー、家庭での石炭燃焼など。

●原子力発電も急増中

中国の原発開発の始まりは遅く、初の原発となった秦山Ⅰ期原発の建設開始は1985年、運転開始は1994年でした。当初、国産技術での建設を目指しましたが、外国の支援が必要でした。その後、フランス、カナダ、ロシア、米国の原発を導入して技術の習得に力を入れました。

2000年代半ば以降は、国産の原発の建設が本格化し、折からの電力不足も追い風になって、原発建設が目白押しになっています。現在運転中の原発は36基、建設中のものは20基です（2017年2月末時点）。中国では総発電量に占める原発の比率は3％に過ぎません。

原発の発電設備の容量でみると、米国、フランス、日本に次ぐ世界4位で、まもなく日本を追い抜くと予想されます。また、2050年には4億kWとなり、米国をはるかに超えるという見方もあります。

中国では土地は国有財産で、個人の使用権はありますが、所有権がないため発電所の用地取得問題はほとんどありません。原発の建設は地域の雇用や経済を潤わせることもあり、各省政府が先頭に立って原発の建設を誘致しています。

●内陸部での原子力開発は黄信号

現在、中国で運転中、建設中の原発は全て沿海部に立地していますが、「積極的に原子力を開発する」という政府の方針を受けて、内陸部にも原発の建設候補地点が31カ所あります。内陸部では、長江（揚子江）の流域に20基余りの建設計画があり、湖北省、湖南省、江西省では、かなり計画が進んでいました。

しかし、福島原発事故を受けて、政府は内陸部の建設計画を凍結することを決めました。反対する人たちは、原発で二酸化炭素を削減し、PM2・5を低減することは、「毒酒を飲んで渇きをいやすのと同じで、事故が起これば取り返しがつかない」と主張しています。

長江に多数の原発が計画されていることについて、「事故が起きた時に

上海や南京などの下流域に住む数億人にとって、生死にかかわる問題になる」というのがよく言われる反対理由です。

中国内陸部の江西省では、江西省政府が省内のエネルギー生産拠点となる彭澤原発の建設計画を発表しました。しかし、長江を挟んだ対岸の安徽省安慶市望江県の住民が建設に反対し、国への陳情、マスメディアへの申し入れ、訴訟の3つの手段により、建設を阻止しようとしています。中国で原発の反対運動が報道されるというのは、これまでにはなかったことです。

2016年に採択されたエネルギー計画の「第13次5カ年計画」（2016〜2020年）で、政府は内陸部での原発建設計画について、2020年までは国への建設許可申請の前段階までの作業に限定しました。これは、2020年までに建設工事を開始することはないということを意味します。

国を挙げて積極的に原子力開発に取り組んでいる中国でも、これまでのようにどんどん建設を進めていくわけにはいかなくなったようです。

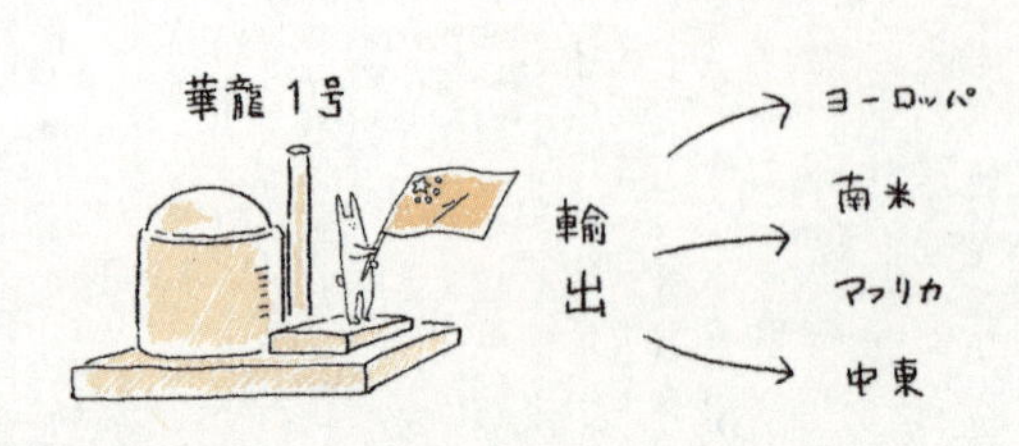

●国産原発で世界進出を狙う中国

1994年に初めて原発が運転を開始したという遅咲きの中国ですが、その後の技術のキャッチアップは凄まじく、米国製のAP1000やフランス製のEPRという最新鋭の原発が世界で最初に動く場所は中国になる予定です。

また中国は、福島原発事故の経験も考慮した新型国産原発として「華龍1号*」を開発しました。2015年5月に華龍1号を初めて採用した福清原発の建設を開始し、中国国内ではすでに4基の建設が進行中です。中国は、原発の技術でも世界最先端にあると自負しています。

中国では国の政策として、自国の原発技術をヨーロッパや南米、アフリカ諸国、中東などに拡げる動きを活発化させています。中国の原子力事業者は、アルゼンチン、アルメニア、エジプト、イラン、カザフスタン、ケニア、トルコ、イギリス、パキスタン、南アフリカでプロジェクトを展開しています。「華龍1号」も積極的に海外で売り込みを行ってお

＊華龍1号とは、中国企業が最新技術を融合して開発した中国製の原発。多重の安全システムや二重格納容器を採用するなど、国際的に最も厳しい安全基準を達成しているとされています。

り、パキスタンでは、すでに建設工事が始まっています。
また、最近、メディアで話題になったのは、イギリスで建設が計画されているヒンクリーポイントC原発です。このプロジェクトは、欧州電力大手のフランス電力（EDF）が計画し、フランス製の新型原発を建設するものですが、中国の原子力事業者（中国広核集団公司）が33・5％を出資する予定です。また、イギリスのブラッドウェル原発では、いよいよ中国製・華龍1号の建設を計画しています。

中国
まとめ
▼

- 世界一の電力消費国で、世界一の二酸化炭素排出国。
- 最初の原発運転開始は1994年。近年は原発の建設ラッシュが続く。まもなく日本を抜き世界3位に。
- 国産原発で世界進出を狙っており、イギリスをはじめ各国で積極的に原発を売り込んでいる。

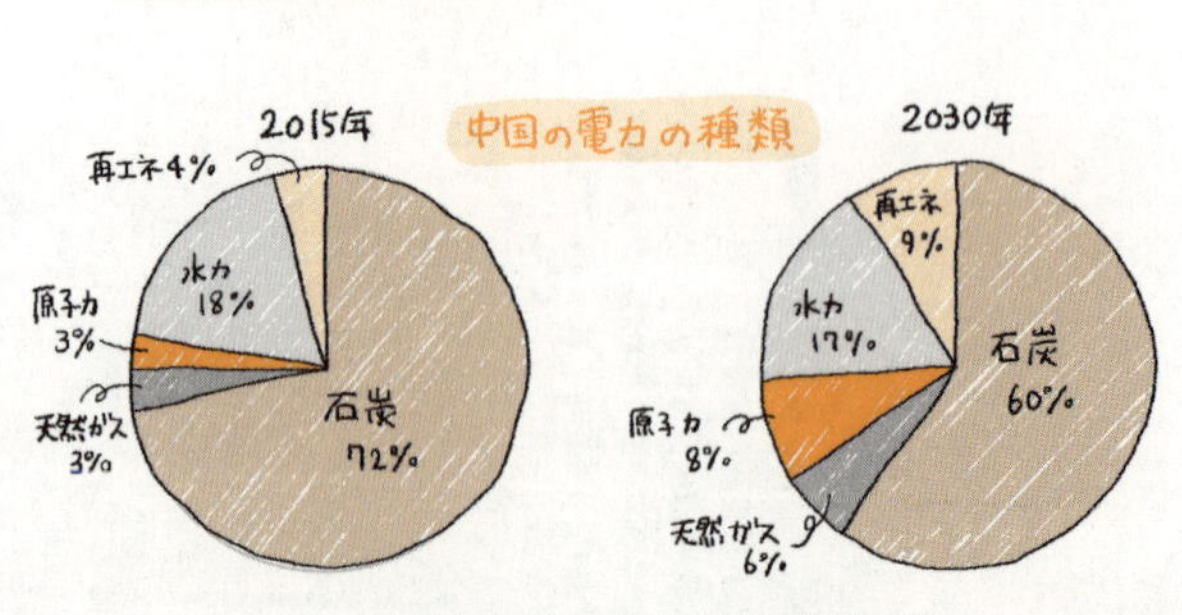

［出所］中国社会科学院世界経済政治研究所

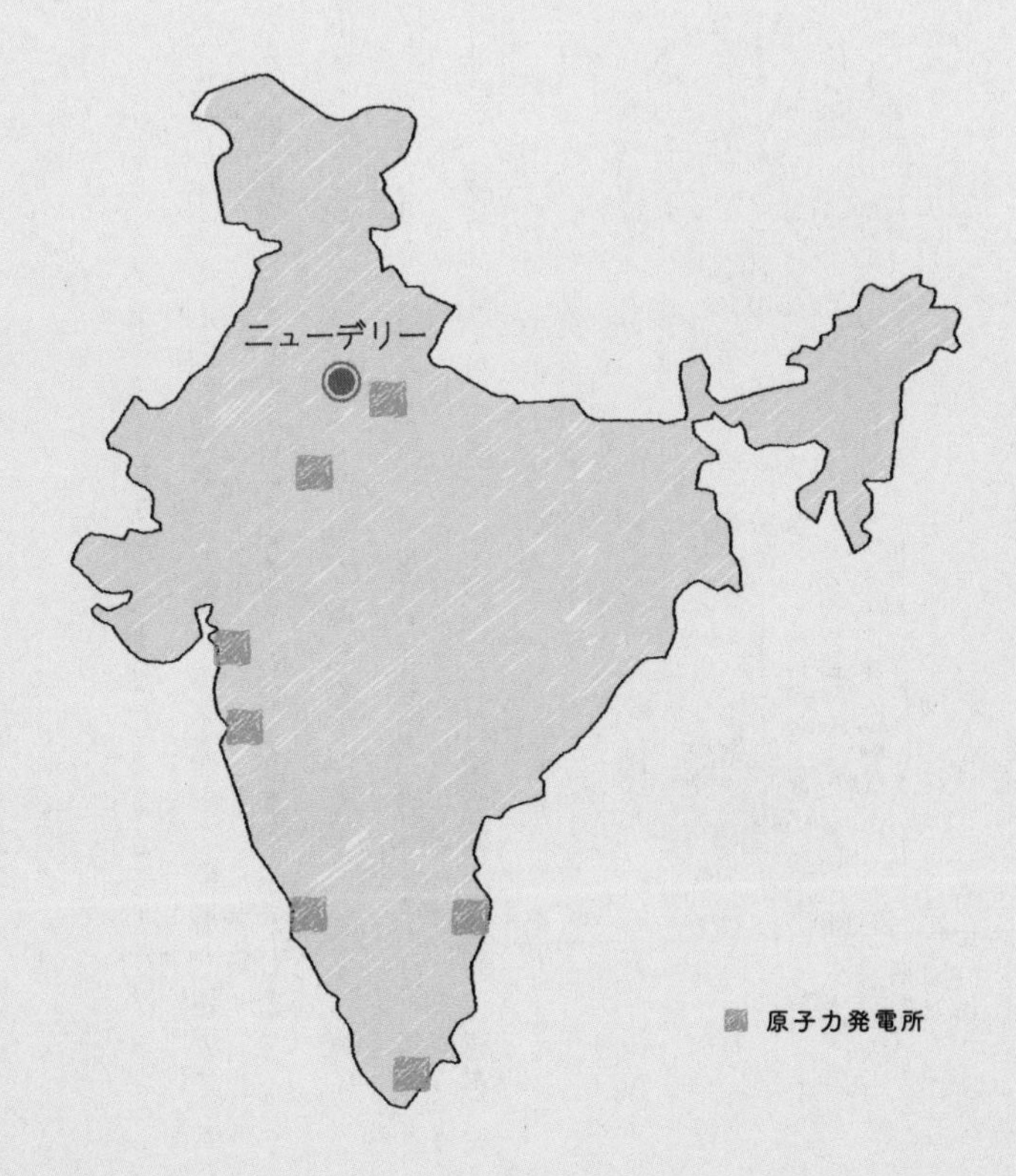

どんな国？

インドといえばターバンを巻いている男性のイメージですが、ターバンを巻いているのはシーク教徒の男性のみで、実はインドでは少数派です。インドには、ヒンズー教、イスラム教、ジャイナ教、キリスト教、仏教と多数の宗教が共存しています。言語も公用語のヒンディー語のほか、地方ごとに何百もあり、非常に多様性に富んだ国です。近年ではマイクロソフトやグーグルなどのＣＥＯ（最高経営責任者）にインド人が就任するなど、優秀なインド人が世界中で活躍しています。

●エネルギー消費大国

インドは人口約13億人を抱え、世界で2番目に人口が多い国です。2022年には、中国の人口を抜き、今後、エネルギー需要が世界でもっとも大きく増加すると見込まれています。石炭が豊富にとれることから、電力の大半が火力発電によってまかなわれています。エネルギー自給率は7割程度ですが、経済成長による電力需要の増加とともに、年々低下しています。原発の比率は、国内に供給される電力量の3%に過ぎません。

インドの電力の種類

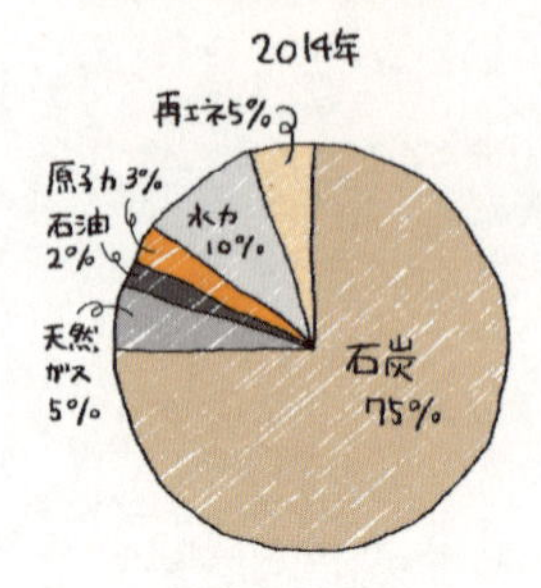

［出所］IEA

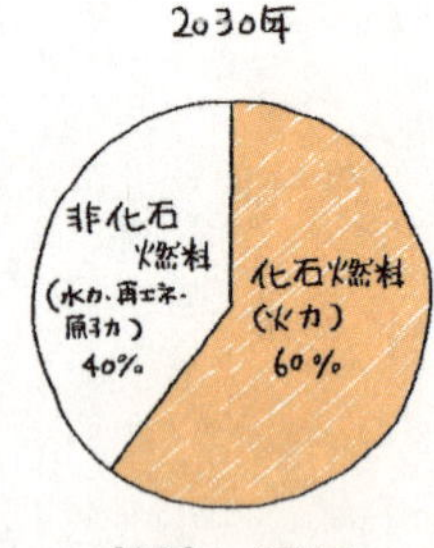

［出所］インド電力省

DATA

首都▶ニューデリー
面積▶328.7万km²（日本の8.7倍）
人口▶12億5,970万人（2014年）
言語▶ヒンディー語など
通貨▶ルピー
宗教▶ヒンズー教、イスラム教など
産業▶農業、工業、鉱業、IT産業など
GDP▶2兆74億ドル（2015年）
経済成長率▶7.4%（2014年）
総発電量▶1,287TWh（2014年・日本の1.2倍）

2つの大きな課題

インドはエネルギー消費大国であると同時に、世界3位の温室効果ガス排出大国でもあります（世界全体の約6％）。国際エネルギー機関（IEA）は、インドの温室効果ガス排出量は、このまま対策をとらなければ、2040年までに3倍以上増加すると予測しています。

デリーなどの都市部では、大気汚染も深刻になっています。石炭火力発電所から出る汚染物質も大気汚染の原因の一つであり、環境対策が急務となっています。

インドでは2000年代以降、電力不足に対応するため、発電所の建設が急ピッチで進められ、2016年に日本の発電設備容量を追い抜きました。しかし、依然として2億人以上が電気を利用できないといわれており、電力インフラの整備と環境問題への対応が課題となっています。

政府は今後、再生可能エネルギーと原発を積極的に増やす方針を示しています。再生可能エネルギーは、2022年までに現状の4倍

（1億7500万kW）に増やし、国内の消費電力に占める火力発電の比率を、2030年までに6割へ引き下げる考えです。

原発は2017年2月末現在、石炭がとれない南部や北部を中心に、7つの発電所で21基（578万kW）が運転しています。2020年までに現状の4倍（2000万kW）、2032年までに12倍強（6300万kW）、2052年までに55倍（2億7500万kW）まで増やす計画です。

●核実験による孤立

原子力の歴史を振り返ると、インドは日本から遅れること6年、1969年に最初の原発が運転を開始しています。この原発は米国製でした。

しかし、1974年に核実験を行ったことで国際社会から

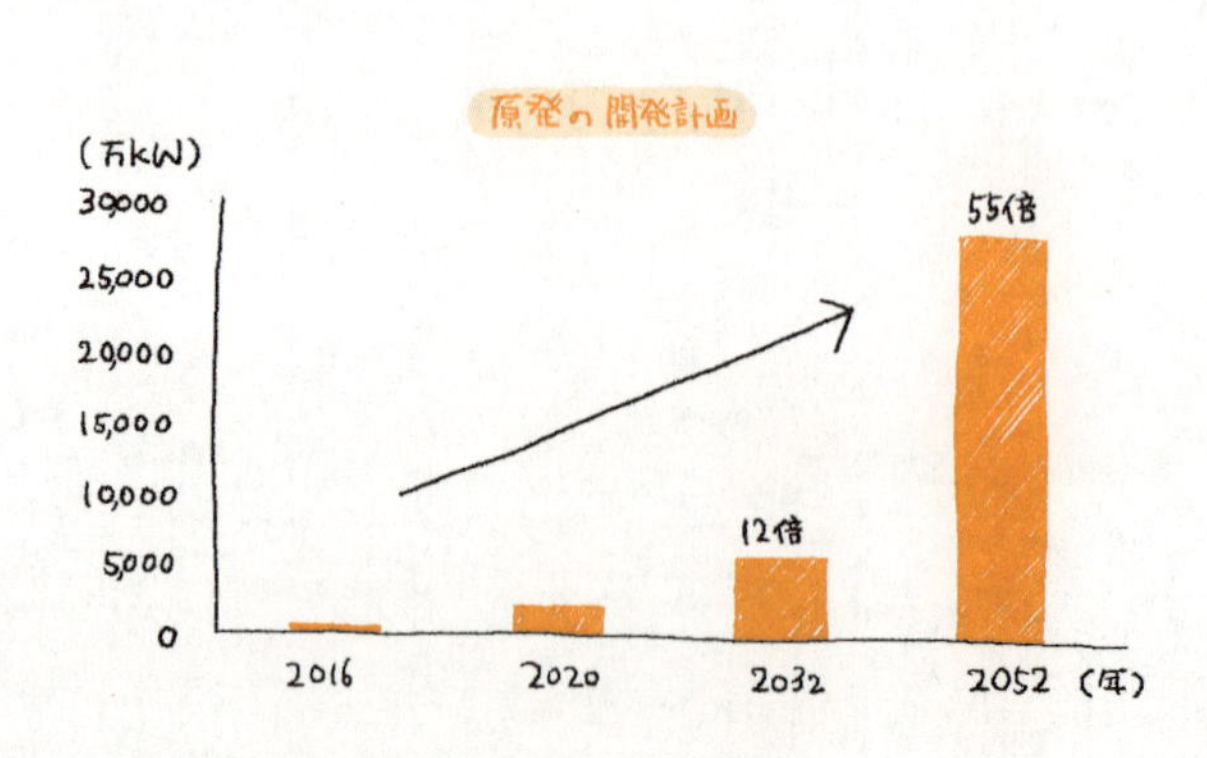

［出所］インド中央電力庁（CEA）

制裁を受け、燃料に使う濃縮ウランの輸入ができなくなりました。核兵器不拡散条約（NPT）*に加盟せず、原発の技術を核兵器に転用する恐れがあるとみなされたのです。そのため、核実験前にカナダから輸入していた重水炉（254ページ）と呼ばれるタイプの原発をベースに、独自開発を続けることになりました。重水炉は濃縮ウランが不要だったためです。

また、インドはトリウムという資源が豊富で、1950年代に「三段階計画」*というトリウムの使用を念頭に置いた原子燃料サイクル政策を策定しています。トリウムは、ウランと異なり、核兵器に転用できず、炉心溶融（メルトダウン）の危険性が小さいのが利点です。

●海外からの輸入に意欲

30年以上もの間、独自路線を歩んできたインドですが、2008年に米国のブッシュ政権が、インドと原子力分野で協力するよう方針転換し

＊核兵器不拡散条約（NPT）
核兵器の拡散防止を目的とした国際条約で1970年に発効しました。核兵器国（米国、ロシア、イギリス、フランス、中国）は他の国に核兵器を譲り渡すことを禁止し、非核兵器国（その他の国）は、核爆発を起こす装置を開発、製造、入手することを禁止しています。
日本は1970年に署名しました。

＊三段階計画
第一段階……燃料をウランとして、重水炉で発電する。
第二段階……燃料をプルトニウム・トリウムとして、高速増殖炉で発電する。
第三段階……燃料をウラン・プルトニウム・トリウムとして、重水炉で発電する。

ました。インドへのウラン輸出や技術提供が解禁され、今後、ロシア、フランス、米国などから原発を輸入する計画です。

　これにあわせて、インドは原発事故が起こった場合の賠償責任に関する法律を2010年に制定しました。この法律では、原発事故があった場合に、電力会社だけではなく、原発を作ったメーカーも賠償責任を負うと解釈できる内容になっています。

　通常、原発事故の賠償については、一般的な損害賠償と異なり、すみやかに賠償がなされるよう、電力会社が一義的に賠償責任を負うことになっています。

　インドが電力会社だけでなく、場合によってはメーカーにも賠償責任を負わせるという

インドの原発開発

1974年
核実験を実施
国際社会の制裁を受け孤立
濃縮ウランを輸入できず
濃縮ウランを使わない
カナダ型重水炉をベースに
国産炉開発

メモ

重水炉は、減速材に重水、燃料に天然ウランを使用するタイプの原発で、インド以外ではカナダや中国などが使用しています。重水とは、水分子の水素の質量が重い水のことを指します。

軽水炉は、減速材に軽水（普通の水）、燃料に濃縮ウランを使用するタイプの原発です。濃縮ウランは、ウラン元素のうち、核分裂する元素の比率を人工的に増やしたもので、核分裂するウラン元素の割合が大きければ、軽水でも臨界しやすくなり、コストの安い軽水を減速材に使うことが可能になります。

法律を制定した背景には、過去に大規模な化学工場事故を経験しているためといわれています。インドへの原発輸出が事実上解禁されましたが、この法律の影響で原発の建設計画は進展しませんでした。
そこで、モディ首相は、新しい損害賠償保険制度を作り、原発メーカー

メモ

国民の反応

ギャラップ社が実施した世論調査によれば、福島原発事故前は賛成58%、反対17%で、事故直後は賛成49%、反対35%となっており、事故後も賛成の人が多いようです。マスメディアの反応でも批判的な意見は少ないですが、原発建設への反対運動も一部地域でみられます。

ボパール化学工場事故

1984年12月にマディヤ・プラデシュ州の州都ボパールで発生した米国ユニオンカーバイド社の化学工場で起きた事故は、史上最悪の産業事故といわれています。未明に農薬の材料を貯蔵するタンクから猛毒ガスが漏れ、1晩のうちに2,000人が亡くなりました。最終的な死者数は6,000人とも1万人以上ともいわれ、50万人以上が健康被害を受けています。事故周辺地域の除染はまだ終わっておらず、後遺症に苦しむ人も多数いるようです。

事故当時、ユニオンカーバイド社の米国本社では経営状況が悪化しており、コスト削減から子会社のインド工場で働く従業員への安全教育や安全管理も十分でなかったことが後に判明しました。被害にあった人々に賠償金が支払われるまで長い期間を要し、その額も十分ではありませんでした。ユニオンカーバイド社の経営者は刑事告訴されましたが、海外に逃亡してしまいました。

インドでは、この事故の影響から、外国製品や海外企業に警戒心を抱く人も多いといわれています。

のリスクを軽減するとともに、インドへの原発輸出を呼びかけるため各国を訪問して、積極的にトップ外交を行っています。

インド
まとめ
▼

- 環境対策と電化が大きな課題。
- 今後、再エネと原発を積極的に増やす方針。
- 政府は、海外製の原発の輸入を進める考え。

発電方式による二酸化炭素の排出量

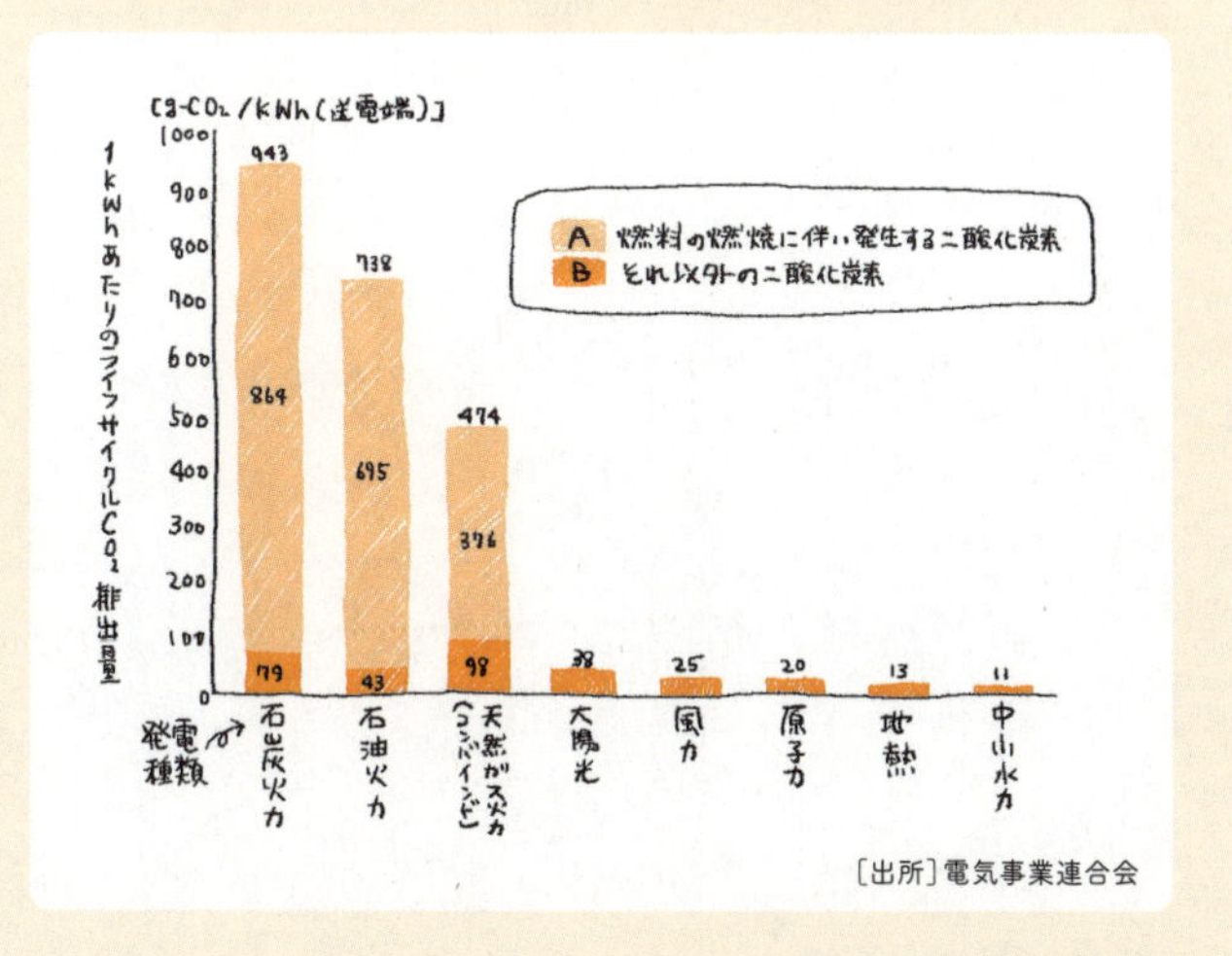

［出所］電気事業連合会

上の図は1kWhの電気を作るのに、どれだけの二酸化炭素が出るかを表したものです。

Aの部分は、発電時に燃料を燃やすことで発生する二酸化炭素の量です。石炭・石油・天然ガス火力は発電時に二酸化炭素を出しますが、太陽光や風力などの再生可能エネルギーは発電時に二酸化炭素を出しません。原発も発電時に二酸化炭素を出しません。

Bの部分は、機器の製造、発電所の建設、燃料の輸送、メンテナンス等のために消費するエネルギーから二酸化炭素の発生量を求めたものです。例えば、近ごろ普及が進んでいる太陽光発電の場合、発電に必要なエネルギーは太陽の光だけなので、発電時に二酸化炭素を出しません。しかし、太陽光パネルを工場で作るのにも、工場から設置場所に運搬するのにもエネルギー（電気やガソリンなど）を使っています。エネルギーを使っているということは、二酸化炭素が出ているということです。このように、発電時に発生しないけれど実際は発生している二酸化炭素も含めて計算したものが図のライフサイクル二酸化炭素排出量になります。

3章

世界の原発を考える

これまでの章では、各国の原発がどうなっているのかを見てきました。
原発を使う国もあれば原発をやめる国もあり、そこには様々な理由があります。
3章では、世界全体で原発がどうなっているのかを考えてみましょう。

1 原発は増えてる？減ってる？

原発反対派は「福島原発事故後、世界は脱原発の方向に向かっている」と言います。一方で、原発推進派は「事故後も新興国などを中心に世界で原発の導入が進んでいる」と言います。果たして、世界はどちらの方向に進んでいるのでしょうか。

　ここでは、日本以外の世界の動きを知りたいので、日本の原発を除いたデータを見ていきます。

　次のページのグラフは世界の原発の数の推移です（日本の数は除いています）。原発の歴史は、旧ソ連のオブニンスク原発が発電を開始した1954年から始まりました。その後、1956年にイギリス、1957年に米国、1959年にフランスの原発が発電を開始しました。ちなみに、日本の最初の原発が発電を開始したのは1963年で、世界で9番

メモ

2011年の震災前は日本国内に54基の原発がありましたが、事故によって福島第一原発6基が全て廃止となり、さらに経済性などを理由に別の原発計6基も廃止が決まっています（2017年3月時点）。

目でした。

　グラフを見ると、1970年代から急激に原発の数が増えているのがわかります。これは石油危機の影響を受けて、各国が化石燃料への依存を減らすために原発の導入を進めたためです。

　ところが、1989年をピークに原発の数は急に頭打ちとなります。新規原発の着工件数でみると、スリーマイル島原発事故とチェルノブイリ原発事故後、着工件数（すなわち、発注）が減少し、1990年代は世界でも原発の着工が低迷していたことがわかります。

　これは2つの大きな原発事故を経験して世界で反原発の声が高まったことに加

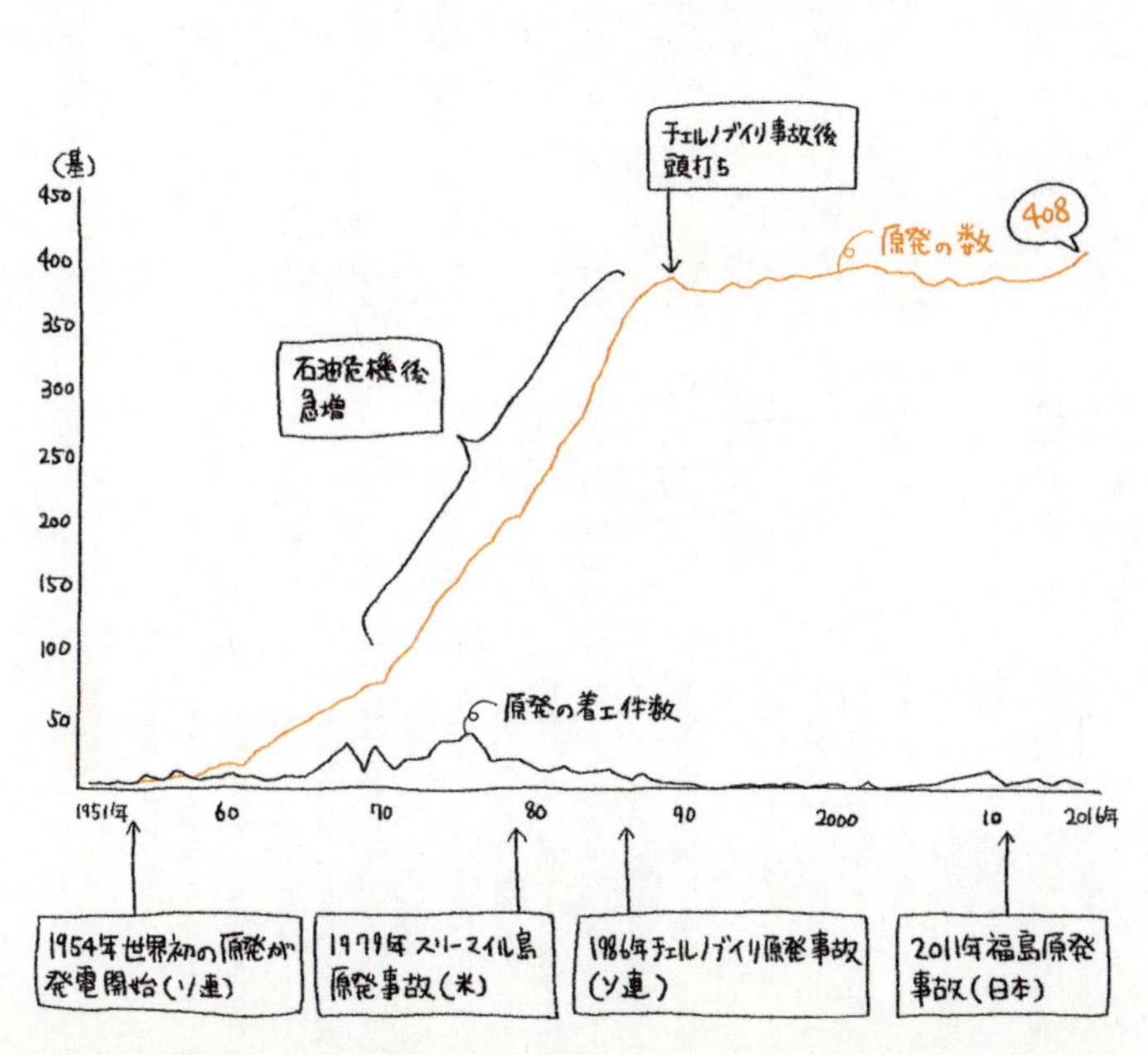

［出所］IAEA PRIS等より作成（2016年末時点）
※日本を除く

えて、原発の建設コストの上昇や天然ガス価格の低下などの影響があったといわれています。

その後、原発の数は多少増えたり減ったりしていますが、現在に至るまで原発の数はほとんど変わっていません。もう少し正確に言うと、1980年代後半から現在まで、原発を減らした国もあれば増やした国もあります。それらを差し引きすると、世界の原発の数はほぼ一定のまま推移してきたといえます。

つまり、チェルノブイリの大事故は起きましたが、世界ではそれほど脱原発の方向には進まなかったということです。チェルノブイリ原発事故の直後は、「安全上問題がある旧ソ連の原発事故なので、先進国の原発であのような事故は起こらない」という説明も多く聞かれました。そのため、日本国内でも一時的に反原発の声が高まりましたが、日本は新しい原発を作り続けました。

しかし、2011年の福島原発事故は、チェルノブイリ原発事故よりもはるかに大きな衝撃を世界の人々に与えました。それは事故で放出さ

メモ

原子力ルネサンス

前のページのグラフでは、原発の着工件数が2000年代後半に増えていることがわかります。これは「原子力ルネサンス」と呼ばれた時期で、世界的に原発の建設が増えると予想されていました。ルネサンスとは「再生」や「復活」という意味です。

原発が再び注目を集めた背景には、世界的なエネルギー消費量の増大や二酸化炭素排出量の削減などがありました。これらの問題を解決する上で、原発が有効な手段になると考えられたのです。

東芝が米国の原発メーカー「ウェスチングハウス」を買収したのは、まさに原子力ルネサンスの真っ只中の2006年でした。

しかし、2011年に福島原発事故が起きたため、原子力ルネサンスは一時的なものとなり、原発の建設も予想通りには増えませんでした。

れた放射能の量によるものではなく、原子炉建屋が爆発する衝撃的な映像が世界中で放送されたということと、「技術の優れた日本で原発事故が起きた」という事実が世界の人々を驚かせたためです。

では、福島原発事故後、世界の原発の数はどうなっているのでしょうか。事故後の約6年間（2011〜2016年）で世界の原発の数がどうなったのかを詳しく見てみましょう。

2011年以降の世界の原発の増減は、下のグラフのとおりです。2011年は新しい原発の数より廃炉した原発の数の方が多いことがわかります。これは、脱原発を決めたドイツがいきなり8基の原発を廃止したためです。

2012年と2013年は、新しい原発と廃炉

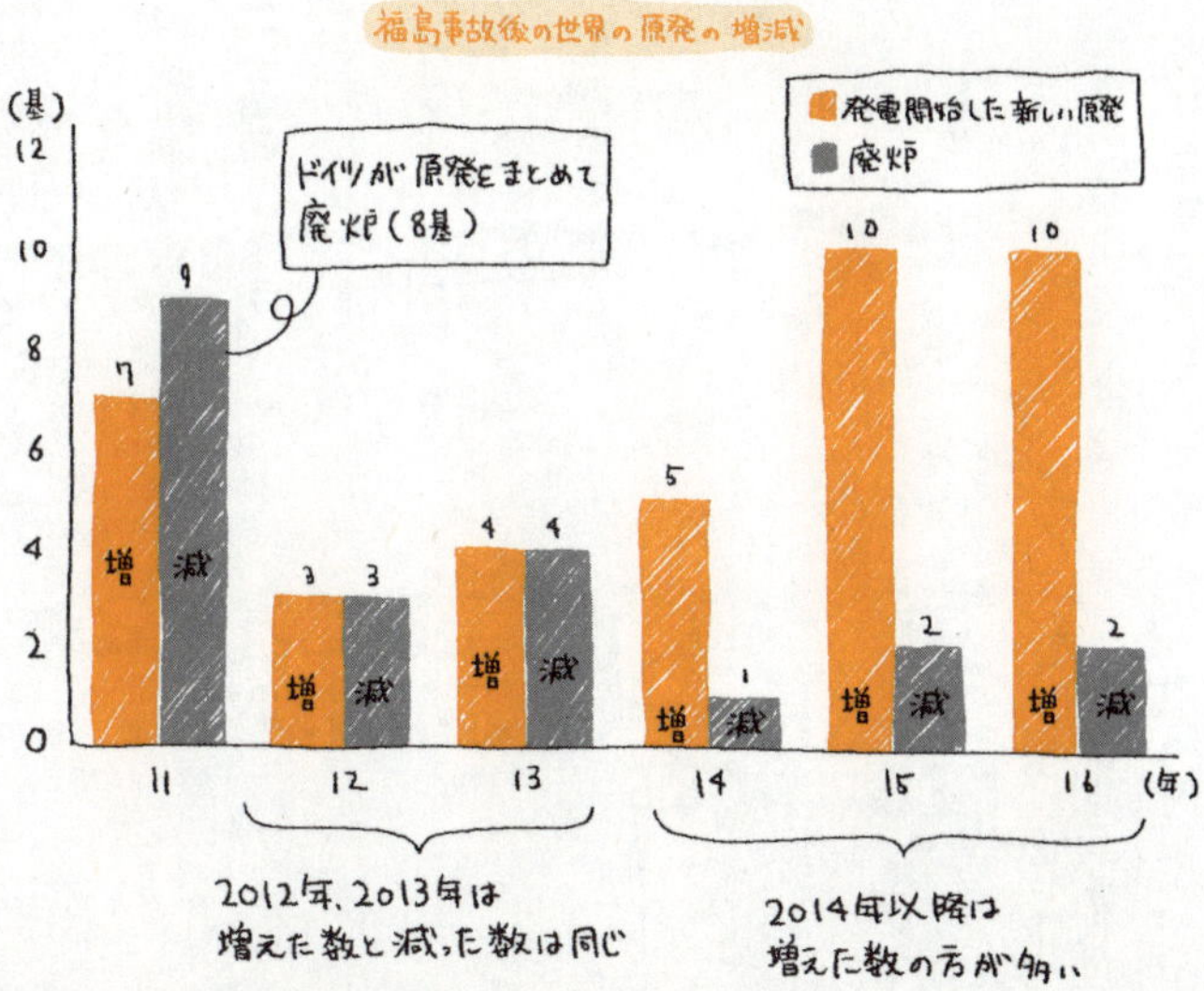

年	発電開始した新しい原発（増）	廃炉（減）
11	7	9
12	3	3
13	4	4
14	5	1
15	10	2
16	10	2

［出所］IAEA PRIS等より作成（2016年末時点）
※日本を除く

になった原発の数が同じです。そして２０１４年以降は、新しい原発の数が廃炉した原発の数を上回っています。

福島原発事故から現在までの期間で世界の原発の増減をまとめると、新しく作られた原発は39基あり、廃炉になった原発は21基あります。よって、事故後も世界の原発の数は少し増えていることがわかります。

新しく原発を作った国は、中国、韓国、ロシア、インド、米国、イラン、パキスタン、アルゼンチンの8カ国です。一方、原発を廃炉にした国は、ドイツ、米国、イギリス、カナダ、ロシアの5カ国です。

2 原発と他の発電を比べると？

チェルノブイリ原発事故後も福島原発事故後も、世界で原発の数はほとんど変わっていないことがわかりました。では、火力発電や再生可能

エネルギーなどと比べるとどうなっているのでしょうか。

ここでは、①火力発電、②水力発電、③再生可能エネルギー、そして④原子力発電の4つの種類に分けて見てみます。①の火力発電には、石炭火力、ガス火力、石油火力が含まれます。③の再生可能エネルギーには、風力や太陽光などが含まれます。

先ほどは発電所の数に着目しましたが、ここでは1年間の総発電量で比べます。例えば、1つの原発と1つの風力発電所では全く規模が異なるので、数で比べるより発電量のデータをみた方が、世界の流れがよくわかるからです。

2000年以降の世界の発電量の推移を次のページに示します。ここでも、日本を除いたデータを使っています。縦軸は兆kWhという単位です。日本で1年間に発電される電力量はだいたい1兆kWhです。

グラフをみると、①火力発電と②水力発電は毎年ほぼ一定量ずつ増えていることがわかります。これは新興国などで電力需要が増えているためです。2009年に火力発電が減っているのは、リーマンショックに

より世界経済が停滞し、工場などの使用電力量が減ったためです。余談ですが、電気が生産される量と経済の状況は連動しています。

③の再生可能エネルギーは２００９年頃から急に増えていることもわかります。これは、ヨーロッパを中心に風力や太陽光の普及が急速に進んだからです。

④の原発はどうでしょうか。やはり、２０００年以降、原発の発電量はほとんど変わっていません。これは他の発電量が増えているのとは対照的です。その状況は福島原発事故後も同じで、２０１１年以降も世界では原発の発電量はほとんど増えても減ってもいません。

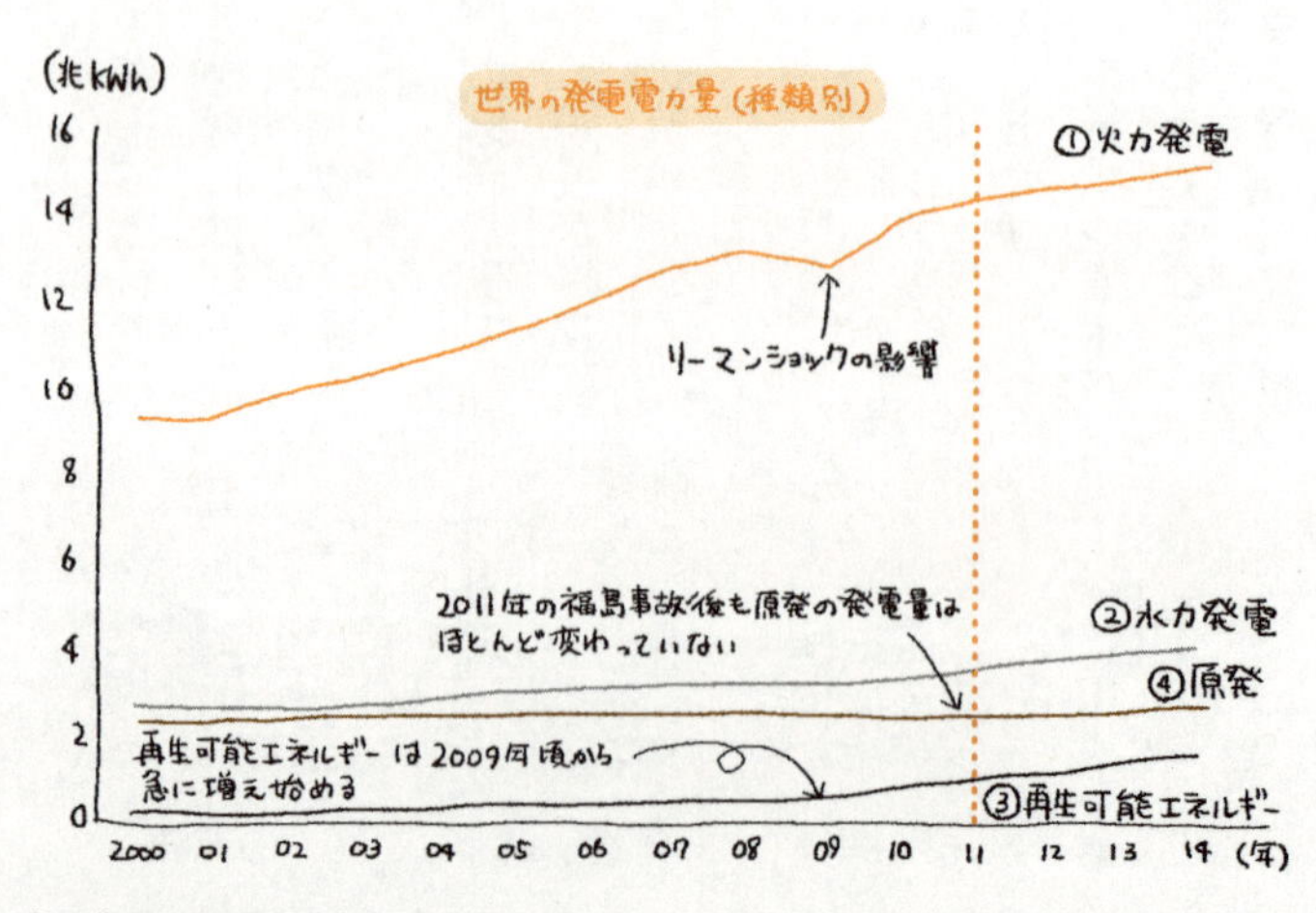

［出所］IEA等より作成
※日本を除く

3 原発を使う国、使わない国

世界の196カ国*のうち、原発を使っている国は日本を含め30カ国です。これは世界の15%の国が原発を使っているということになります。逆にいえば、85%の国では、原発を使わずに人が生活しているということです。

世界のほとんどの国が原発を使っていないということは、日本も原発を使わない国になることができるということでしょうか。しかし、世界196カ国には大小様々な国が含まれています。日本は小さな国といわれますが、GDPは世界で3位、人口は世界で11位です。日本は意外と世界の中でも大きな国です。原発を使っていない85%の国と日本を同じように考えることは難しいかもしれません。

そこで、世界の主要国の状況についてもう少し詳しく見ていきたいと

*日本が承認している国の数。

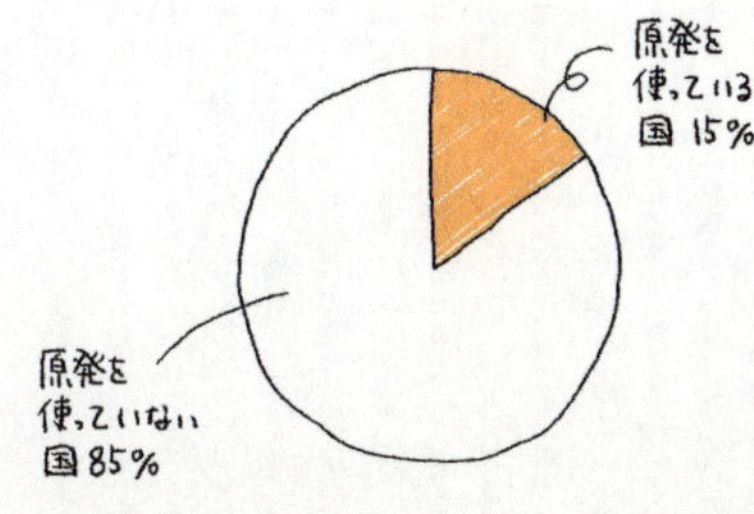

世界で原発を使っている国

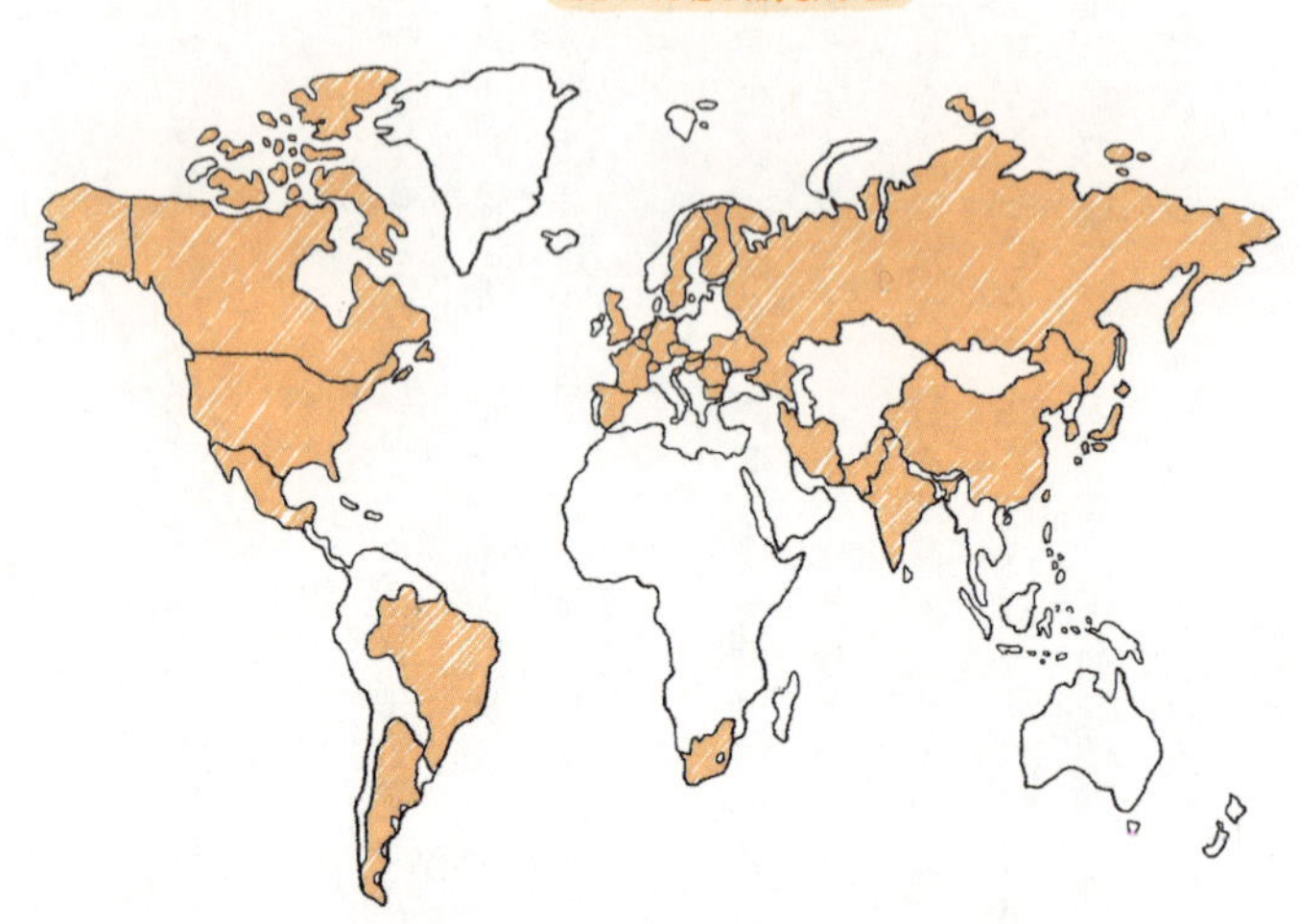

原発を使っていない国	原発を使っている国
ノルウェー　オーストラリア　サウジアラビア インドネシア　デンマーク　エストニア アイスランド　ニュージーランド　ポーランド ラトビア　イスラエル　チリ　ギリシャ オーストリア　ポルトガル　トルコ　イタリア アイルランド　ルクセンブルク	ロシア　カナダ　南アフリカ　メキシコ ブラジル　アルゼンチン　中国　米国　オランダ インド　チェコ　イギリス　スウェーデン フィンランド　ドイツ　スロベニア　ハンガリー スイス　スペイン　スロバキア　フランス ベルギー　日本　韓国
19カ国／43カ国	24カ国／43カ国

＊エネルギー自給率

生活や経済活動に必要な一次エネルギーのうち、自国内で確保できる比率を「エネルギー自給率」といいます。原子力発電の燃料となるウランは、エネルギー密度が高く備蓄が容易であることなどから、外国への資源依存度が低い「準国産エネルギー」と位置づけ、エネルギー自給率に含めるという考え方があります。しかし、次ページの資源エネルギー庁の図では、エネルギー自給率に原子力を含めていません。本章でエネルギー自給率に触れる場合も同様に、原子力発電を自給率に含めることとはしていません（ウラン資源を輸入に依存している国の場合）。

G20：主要国首脳会議（G7）の7カ国に新興経済国やヨーロッパ諸国を加えた20カ国・地域。

OECD（経済協力開発機構）：ヨーロッパ諸国や日米などを含めた35カ国の先進国が加盟する国際機関。

思います。主要国にはいろいろな定義が考えられますが、ここではG20とOECD加盟国を合わせた43カ国を「主要国」として見ていきます。

この43カ国中、原発を使っている国は日本を含めて24カ国です。では、使っている国、使っていない国の違いはどこにあるのでしょうか。

日本政府や電力会社は、「資源が少ない国は原発依存度が高い」という説明をすることがあります。それは本当でしょうか。

下の図は、日本政府（資源エネルギー庁）が、エネルギー資源の少ない国は原発依存度が高いことを説明するために使った図をわかりやすく書き換えたものです。この図を見ると確かに、エネルギー自給率の低い国は原発をたくさん使っているように見えます。

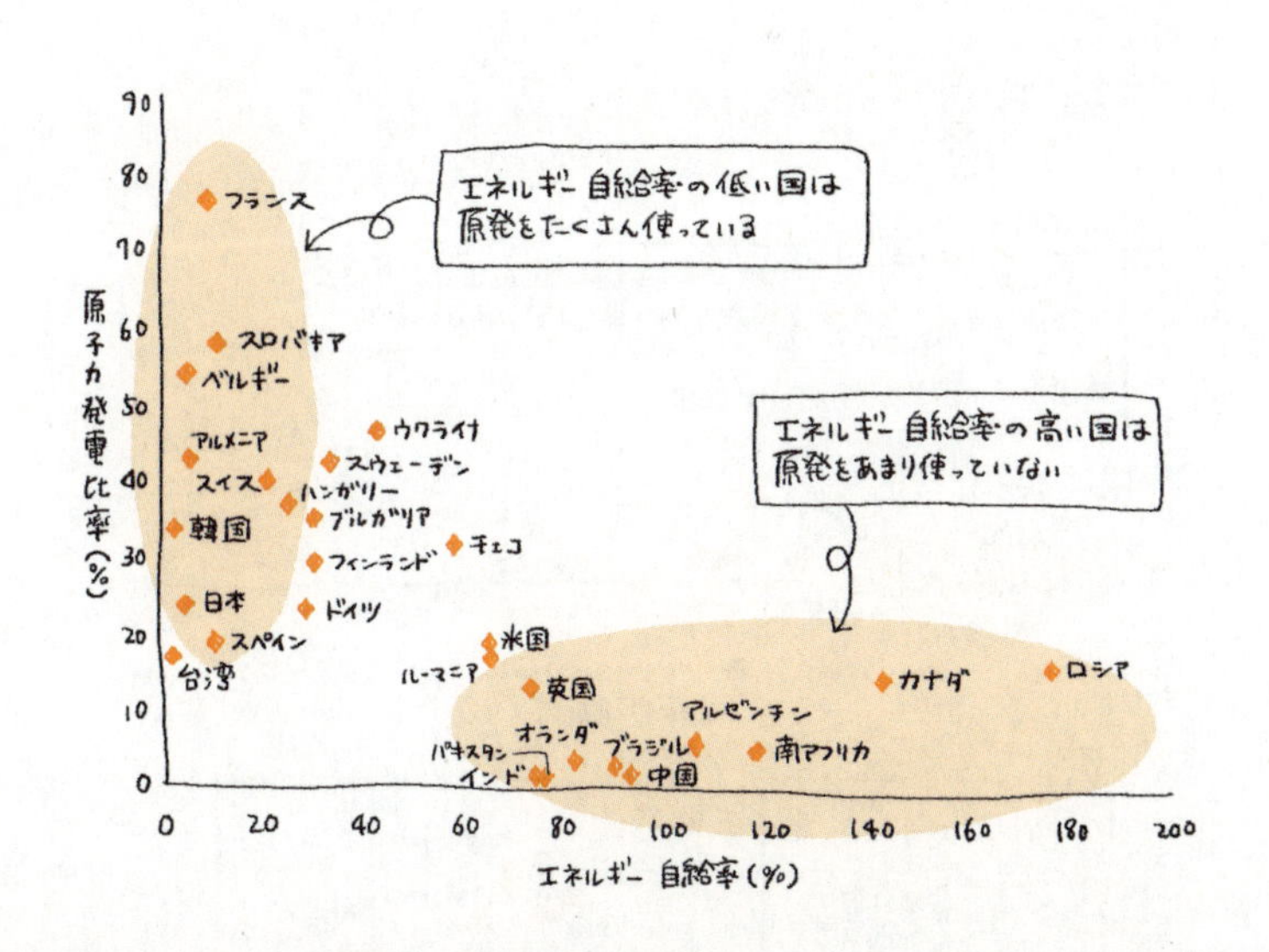

［出所］資源エネルギー庁（2012年）

でも実際は、エネルギー自給率が低くても原発を使っていない国はたくさんあります。実は、前のページの図に書かれているのは原発を使っている国だけで、原発ゼロの国は載っていないのです。

主要43カ国で原発を使っていない国も含めると下の図のようになります。この図は2014年の主要国のデータを使っているので、先ほどの図とは値が少し異なります。しかし、このように原発ゼロの国も入れると、「エネルギー自給率が低い国は原発を使っている」というのは必ずしも正しくないようです。

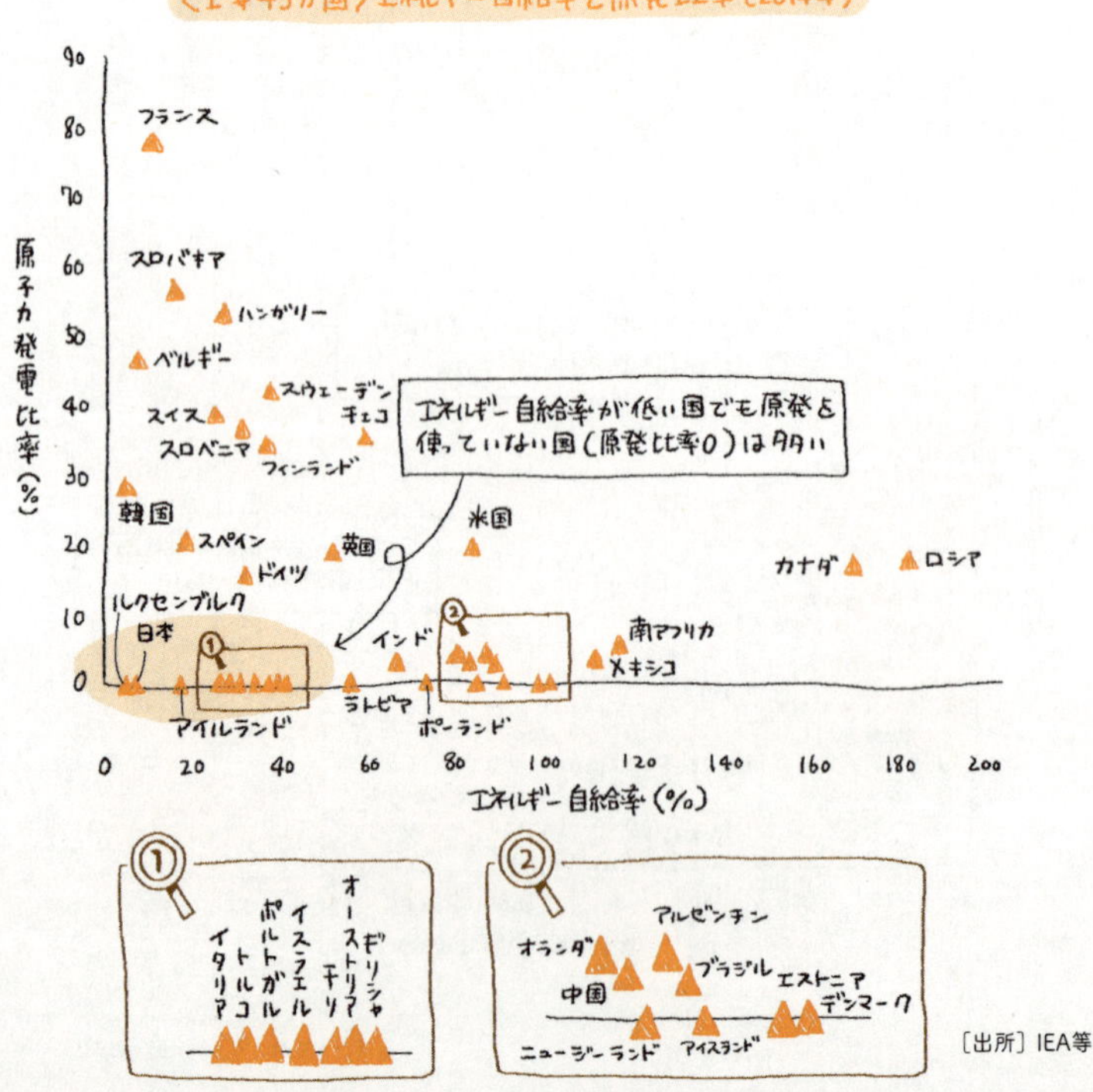

［出所］IEA等

もう少しわかりやすくするために、主要43カ国をエネルギー自給率の高い順に並べてみましょう。

このように、主要国をエネルギー自給率の高い順に並べてみると、自給率が高い国で原発を使っている場合もあれば、自給率が低い国で原発を使っていない場合もあることがわかります。

これまでの章で見てきたように、原発を使う理由・使わない理由は国によって様々です。エネルギー自給率の低さだけで原発の必要性を説明するのは難しいようです。

ただし、ここで注目すべきは日本のエネルギー自給率は6％で、主要43カ国中41位という点です。他の国と比べても、はるかに低いといえます。

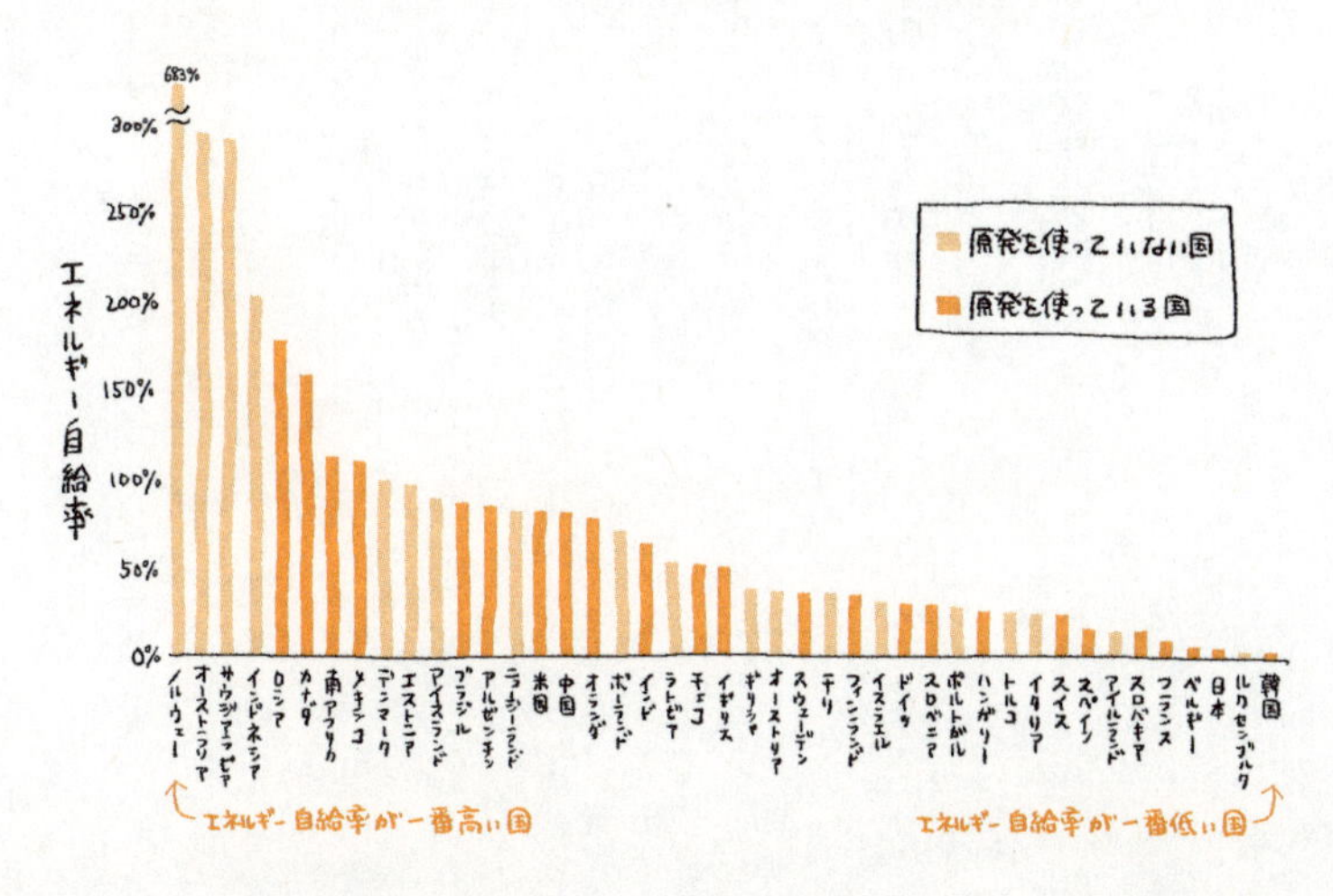

［出所］IEA

4 原発を使ってない国はどんな国？

主要国で原発を使っていない国は43カ国中19カ国です。これらの国がどういう国なのかもう少し詳しく見てみます。ここでは、この19カ国を3つのグループに分けて考えます。

グループ①は、エネルギー資源が多い国（自給率50％以上）です。ノルウェーやオーストラリアなど資源が豊富な10カ国が入ります。

グループ②は、電力輸入に頼っている国です。ギリシャやオーストリアなど7カ国が入ります。これらの国は全てヨーロッパの国々と送電線がつながっていて、電気のやり取りができる国です。

グループ③は、それ以外の国です。つまり、エネルギー資源が少なくて、電力輸入にも頼っていない国です。ここには、イスラエルとチリの2カ国が入ります。

これらをまとめると下の表のようになります。グループ②のカッコ内の国は、主な電力の輸入先を示します。実は7カ国とも原発を使っている国から電力を輸入しているのです。ですので、グループ②の7カ国は、国内には原発はありませんが、他の国にある原発の電気を使っているということになります＊。

主要国で原発を持っている国は全体の約半分で、原発を持っていない国もたくさんあります。しかし、本当の意味で原発の電気を一切使っていない国は意外と少ないのかもしれません。

＊これらの国は原発以外の電気も輸入しています。

①エネルギー資源が多い国（自給率50%以上）	②電力輸入に頼っている国（主な電力輸入先）	③他（エネルギー資源が少なくて、電力輸入にも頼っていない国）
ノルウェー　オーストラリア	ギリシャ（ブルガリア）	イスラエル
サウジアラビア　インドネシア	オーストリア（ドイツ）	チリ
デンマーク　エストニア	ポルトガル（スペイン）	
アイスランド　ニュージーランド	トルコ（ブルガリア）	
ポーランド　ラトビア	イタリア（スイス）	
	アイルランド（イギリス）	
	ルクセンブルク（ドイツ）	
10カ国	7カ国	2カ国

これまでの話をまとめると、主要43カ国は下の表のように整理できます。グループ④として原発を直接使っている24カ国を追加しました。日本はこのグループに入ります。エネルギー資源が少なくて原発を直接的にも間接的にも使っていない国はイスラエルとチリの2カ国しかありません。ちなみに、これらの国の経済規模をGDP順位でみてみると、イスラエルは世界35位、チリは世界45位で、世界3位の日本とは経済規模が随分異なります（2014年の名目GDP）。

日本はエネルギー自給率6％で、エネルギー資源の少ない国です。また、ヨーロッパの国のように隣の国と送電線がつながっていないので、

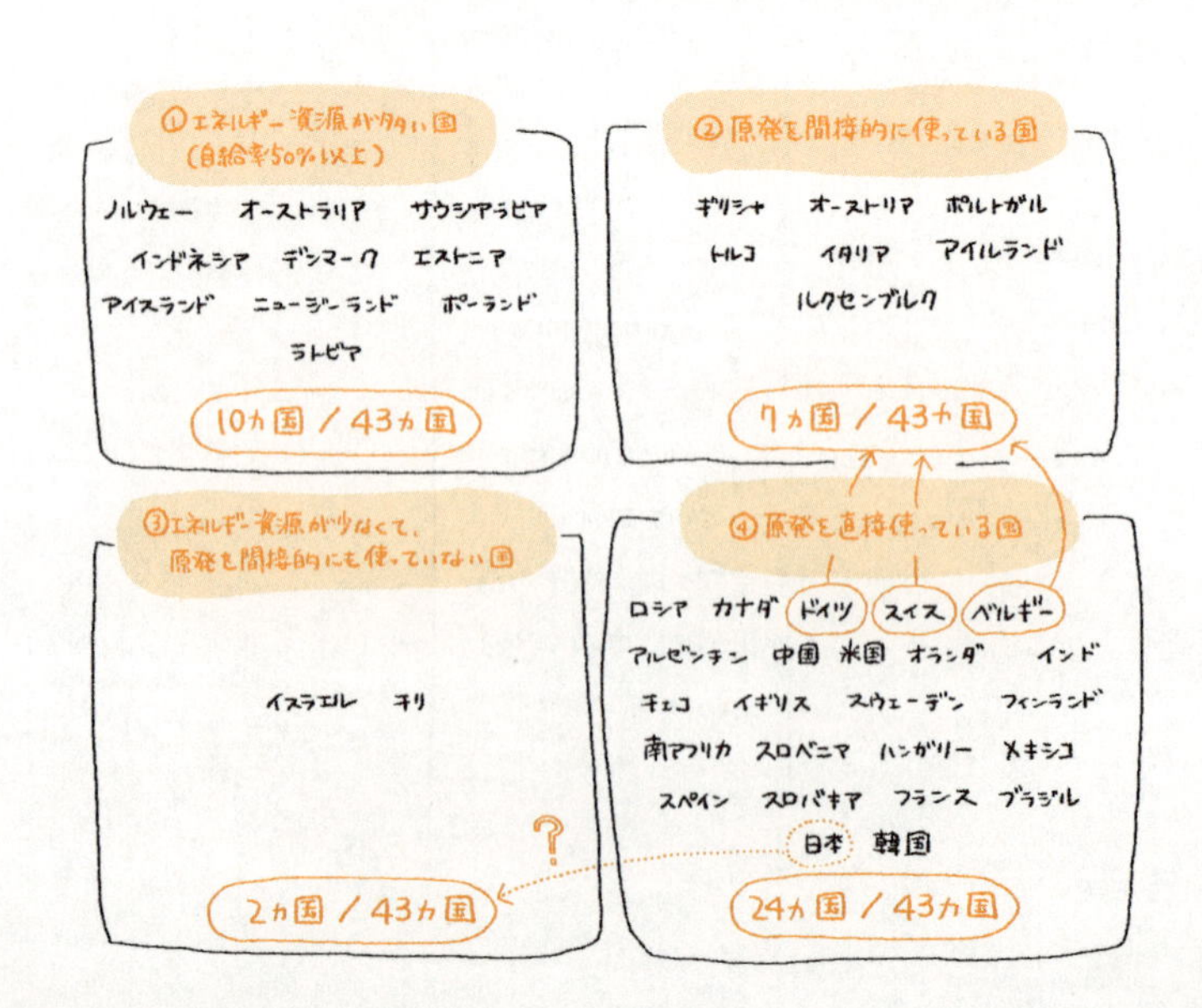

電力を輸入することができません。

脱原発に向かっているドイツ、スイス、ベルギーは原発大国のフランスなどから電力を輸入することができます。つまり、これらの国は②の仲間入りをするということです。

日本が脱原発するということは、③の2カ国の仲間入りをするということです。その是非と実現方法は、私たちみんなでよく考えなければなりません。

原子力発電の仕組み

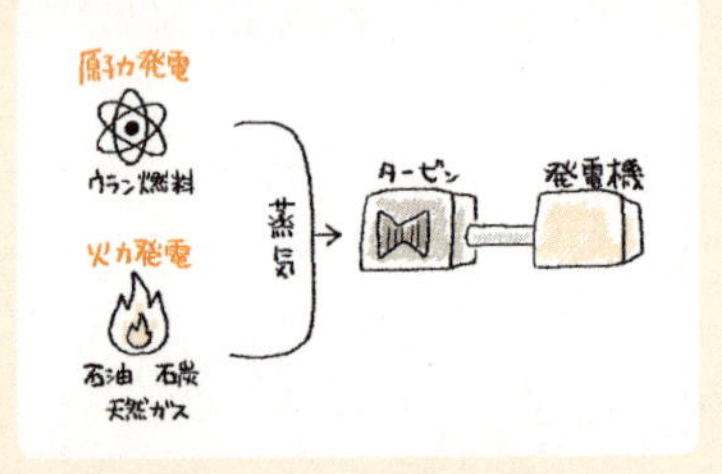

基本的には、火力発電も原発もほとんど同じ仕組みで電気を作っています（蒸気の力を利用して発電しています）。ただし、そのための熱を作る方法が大きく違います。

火力発電は、石油・石炭・天然ガスなどの化石燃料を燃やしたときの熱を利用して蒸気を作り、タービンを回して発電します。

原発は、ウランが核分裂したときに発生する熱を利用して蒸気を作り、タービンを回して発電します。

ウランには核分裂しやすいもの（ウラン235）と、しにくいもの（ウラン238等）があります。自然界に存在するウラン鉱石にはウラン235が0.7％程度しか含まれていないので、このままでは原発（軽水炉）の燃料として使用することはできません*。そのため、ウラン235の比率を3〜5％にまで濃縮する必要があります。これを「ウラン濃縮」といいます。原子爆弾はウラン235の比率を100％近くまで濃縮したもので、原発で使われる燃料とは違います。したがって、原発の燃料が原子爆弾のような爆発をすることはありません。

*ウラン濃縮をしなくても発電できるCANDU炉と呼ばれる原発もあります（254ページ）

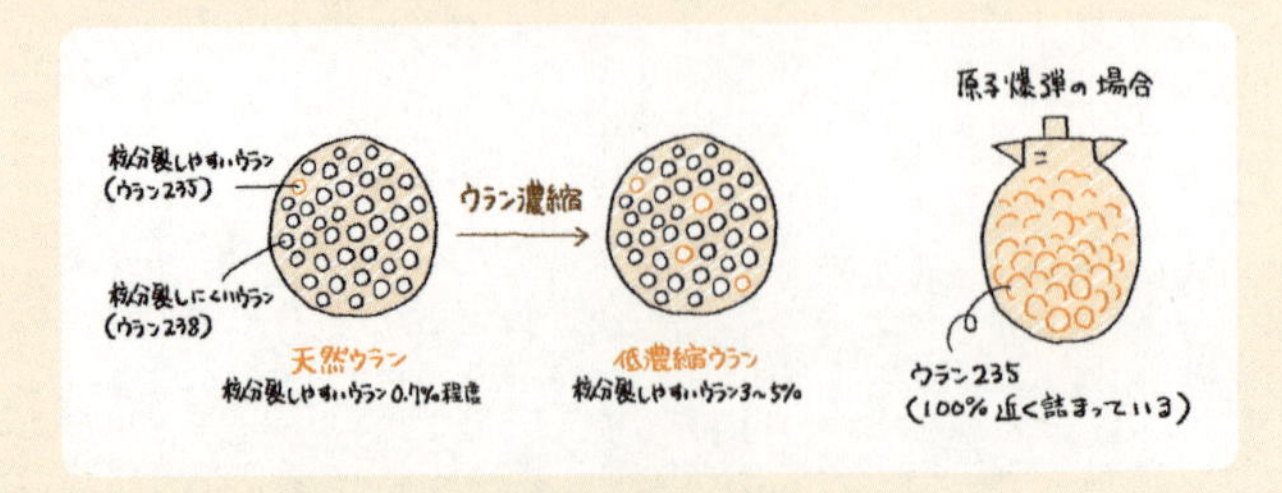

4章

福島事故と安全性

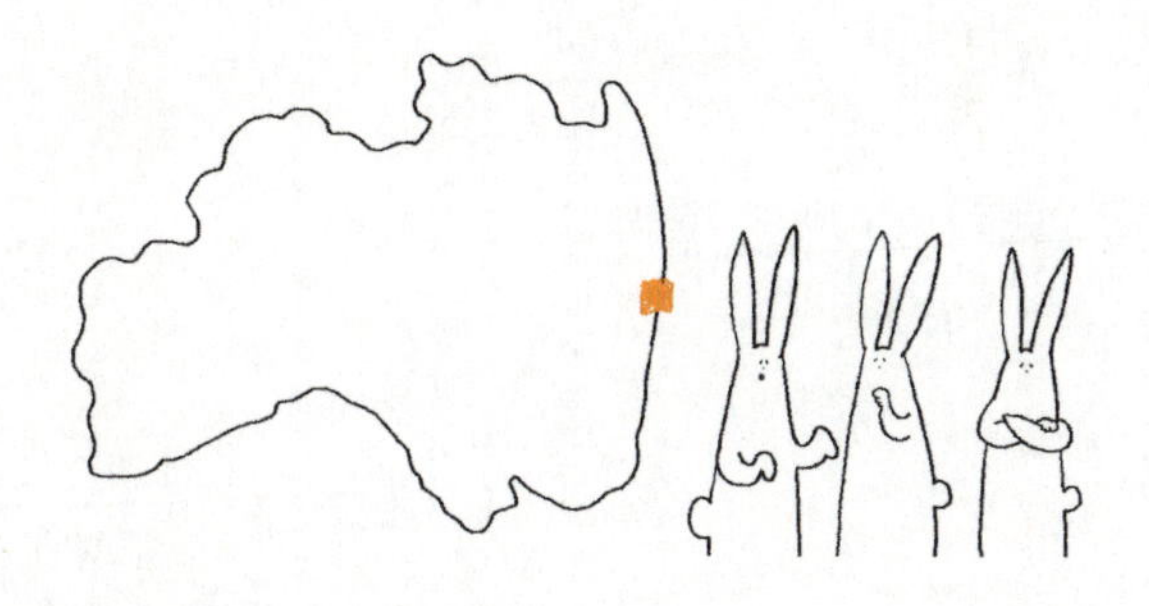

4章では、原発の安全性について考えてみたいと思います。
そのためには、2011年に発生した福島原発事故を
もう一度よく考えてみる必要があります。

1　安全神話の崩壊

●福島第一原発事故の概要

　2011年3月11日、東北地方太平洋沖で巨大な地震が発生し、当時運転中であった福島第一原発1～3号機は、正常に自動停止しました（核分裂が止まりました）。4～6号機は点検中であったため、運転していませんでした。

　運転中の1～3号機では、核分裂は止まったものの、地震の影響で外からの電気を受けられなくなりました（外部電源喪失）。しかし、原子力発電所には非常用ディーゼル発電機があるため、その電気を使って原子炉の冷却は続けられました。

　ところが、地震発生から約50分後に発電所を襲った津波によって、非

燃料の冷却と電気

　原発は地震などの異常を受けて制御棒が挿入され原子炉は自動停止します（核分裂が止まります）。しかし、核分裂が止まった後もウラン燃料から熱が出るので、長時間冷やし続ける必要があります。燃料を冷やすための機器を動かすには電気が必要なのですが、津波により電気が使えなくなり電動機器が動かなくなりました。

　ただし、6号機の非常用ディーゼル発電機（空冷式）は津波で水没しなかったため、これに隣接する5号機と6号機は電気が使える状態でした。

常用ディーゼル発電機などの電気設備が使えなくなり、海の近くに置かれていた冷却用ポンプなども使えなくなりました。そのため通常の原子炉冷却装置が使えなくなりましたが、電気を必要としない冷却装置も備えつけられていたので、それらを使って原子炉の冷却を続けました。さらに、消防車を使って海水を原子炉に注入するなど、懸命の現場対応が行われました。

しかし、1～3号機は原子炉内の燃料棒（ウラン燃料）が十分に冷却できず、最終的に溶けだすという重大事態（メルトダウン）になりました。また、その過程で、燃料棒の被覆管に使われているジルコニウムという金属が水と反応して、大量の水素が発生しました。

水素は原子炉圧力容器から原子炉格納容器を経由して原子炉建屋という建物に流入したと推定されています。そして、12日に1号機の原子炉建屋内で水素爆発が起こりました。2日後の14日には3号機で、また、15日には4号機でも水素爆発が起こります。

運転していなかった4号機でも水素爆発が起きた理由は、3号機で発生した水素が4号機の原子炉建屋に漏れていたためです。運転していた2号機では水素爆発は起こりませんでした。その理由は、原子炉建屋の開閉式パネル（ブローアウトパネル）が1号機の水素爆発の影響で開き、そこから水素が建物の外に放出されたためだと考えられています。

福島第一原発事故では、水素爆発やブローアウトパネルが開いた影響で大量の放射性物質が外部に放出されてしまいました。実は1〜3号機の中で最も多くの放射性物質を放出したのは、水素爆発を起こさなかった2号機だと考えられています。

これは、1号機と3号機では放射性物質を水中である程度取り除いてから外へ放出する「ベント」という操作が成功したのですが、2号機では

2011年3月11日

1号機 運転中
2号機 運転中
3号機 運転中
4号機 停止中
5号機 停止中
6号機 停止中

14:46 地震発生（マグニチュード9.0）
↓
原子炉が自動停止

15:37頃 津波が襲来
↓
ディーゼル発電機が水没
↓
冷却機能が失われ、ウラン燃料から水素発生

1号機 3/12 15:36 爆発
2号機
3号機 3/14 11:01 爆発
4号機 3/15 6:14 爆発
5号機
6号機

1.3.4号機が水素爆発したけど、最も多くの放射性物質を放出したのは2号機だよ

5.6号機は放射能漏れなし

［出所］東京電力資料等

ベントに失敗し、放射性物質を含む気体が格納容器から直接漏れ出たためだと推定されています［東京電力発表］。

事故の原因

福島第一原発事故が発生した原因は何だったのでしょうか。想定を上回る津波が原因ともいわれていますが、原因はそれだけだったのでしょうか。福島第一原発事故については、政府事故調査報告書（政府事故調）、国会事故調査報告書（国会事故調）、民間事故調査報告書などのいくつかの報告書が出されています。それぞれの報告書で記述内容が異なるところもありますが、ここでは公的な報告書である政府事故調と国会事故調を中心に紹介します。

政府事故調によれば、「今回の事故は、直接的には地震・津波という自然現象に起因するものであるが、今回のような極めて深刻かつ大規模な事故となった背景には、事前の事故防止策・防災対策、事故発生後の発

【注】政府事故調からの引用を［政］、国会事故調からの引用を［国］と記します。

電所における現場対処、発電所外における被害拡大防止策について様々な問題が複合的に存在したことが明らかになった」としています。つまり、地震・津波が事故のきっかけでしたが、東京電力や国の規制当局による対策に様々な問題があったということを指摘しているのです。

一方、国会事故調では、「今回の事故は『自然災害』ではなく、あきらかに『人災』である」と断定しています。これは、東京電力と国の規制当局などが事故を起こさないために当然するべきことをしてこなかったことが根本原因だと説明されています[国]。

このように、報告書によって事故原因の考え方は異なりますが、共通するのは東京電力や国の規制当局に問題があったとしていることです。では、一体どんな問題があったと指摘されているのでしょうか。

原子炉の燃料が重大な損傷を受けるなど、原子力発電所の設計時の想定を超える重大事故のことを「シビアアクシデント（過酷事故）」*と呼びます。想定を上回る津波をきっかけとして最終的に原子炉の冷却ができなくなり、放射性物質を大量に放出した福島第一原発事故はシビアア

政府事故調査報告書
http://www.cas.go.jp/jp/seisaku/icanps/post-2.html

国会事故調査報告書
http://warp.da.ndl.go.jp/info:ndljp/pid/3856371/naiic.go.jp/report/

* 安全評価において想定している設計基準事象を大幅に超える事象であって、炉心が重大な損傷を受けるような事象を、一般に、シビアアクシデントと呼んでいます。[政]

クシデントでした。

では、日本の電力会社や国の規制当局は何の対応もしてこなかったのでしょうか。

いいえ、そんなことはありません。事故が起きる前から、日本の電力会社はシビアアクシデント対策をしてきました。もちろん、事故を起こした東京電力も対策をしていました。では、なぜ対策をしていたのに重大事故が起きてしまったのでしょうか。

国会事故調が問題だと指摘しているのは、「日本のシビアアクシデント対策は国際水準を無視した実効性に乏しいものだった」という点です。日本は自然災害が多い国であるにもかかわらず、津波などの自然災害を十分に想定していなかったとされています[国]。

政府事故調でも「日本の規制当局等は、国際基準を参照して国内基準の見直しを行う必要性は認識していたものの、ほとんど実施してこなかった」と指摘しています。

例えば米国では、竜巻や大洪水などの自然災害（外的事象）を考慮した対策が行われていましたが、日本のシビアアクシデント対策は機械故障やヒューマンエラーなど（内的事象）に限定したもので、自然災害等の外的事象は対象外でした[政]。政府事故調は「東京電力の幹部らは、皆一様に、設計基準を超える自然災害が発生することや、それを前提とした対処を考えたことはなかった」「福島第一原発と福島第二原発では、想定外の津波が到来した場合のシビアアクシデント対策については、誰も考えていなかった」と指摘しています。また、「規制当局（原子力安全・保安院）は、自然災害が原子力災害を引き起こす可能性はほぼゼロに等しいと考えていた」とも記しています[政]。

日本のシビアアクシデント対策が遅れていたとして挙げられた例を紹介します。今回の事故では大量の放射性物質が放出されてしまいましたが、実は以前からフランスやドイツでは緊急時に放射性物質の放出量を低減させる装置（フィルターベント）の整備が進んでいました[政・国]。

しかし、こうした国々の動きに対し、日本の対応は後手に回り、結局、事故が起きるまでフィルターベントを設置することはありませんでした[国]。

震災前の日本のシビアアクシデント対策

機械故障などトラブル対策

日本

米国

自然災害への対応

日本

米国

ただし、事故前から福島第一原発には格納容器ベントという装置がありました。これは、放射性物質を含んだ水蒸気を水に通して放出する装置で、放射性物質をある程度取り除いて外部に放出することができます。

福島第一原発事故では、1号機と3号機はベント操作に成功しましたが、2号機はベント操作に失敗しました。そのため、2号機から放出された放射性物質の量が最も多かったと推定されています〔東京電力発表〕。

また、日本は原発のテロ対策でも遅れていたと指摘されています〔国〕。2001年9月11日に米国で発生した同時多発テロ以降、米国では原発のテロ対策が強化されました〔国〕（B・5・b*と呼ばれます）。具体的には、福島第一原発事故のように電気が使えなくなる全電源喪失を想定した対策と訓練が米国の全ての原発に義務づけられていました〔国〕。もし、日本でも同様の対策が行われていれば、今回の事故は防げた可能性があると国会事故調には記されています。

政府事故調は「東京電力を含む電力事業者（電力会社）も国も、日本の原子力発電所では炉心溶融のような深刻なシビアアクシデントは起こ

メモ

日本の原発には無かった「フィルターベント」
原発事故時に発生する水蒸気に含まれるセシウムなどの放射性物質を特殊なフィルターで除去することで、周辺の土壌汚染などを防止する装置。

福島第一原発にあった「格納容器ベント」
●ウェットベント
水を通して放射性物質をある程度取り除いてから水蒸気を放出する。
●ドライベント
水を通さずに放射性物質を含んだ水蒸気を直接放出する（放射性物質は取り除かれない）。

＊米国原子力規制委員会の暫定防護・安全補障対策命令のB・5・b項で、航空機衝突や大規模火災等の対策を要求しています。

り得ないという安全神話にとらわれていたがゆえに、危機を身近で起こり得る現実のものと捉えられなくなっていたことに根源的な問題があると思われる」と厳しく指摘しています。

●国際機関からの指摘

日本の原発の安全対策は、福島第一原発事故が起きる前に改善することはできなかったのでしょうか。

世界には国際原子力機関（IAEA）という組織があり、世界の原子力発電所の安全性を高める活動などを行っています。IAEAには様々な役割があるのですが、その中でも各国の原子力安全規制について総合的に評価する「総合規制評価サービス（IRRS）」と呼ばれる機能があります。日本は2007年にこの評価を受けて、IAEAから報告書が出されました。その報告書の中では「日本には、想定を上回る事故に対する規制が存在しない」ということが書かれています[国]。その報告書を受けて、日本の規制当局はシビアアクシデント対策を規制対象とする検討を進めるという立場を表明し検討していましたが、事故が起きるまでに実現することはできませんでした[国]。

これらのことを総合的に考えて、国会事故調では、「東京電力と国の規制当局などが当然備えておくべきこと、実施すべきことをしてこなかったことが事故の根源的原因」と結論づけています。

●改善された日本の安全対策

電力会社や国が発生すると思っていなかったシビアアクシデントが実際に発生し、日本の原発の安全対策は大きく変わりました。福島第一原発事故の問題点を改めるために、原子力開発を進める省庁（経済産業省資源エネルギー庁）から独立した規制機関「原子力規制委員会」が新たに発足しました。原子力規制委員会は環境省の外局組織となっています*。

また、その事務局として原子力規制庁も発足しました。

＊事故前は原子力開発を進める資源エネルギー庁の内部に規制機関である原子力安全・保安院がありました。

原子力規制委員会は、国際機関や欧米の安全基準を調べて、地震や津波、テロ対策などの新たな規制を定めました。また、これまでは起こると思っていなかった重大事故が発生した場合にも、事故の拡大を防ぐ対策を新たに義務づけました。これらの新しい規制は、世界で最も厳しい水準といわれています。

具体的には、外国で導入が進んでいた水素対策や格納容器破損防止対策（フィルターベントなど）を義務づけ、津波の浸入を防ぐ防潮堤を設置したり、想定を上回る津波に襲われた場合にも対応できるように施設の防水対策の強化や、非常用発電機を多重化するなど、事故前をはるかに上回る安全対策を何重にも行っています。

しかし、これらの対策を行ったことで、福島第一原発事故のような重大事故が絶対に起こらないという保証はできません。そのことは日本の電力会社も規制当局の原子力規

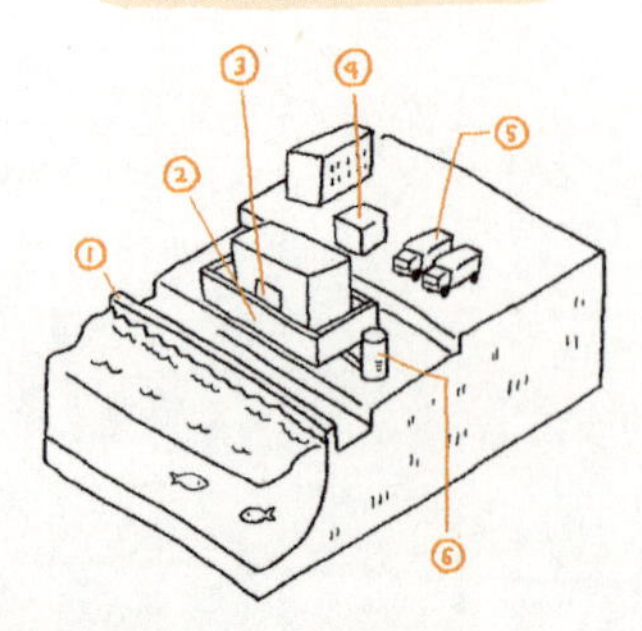

① 防潮堤
② 防潮壁
③ 水密扉
④ 高台の非常用発電機
⑤ 高台に配置したポンプ車
⑥ フィルターベントなどの格納容器破損防止対策

制委員会も認めていて、これからも原発の安全性を絶え間なく高めていく方針です。

福島第一原発事故が起きる前は起こるはずがないと思っていた重大事故が実際に起きて、日本の電力会社も規制当局も大きく変わりました。現在の日本の原発の安全対策は、世界と比べても十分高いレベルであるといわれています。

しかし、原発の安全性の評価は専門的で難しい問題です。一概に何が正しいとはいえません。原発推進派は十分安全だと主張しますし、原発反対派は不十分だと主張します。この議論には、終わりはないのかも知れません。

では、私たちは原発の安全性をどう考えたらよいのでしょうか。

一番良い方法は、専門性のある第三者の意見を参考にすることだと思います。具体的には、前述のIAEAの総合規制評価サービス（IRRS）などが挙げられます。日本は2016年にIAEAの総合規制評価サービスを再び受けました。その結果、「現在の安全規制は、福島原発事故での教訓、最新の技術的知見、外国の規制の動向などを踏まえた安全規制となっている」と評価されています。いくつかの指摘事項*はありましたが、それらの指摘に対して、原子力規制委員会は速やかに対応しようとしています。これらの動きをみても、日本の原発の安全対策は事故前から大きく改善されたことは間違いないでしょう。

2 世界から遅れていた避難対策

福島原発事故では、避難対策にも大きな問題がありました。まず福島原発事故で避難がどのように行われ、何が問題だったのかをみてみましょう。ここでも政府事故調と国会事故調の内容を中心に解説していきます。

福島原発事故の発生を受けて、政府は住民に対して避難指示を出しましたが、その対象になった住民は15万人にも上りました。しかも、事故

*IRRSの指摘事項の例
・有能で経験豊富な職員を惹きつけ、かつ教育、訓練、研究、及び国際協力の強化を通じて、原子力及び放射線安全に関する能力を構築させること
・原子力規制委員会が検査の実効性を向上させることが可能となるように、関連法令を改正すること
・高いレベルの安全を達成するため、問いかける姿勢を養うなど、安全文化の向上を継続し強化すること。等

後、避難指示は原発から3km圏、10km圏、20km圏と次々に拡大され、避難区域が広がる度に何度も避難しなければならなくなった住民が大勢いました。3月15日には、20～30km圏の住民に屋内退避指示が出されましたが、屋内退避が長期化したため、物流が途絶えて、食料が無くなるなどの問題が発生しました。そして、3月25日には、屋内退避していた住民に対して政府は自主避難を勧告しました。住民には避難を判断するために必要な情報が十分伝わっておらず、避難手段も十分確保されていなかったので、誰もが混乱しました[各事故調・報道等]。

また、病院の入院患者の避難にも問題がありました。事故直後、原発から20km圏内の病院では、国や地方自治体からの十分な支援もないまま、医療関係者が自分たちで避難手段を探し、入院患者の受け入れ先を確保しなければなりませんでした。通信手段も限られ、十分な情報もない状況の中で、入院患者の避難は困難を極め、避難の途中で病状が悪化したり、死亡者が続出するという悲劇も起きました。さらに、避難区域外でも流通が停止したり、病院機能が麻痺したりするなど様々な問題が起こりました［各事故調・報道等］。

●問題に気づきながらも放置された避難対策

このように問題の多かった避難対策ですが、実は事故が起こる前から問題点が指摘されていました。しかし、日本の規制当局が避難対策の根本的な問題を見直さないまま福島原発事故が発生したため、実際の避難では大混乱となり、住民の不安は極限まで高まりました。

日本の避難対策の問題点に気づいて改めようとしていたのは、内閣府の原子力安全委員会です［政・国］。当時の日本の避難対策は、大量の放射性物質が放出されるという重大事故を全く想定していませんでした［政］。一方、国際的には、チェルノブイリ原発事故などの教訓から、避難対策の前提としてシビアアクシデントが想定されていました［政・国］。原子力安全委員会は、その国際的な考え方を日本でも導入しようとしていました［政・国］。

しかし、日本の規制当局である原子力安全・保安院は、避難対策の見直しに強く反対したとされています[政]。一体どうして安全性を高めるための避難対策に反対したのでしょうか。その理由は、政府事故調によれば「(新しい避難対策を導入すると)現在の避難対策が不十分であるという認識を与えることになり、原子力安全に対する国民の不安感を増大させるのではないかといった強い抵抗があった」とされています。

一方、国会事故調によれば「保安院は、国際基準の導入がかえって住民の不安を募らせると考えた上、住民の不安がプルサーマル計画推進に影響が出ることにも懸念していた」とも記しています。

結局、このようにして日本では重大事故を想定した避難対策の導入が見送られたまま、福島原発事故を迎えてしまったのです。では、日本の避難対策と国際的な避難対策はどのように違っていたのでしょうか。

当時、政府は原子力事故が発生した場合に住民の避難を支援するために、緊急時対策支援システム(ERSS)と緊急時迅速放射能影響予測ネットワークシステム(SPEEDI)というシステムを整備していました[国]。防災訓練でも、これらのシステムを用いた避難訓練が繰り返し

メモ

プルサーマル

原発で使い終わったウラン燃料の中には、まだ燃料として使用できるウランやプルトニウムが残っています。

プルサーマルとはそのウランやプルトニウムを取り出して新しい燃料(MOX燃料)を作り、原発の燃料として再利用することです。

当時、日本の原発でプルサーマルを進めようとしていたのですが、各地で反対運動が起こっていました。

行われていました[国]。簡単にいうと、ERSSとは事故が起きた原発から送信されるデータに基づいて放射性物質の放出を予測するシステムで、SPEEDIはERSSから得られた情報などを使って、原発周辺の放射性物質の拡散を図形で表示するシステムです。しかし、今回の事故ではサーバーの停止などにより、ERSSの機能が使えませんでした[政]。それにより、SPEEDIも訓練などで想定していた予測ができませんでした[政]。本来ならこれらのシステムが長時間使えないという状況での訓練等を行っておくべきでしたが、十分な対策が取られていませんでした[政]。

実は、このような予測システムを基本とした避難対策は、他国には見られない日本独自の方法でした[国]。予測システムを使った避難対策の問題点は、事故前から国内の有識者からも指摘されていました[国]。というのも、格納容器や原子炉建屋がいつ壊れるかという予測や、放射性物質の放出量の正確な予測は非常に難しいからです[国]。国際的な基準を作っている国際原子力機関（IAEA）は次のページの下図のような避難対

メモ

国際基準の避難対策

IAEAの国際基準では、PAZとUPZという区域を定めることになっています。

PAZ（Precautionary Action Zone：予防的防護措置を準備する区域）とは、原発から3～5km圏内の区域のことです。PAZの区域では、放射性物質が放出される前の段階から予防的に避難などを行います。

UPZ（Urgent Protective action planning Zone：緊急時防護措置を準備する区域）とは、PAZの外側の5～30km圏内の区域のことです。UPZの区域では、原発の冷却機能が失われるなどの緊急事態が発生した場合に屋内退避し、放射線量が一定以上になった場合には一時移転などを行います。

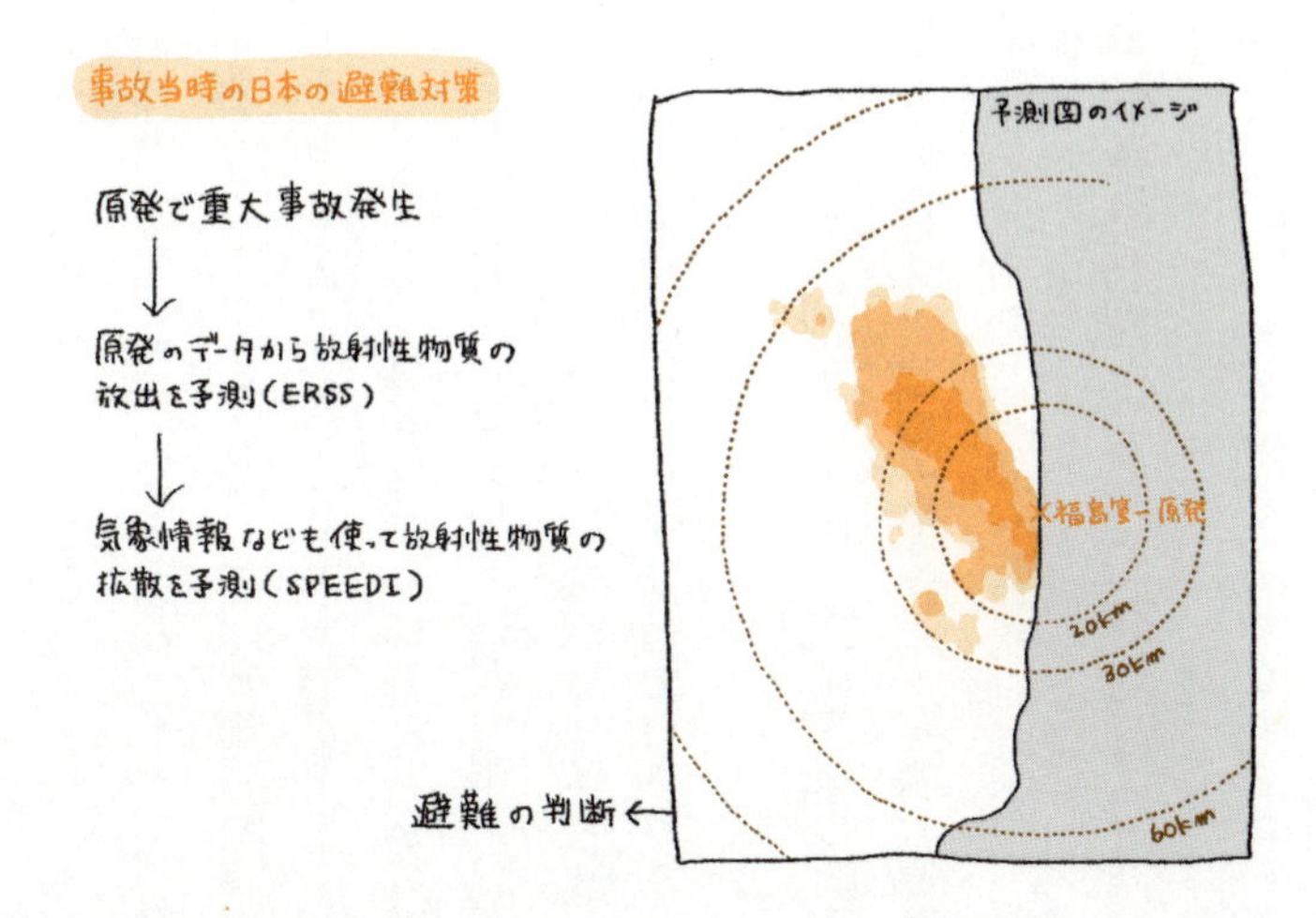
事故当時の日本の避難対策
原発で重大事故発生
原発のデータから放射性物質の
放出を予測（ERSS）
気象情報なども使って放射性物質の
拡散を予測（SPEEDI）
避難の判断
予測図のイメージ
福島第一原発
20km
30km
60km

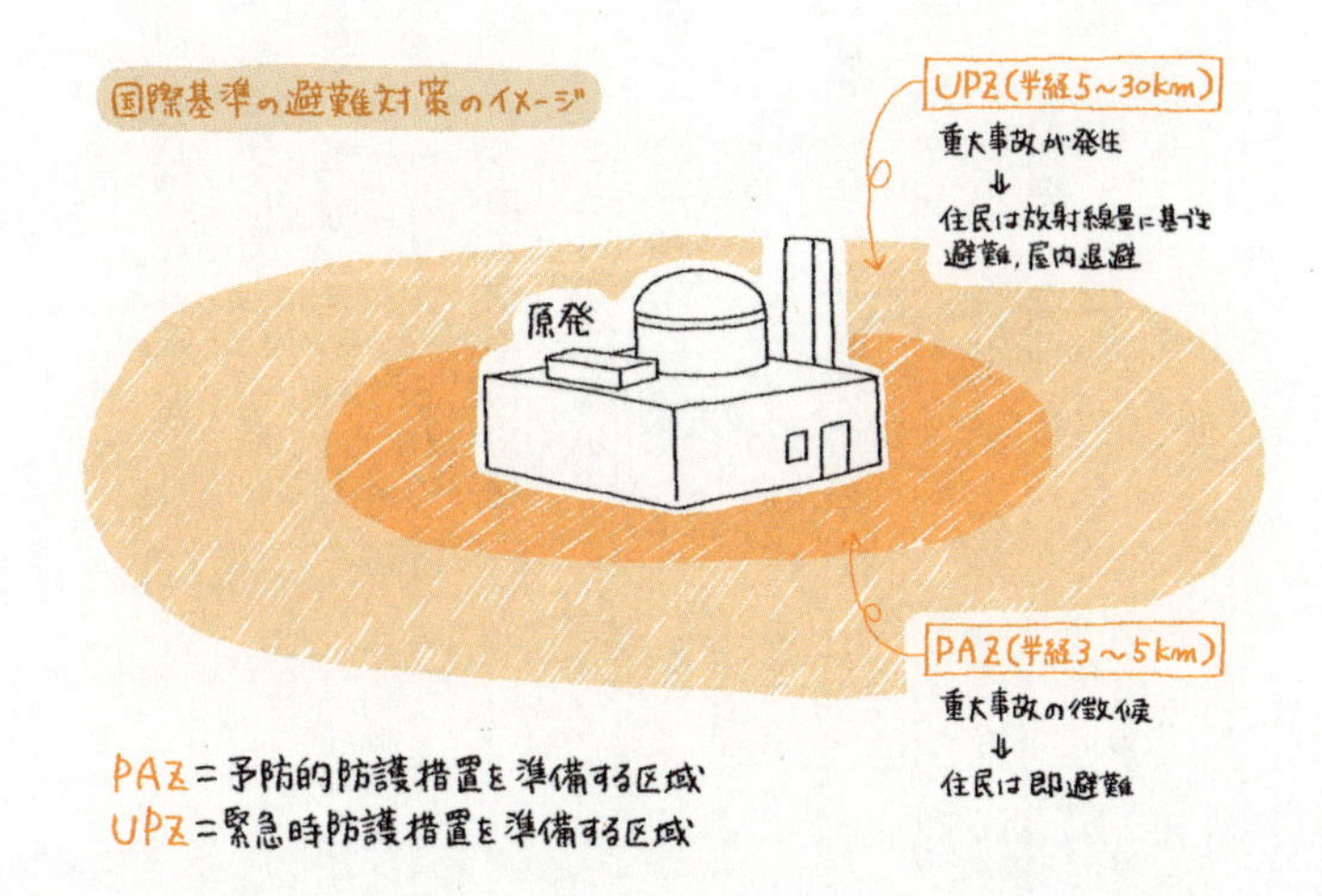
国際基準の避難対策のイメージ
UPZ（半径5～30km）
重大事故が発生
住民は放射線量に基づき
避難，屋内退避
原発
PAZ（半径3～5km）
重大事故の徴候
住民は即避難
PAZ＝予防的防護措置を準備する区域
UPZ＝緊急時防護措置を準備する区域

策の方法を示していました。

　ＩＡＥＡの避難対策の特徴は、「放射性物質の放出状況を事故直後に予測することは困難なので、放射性物質が放出される前に直ちに避難などを行うＰＡＺという区域を設定する」という点です。実際、米国やヨーロッパの国々の避難対策には、これらの考え方がすでに取り入れられていました。しかし、日本の避難対策には、このような考え方はありませんでした。その代わり、事故前から緊急時計画区域（ＥＰＺ＊）という区域を8～10ｋｍ圏に設定していましたが、福島第一原発事故で実際に避難や屋内退避指示が出されたのは原発から30ｋｍ圏となり、ＥＰＺの範囲を大きく超えたため、入院患者の避難の遅れや避難手段を確保できないなど様々な問題が発生し、実際の避難は混乱を極めました。

●改善された日本の避難対策

　このように世界から遅れていた日本の避難対策は、福島原発事故後、

＊ＥＰＺ
原発の事故等により放射性物質の異常放出等が発生した場合に屋内退避や避難等を行う目安とされていた範囲のことですが、福島原発事故後はＥＰＺに替えてＰＡＺとＵＰＺが設定されました。

　当時、原発のＥＰＺは8～10ｋｍ圏に設定されていました。これは格納容器が損傷する事態やベントが行われる事態は想定されておらず、放射性物質が格納容器から漏れ出す事態（リークと呼ぶ）を前提として計算したものでした〔政〕。

ＩＡＥＡの国際基準が取り入れられるなどして大きく見直されました。政府は、原子力災害対策の防災基本計画を改定し、住民防護や被災者支援の整備を行ったり、インフラを充実させたりしています。また、国の危機管理体制も見直されました。総理大臣を議長とする原子力防災会議を常時設置し、緊急時に備えて普段から政府全体で原子力防災対策を推進する体制を整えています。さらに、原子力発電所内の緊急時対策所や原子力レスキュー部隊（高線量下で対策に必要な資機材を管理し、これを運用する部隊）の整備なども進んでいます。福島第一原発事故で問題となった入院患者の避難方法などについても、事故後に見直されています。例えば、２０１５年に再稼働した九州電力川内（せんだい）原発（鹿児島県）の場合、ＰＡＺ圏内の病院や老人ホームなどの避難先を事前に確保しています。また、避難区域が広がった場合には、鹿児島県が避難先を調整することになっています。これは、福島原発事故直後に医療関係者が自ら避難先を探さなければならなかった状況から大きく改善されています。さらに、ＵＰＺ圏内の住民が避難する場合も、鹿児島県が県内のバス会社から必要となる輸送手段を調達することになっていて、バスが不足する場合は他県からも輸送手段を調達することになっています。

このように国際基準を取り入れ、福島原発事故での失敗経験を踏まえて見直された日本の避難対策は、事故前と比べて大きく改善されたといえるのではないでしょうか。

もちろん、避難対策の問題が全て解決されたということにはならないでしょう。避難ルートの確保や渋滞した場合の対策が不十分という指摘などがあるのも事実です。また、福島原発事故では避難区域外で流通が停止したり、病院機能が麻痺したりして、その地域に住んでいた高齢者など、助けを必要とする人が逃げ遅れて衰弱死するといった問題が起こりましたが、それらの対策がまだ不十分という指摘もあります。原発の避難対策は、放射線の人体への影響を最小限にとどめることが中心で、災害関連死などの放射線によらない被害を防ぐという観点が見過ごされがちです。

原発再稼働や脱原発という議論ばかり目立ちますが、二度とあのような悲劇を繰り返さないためにも、福島原発事故の教訓を生かした防災対策が求められます。

福島のいま

ここでは福島第一原発事故の被害について紹介します。原発をどうするべきかという議論において、事故の被害は当然考えなくてはならない問題です。現在の福島県の避難状況は下の図のとおりです（2016年末時点）。避難指示区域には「帰還困難区域」「居住制限区域」「避難指示解除準備区域」という3つがあります。

福島県内の除染は進んでいます。2011年11月時点に比べて、放射線量は大幅に減少していて、

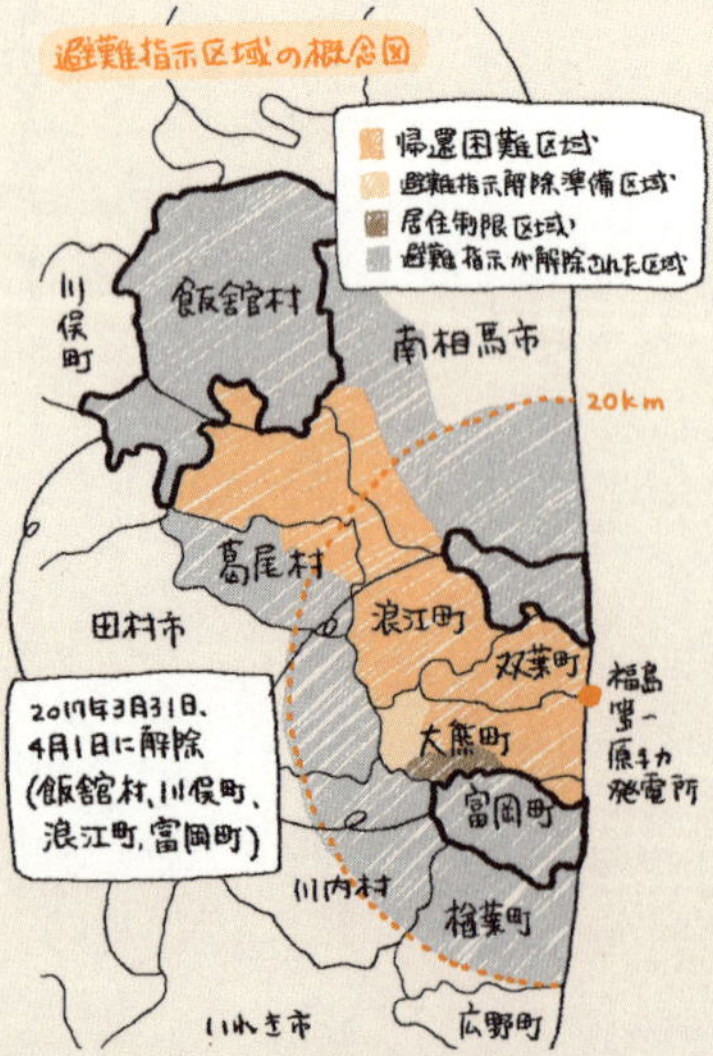

現在の福島県内の放射線量は、世界の主要都市とほぼ同じ水準です＊。避難指示区域の解除も進んでいて、避難者は2012年5月の16万4865人をピークに減少を続け、2016年12月時点で9万人を下回っています。

それでも、まだ大勢の人が避難生活を余儀なくされており、事故から6年以上たっても避難指示区域が残っているということを忘れてはなりません。

食品の安全・安心に向けた取り組みも進んでいます。農林水産物は、出荷前に徹底したモニタリング検査などを行い、結果を公表しています。基準値を超えたものは出荷を制限していて、市場に流通しているものは安全です。海産物の調査結果では、震災直後は基準値を超えるものが多くありましたが、その後低下を続け、2015年4月以降、基準値を超えたものはありません。

一方で、米の作付制限、農水産物の出荷制限や操業自粛など、事故の影響をいまだに受けている

＊避難指示区域を除く

帰還困難区域

放射線量が高いため、避難を求めている地域
（年間積算線量が50ミリシーベルトを超える）

居住制限区域

除染などを計画的に行い、将来的に住民の方が帰還することを目指す。住民の方の一時帰宅が可能。

避難指示解除準備区域

復旧のための支援策を迅速に実施し、住民の方が帰還することを目指す区域。
住民の方の一時帰宅が可能。病院や店舗等の一部が営業を再開。

地域があるのも事実です。加えて、今でも風評被害は大きな課題となっています。中国や韓国などの国は日本の農林水産物の輸入規制をまだ解除していません。

このように除染が進み、避難指示区域が徐々に解除され避難者数も減っているので、福島の復興は順調に進んでいるようにも見えます。しかし、避難指示が解除されても、放射線影響の不安だけでなく、生活インフラが整っていないことなどからすぐには帰還に踏み出せない被災者も多くいます。

地域コミュニティの分断や家族が離れて生活しなければならないなど、解決できていない問題は山積しています。原発をどうするべきか考えるにあたっては、これらの問題を避けて通ることはできません。

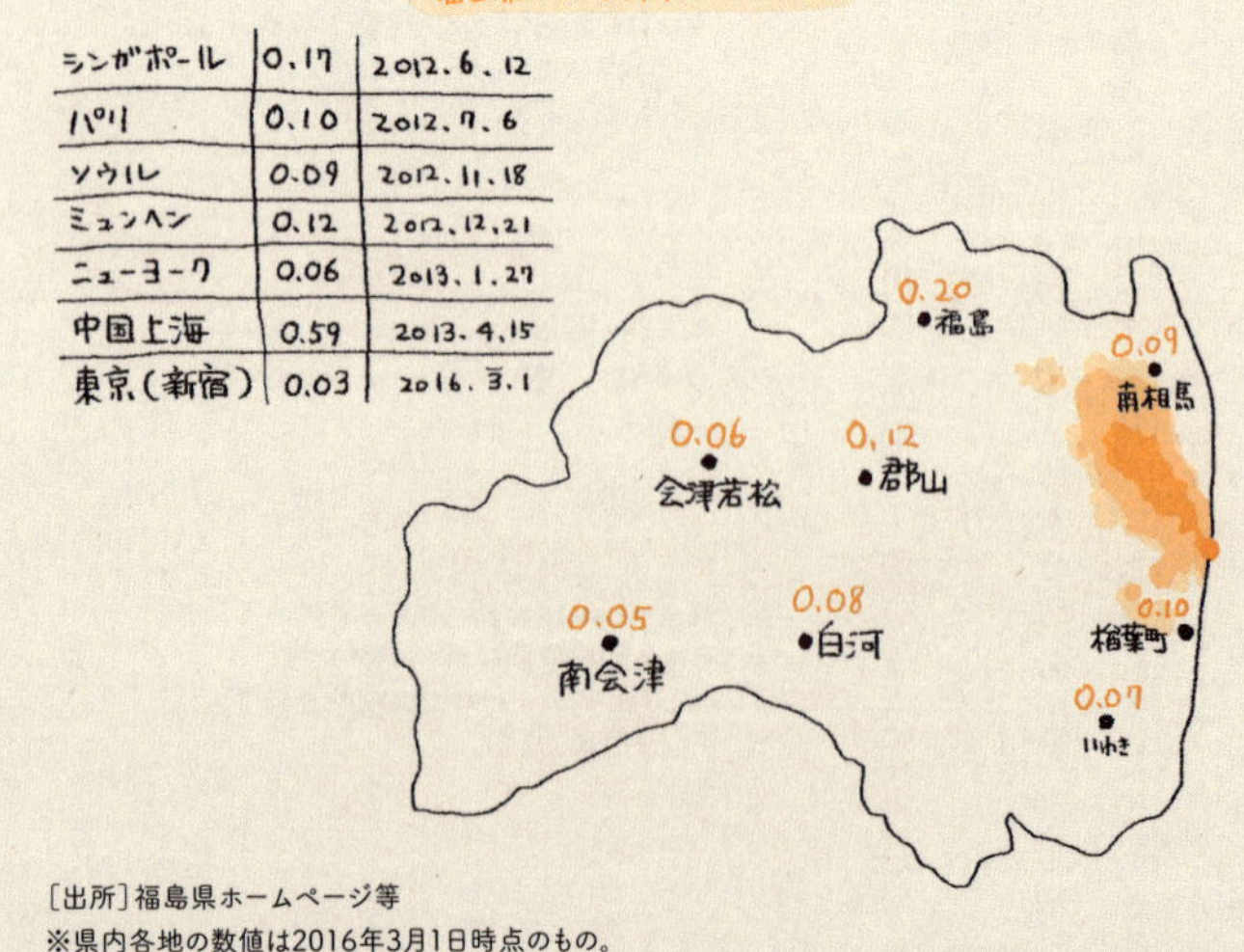

シンガポール	0.17	2012.6.12
パリ	0.10	2012.7.6
ソウル	0.09	2012.11.18
ミュンヘン	0.12	2012.12.21
ニューヨーク	0.06	2013.1.27
中国上海	0.59	2013.4.15
東京（新宿）	0.03	2016.3.1

［出所］福島県ホームページ等
※県内各地の数値は2016年3月1日時点のもの。
単位：マイクロシーベルト／時

放射能の基準値を超えた海産物の割合（福島県調査）

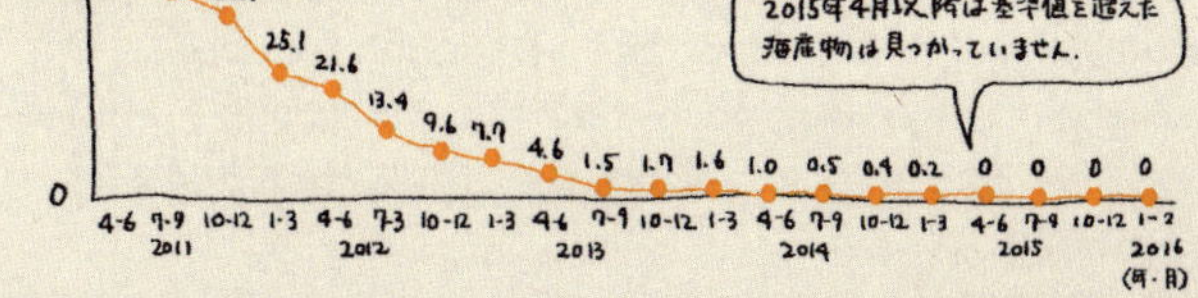

(%)
100
50
0

57.1
41.0
36.9
25.1
21.6
13.4
9.6
7.7
4.6
1.5
1.7
1.6
1.0
0.5
0.4
0.2
0
0
0
0

4-6 7-9 10-12 1-3 4-6 7-9 10-12 1-3 4-6 7-9 10-12 1-3 4-6 7-9 10-12 1-3 4-6 7-9 10-12 1-2
2011 2012 2013 2014 2015 2016
(年・月)

2015年4月以降は基準値を超えた海産物は見つかっていません。

［出所］福島県ホームページ等

被ばく量は大きくなります（Svが大きくなる）が、遠く離れれば被ばく量は小さくなります（Svが小さくなる）。

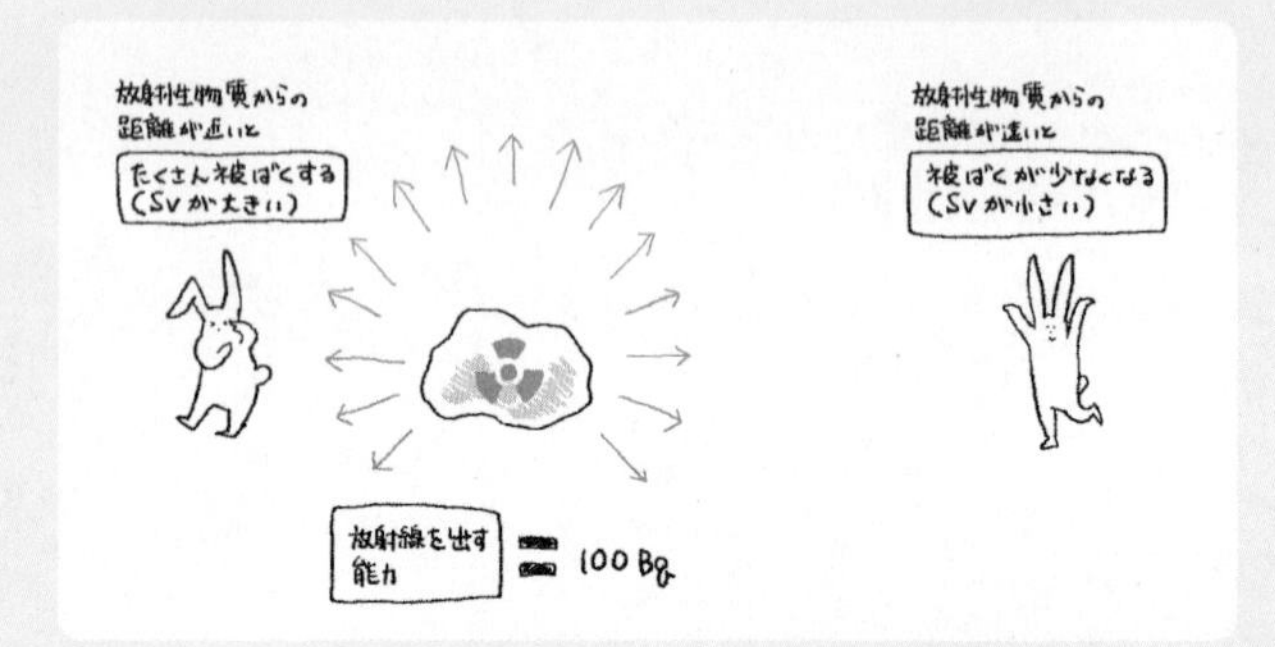

ミリシーベルト（mSv）やマイクロシーベルト（μSv）という単位を聞いたことがあると思います。1mSvは1Svの1,000分の1、1μSvはさらにその1,000分の1です。

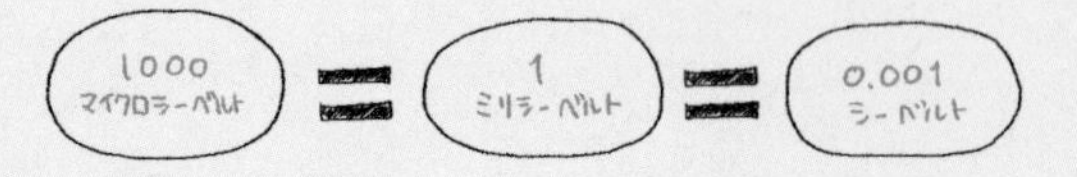

◉**放射線の被ばく**

放射線は目には見えませんが、実は私たちの身のまわりにはたくさん存在しています。

宇宙からの放射線（宇宙線）によって私たちは常に被ばくしています。地面や建物にも放射性物質は含まれていて、そこからも被ばくしています。空気にはラドン等の放射性物質が含まれていて、空気を吸うことでも被ばくしています。食べ物にも放射性物質は含まれていて、食事によっても被ばくしています。これらを「自然放射線」と呼び、日本人は1年間に平均で約2.1mSv被ばくしているといわれています。

自然放射線以外の要因による被ばくもあります。例えば、飛行機に乗れば宇宙線の影響が大きくなるので、それだけたくさん被ばくします。東京とニューヨークの間を飛行機で往復すれば、0.1mSv程度被ばくします。病院でレントゲンやCT検査を受けることでも被ばくします。胸のX線検診では0.05mSv、胸部CT検査では6.9mSv程度被ばくします。

福島原発事故に伴う福島県内の成人の平均的な被ばく量（平均実効線量）は、約1〜10mSvの範囲と推定されています。（UNSCEAR2013年報告書）

コラム

放射能ってなに?

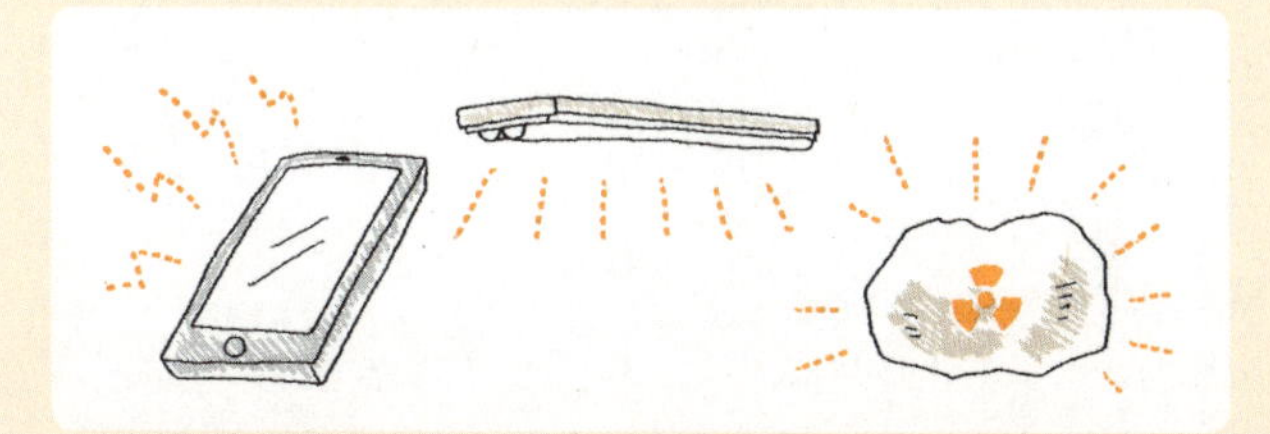

◉放射線と放射能

「電磁波」という言葉を聞いたことがあると思います。テレビや携帯電話で使われている電波は電磁波です。また、太陽や蛍光灯から出る光も電磁波です。放射線は、電波や光と同じように電磁波の一種です(粒子線という放射線もあります)。携帯電話の電波が目で見えないのと同じように、放射線も目では見えません。

放射線を出す能力を「放射能」といいます。放射線を出す能力が高い物質もあれば、低い物質もあります。

◉放射性物質

放射線を出す物質を「放射性物質」といいます。福島原発事故では、大量の放射性物質が放出されましたが、事故とは関係なく自然界にはたくさんの放射性物質が存在します。

例えば、食べ物にはカリウム40という放射性物質が含まれています。ラジウム温泉にも放射性物質が含まれています。

◉ベクレルとシーベルトの単位

「ベクレル(Bq)」とは、1秒間に放射線が何回出るかを表す単位です。

放射性物質から1秒間に1回の放射線が出れば1Bqです。1秒間に100回の放射線が出れば100Bqとなります。

「シーベルト(Sv)」とは、放射線による人体の影響度合いを表す単位です。放射線を安全に管理するための指標として使われます。人が放射線をどれだけ受けたか(被ばくしたか)は、シーベルトの単位を使います。例えば、ある場所に放射能が100Bqの放射性物質があったとします。その放射性物質の近くにいれば

5章

廃棄物はどこへいく

原発について考えるなら、きってもきれない廃棄物問題。
世界ではどのように解決しようとしているのでしょうか。

1 原発の廃棄物問題ってなに？

原発はニュースなどで「トイレなきマンション」と表現されることがあります。原発を運転すると強い放射能を持つ廃棄物（ゴミ）が出ます。しかし、日本ではまだその処分場が決まっていないのです。これはトイレの無いマンションのようなもので、そんなものがあってはならないという例えです。原発からは放射能レベルの高いものから低いものまで様々な廃棄物が出るのですが、ここでは日本でも世界でも最も大きな問題となっている高レベル放射性廃棄物問題について紹介します。

メモ
原発で発生した比較的放射能濃度の低い低レベル放射性廃棄物の埋設処分は、１９９２年から六ヶ所村で行われています。

●高レベル放射性廃棄物問題

原発で使い終えたウラン燃料は、自動車のガソリンや石油ストーブの灯油のように燃えて消えたりはしません。発電で使い終わったウラン燃料（使用済燃料）は、処分する必要があります。

乾電池で考えるとわかりやすいかもしれません。乾電池を使い切っても乾電池そのものは無くなりませんし、乾電池の形もそのままです。それと同じように、原発のウラン燃料を使い終えても、ウラン燃料は無くならず、形も変わりません。ただし、乾電池と大きく異なるのは、使い終えたウラン燃料は強力な放射線を出し、その放射能が自然レベルに戻るには数万年かかるということです。

現在、日本の原発で使い終えた使用済燃料は、原発の敷地内や青森県の六ヶ所村にある日本原燃の敷地内で厳重に管理されています（一部はすでに再処理されています）。しかし、これを数万年先まで誰か

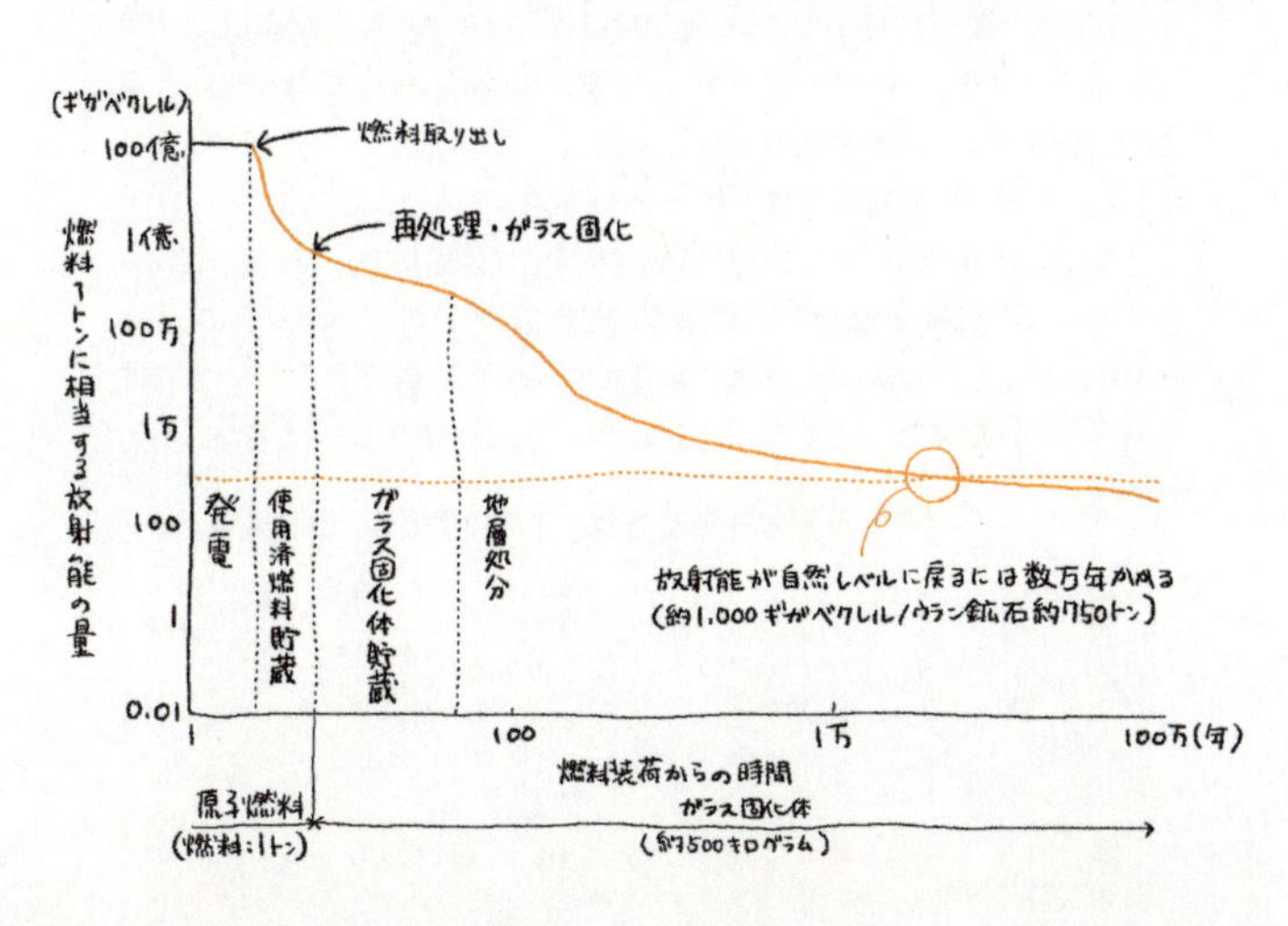

［出所］電気事業連合会

が管理し続けることは現実的ではありません。なぜなら、遠い未来がどうなっているかは誰にもわからないからです。500年後も1000年後も日本という国が戦争や天変地異に見舞われず、今と同じように存在し続けているという保証はどこにもありません。

そこで、日本を含め世界各国の専門家は、高レベル放射性廃棄物を人が管理せずに処分できる方法を探してきました。例えば、海の底に捨てる「海洋底処分」、南極の氷床に捨てる「氷床処分」、ロケットで宇宙に捨てる「宇宙処分」な

豆知識

原発で使用したウラン燃料（使用済燃料）の扱いには2つの方式があります。1つ目は「直接処分方式」と呼ばれるもので、使用済燃料を専用容器に入れて、そのまま地層に埋める方式です。2つ目は「再処理方式」と呼ばれるもので、使用済燃料からウランとプルトニウムを取り出して（再処理と呼びます）、それらを再び原発や高速増殖炉で使い、再処理過程で発生する廃液を固化したガラス固化体を地層に埋める方式です。再処理方式には、ウラン資源を有効活用できることや高レベル放射性廃棄物の発生量を減らせるというメリットがあるとされており、日本は再処理方式を選択しています。

下の表に示すとおり、どちらの方式を選択するかは国によって異なりますが、いずれにしても最終的には放射性廃棄物を地層処分しなければならないという点は同じです。エネルギー資源の豊富な米国やカナダなどは直接処分方式を選択しています。詳しい説明は215ページのコラムを参照してください。

■直接処分方式、○再処理方式、△将来選択

日本	韓国	中国	カナダ	米国	ロシア	フィンランド	スウェーデン	イギリス	フランス	ドイツ
○	△	○	■	■	○	■	■	■	○	■

どが検討されました。しかし、どれも技術的な課題などがあるため採用されませんでした。現在は、陸地の地下深くの地層に処分する「地層処分」がもっとも有効な手段だと考えられています。

●人の手が届かない地下へ

世界各国が処分方法として考えている地層処分とはどんなものでしょう。地層処分とは、廃棄物を地下300mより深い地層に埋設する処分方法です。

高レベル放射性廃棄物の処分では2つの重要なポイントがあります。それは、①「放射性物質を閉じ込める機能」と、②「人間から物理的に隔離する機能」です。この2つのポイントを満たすのが地層処分です。まず①の機能ですが、地下300mよりも深い地層では、酸素が少ないので腐食などによって放射性廃棄物の容器が壊れる可能性が低くなります。また、地下深くの地層では地下水の動きも非常に遅いため、もしも放射

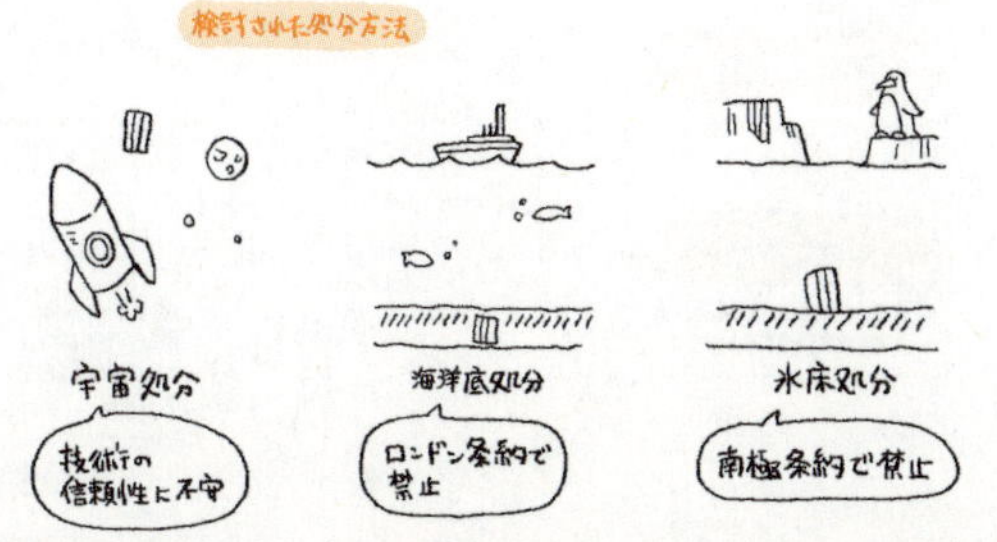

性物質が漏れたとしても、地表の生活環境に影響する可能性は非常に低くなります（地下深部の地下水の速度は、1年間で数ミリ程度といわれています）。

次に、②の機能ですが、地下深くの地層は人間が簡単に近づくことができません。また、未来の人間がわざわざ掘り返すこともないように、鉱物資源などが近くに存在しない場所に作ります（他にも、火山や活断層の近くは除外するなどのルールがあります）。

2 世界の地層処分はいま

このように世界各国が高レベル放射性廃棄物の最適な処分方法として決めた地層処分ですが、実際に処分は進んでいるのでしょうか。実は、地層処分の場所が決まっている国は世界でフィンランドとスウェーデンの

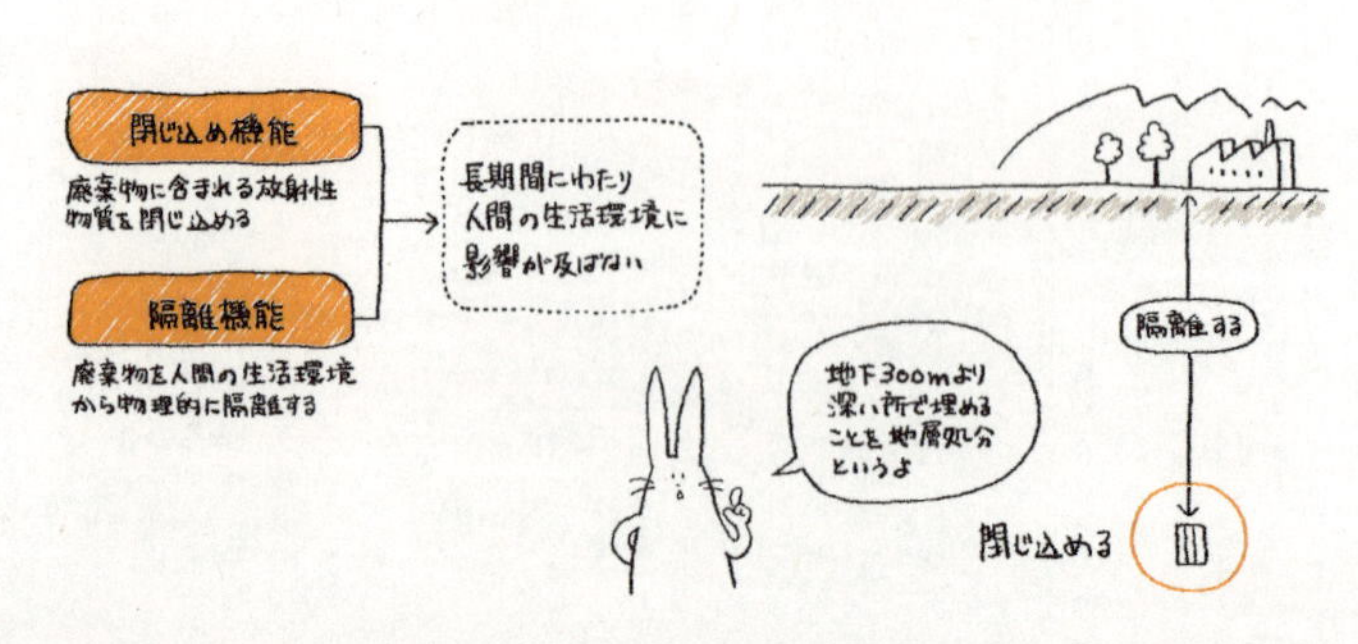

2カ国しかありません。それ以外の国ではまだ処分場の場所が決まっていないのです。米国の場合は、ユッカマウンテンという場所に処分場を作ることが決まっていたのですが、現在は白紙に戻っています。ドイツやイギリスなどでも住民の反対によって処分場の場所が決められていません。住民にとって数万年も放射能が無くならない処分場というのは、原発自体よりもはるかに心配なことなのでしょう。

ここからは、世界で初めて処分場の建設を決めたフィンランドと、世界で一番多くの原発を持ちながら処分場が決まらない米国について紹介したいと思います。

メモ

地層処分は人間が掘り返さないように地下深くに埋めることですが、廃棄物が取り出せなくなるわけではありません。

これは「可逆性／回収可能性」という概念で、処分場に入れた廃棄物が取り出せる状態を維持することも考えられています。その理由は、将来、政策や社会受容性の変化等によって最終処分の計画が見直される可能性もあるためです。可逆性／回収可能性は諸外国でも検討されています。

3 世界初の処分場が決まったフィンランド

フィンランドは、世界で初めて高レベル放射性廃棄物の処分場を決めた国です。しかしそれは大変長い道のりでした。

フィンランドで処分場計画が動き出したのは1983年です。まず、文献を使って全国の地質などを調べていきました。その結果、1985年に全国から102カ所の候補地点を選びました。

翌1986年には、候補地点からイカーリネンという場所を選び、現地調査を行おうとしました。この時は、まずイカーリネンで調査をして、後で他の候補地点でも順番に調査をしていくという計画でした。しかし、現地調査はイカーリネンの住民から猛反発を受けました。住民が反対した主な理由は「どうせ他の候補地点ではなくイカーリネンに処分場を作るつもりだ」というものでした。結局、住民の猛反発により、現地調査を行うことはできませんでした。

イカーリネンの現地調査に失敗した翌1987年、今度は5つの現地調査地点を同時に発表しました。そして、すぐに現地調査を始めました。もちろん住民からの反対はありましたが、この時は全ての地点で調査を行うことができました。調査の結果、ユーラヨキ、クーモ、ロヴィーサ、アーネコスキという4つの自治体が最終候補に選ばれ、それぞれの場所でさらに調査を進めることになりました。

フィンランドの処分場決定プロセスで特徴的なのは、地元住民との合意形成方法です。後で紹介する米国の失敗事例とは全く異なり、フィンランドは地元住民の意見を尊重することに徹しました。例えば、それぞれの候補自治体では、処分場について話し合うための集会が何度も開かれたのですが、その議長と副議長は原子力や放射性廃棄物問題については素人で、直接の利害関係を持たない第三者（法律の専門家など）に依頼したのです。そして、処分場計画の実施主体であるポシヴァ社の出席者は議論には参加せず、住民からの質問に答えるだけでした。このよう

に推進側からの一方的な説明ではなく、住民が主体的に議論して、それを推進側がサポートするという「協働」関係が、ポシヴァ社と地元住民の間の信頼を深めるのに大きく役立ちました。

もちろん、最終的に候補に選ばれた4つの自治体全てが受け入れに賛成していたわけではありません。1999年に地元住民を対象に行われた調査では、2つの自治体では住民の過半数が賛成し、残り2つの自治体では過半数が反対していました。ただ、今の日本の状況を考えると、処分場の受け入れに賛成している自治体が複数あるというのは信じられないかもしれません。スウェーデンでも同じようなことがありました。スウェーデンでは、エストハンマルとオスカーシャムという2つの自治体で、過半数の住民が処分場の受け入れに賛成していて、それぞれが積極的に誘致に取り組みました（最終的には、エストハンマルに決まりました）。

自治体が処分場を受け入れようとする一つの大きな理由として、処分場建設プロジェクトが自治体にもたらす社会経済的メリットが挙げられ

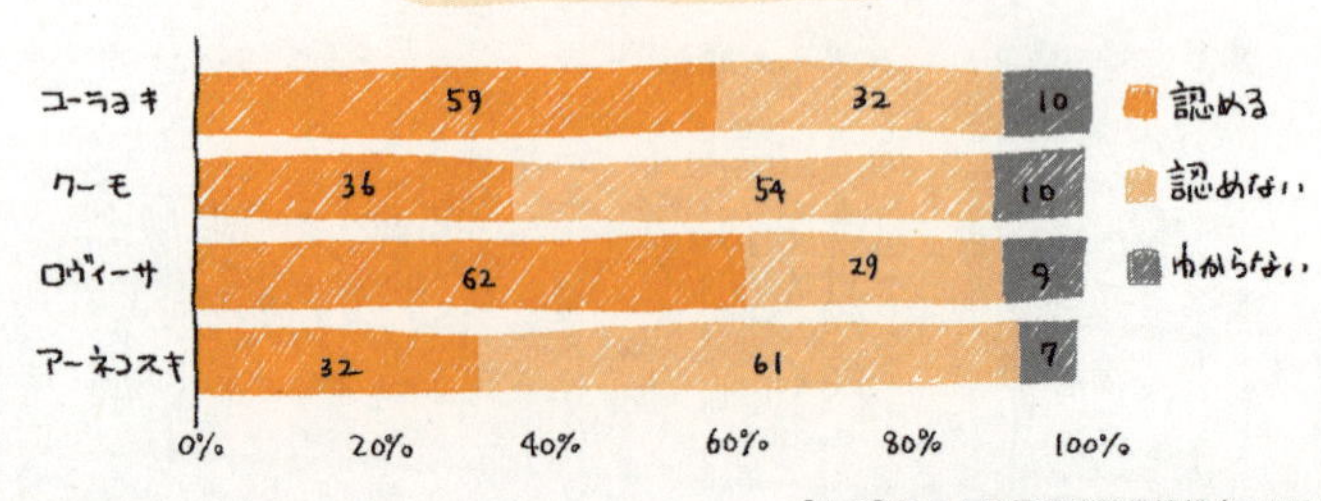

［出所］原子力発電環境整備機構（NUMO）

ます。フィンランドでは、1999年に4つの候補自治体を対象に、処分場を建設した場合の社会経済的影響を評価しました。その結果、どの自治体でも農業・観光業・不動産価値などで特にマイナスの影響が出ることはないだろうと評価されました。むしろ、どの自治体でも雇用の創出、人口の増加、税収の増加というメリットがあるという評価結果でした。このように、自治体にどのようなメリットがあるかをしっかり説明することも、自治体が処分場の建設に賛成する上で重要だったといわれています。

さて、フィンランドでは、最終的に処分場の建設地としてユーラヨキ地区のオルキルオトという場所が選ばれました。それが国会で承認されたのは2001年のことです。102カ所の候補地点を選んだ1985年から16年もの歳月がかかりました。

それ以降は順調に処分場計画が進められています。2004年には、「オンカロ」と呼ばれる地下調査施設の建設が始まりました（次ページの下図）。オンカロでは、地下深くの岩盤や地下水のデータを調べています。

メモ
フィンランドのような住民主体の議論の方法は「ステークホルダー・インボルブメント（エンゲージメント）」と呼ばれる手法で、処分場が決まっているスウェーデンでも同じような取り組みが行われ、成功しています。

2015年には、政府から処分場の建設許可が正式に出されました。今後、オンカロでの工事をさらに進め、2020年代初めから廃棄物の埋設処分が始まる予定です。

オンカロ（ONKALO）とは、フィンランド語で「洞窟」や「隠し場所」という意味です。未来の人間が掘り返してしまわないようにするための方法が話し合われています。

4 計画が白紙に戻った米国

原子力に詳しい人は、ユッカマウンテンという言葉を聞いたことがあるかもしれません。ユッカマウンテンとは、高レベル放射性廃棄物の処分場が建設されることが決まっていたネバダ州の砂漠地帯です。しかし現在、ユッカマウンテンの処分場計画は白紙に戻されています。一体な

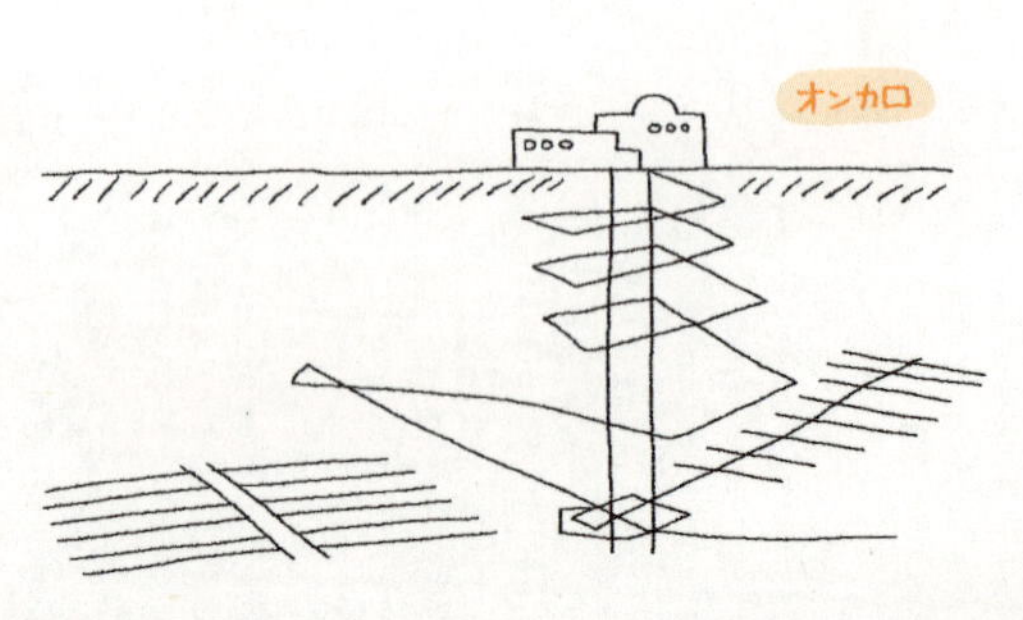

メモ

スウェーデンとフィンランドで決まった最終処分場の地質は花こう岩などの固い結晶質岩です。日本にも結晶質岩の地質は多くあります。

ぜそのようなことになったのでしょうか。

米国で処分場計画が動き出したのは、放射性廃棄物政策法が制定された1982年です。この法律に基づいて、1983年に米国政府は9カ所の候補地を選びました。そして、1986年にはこの中から詳細調査地点（地下調査を行う場所）として、テキサス州のデフスミス、ワシントン州のハンフォード、そしてネバダ州のユッカマウンテンの3カ所を選びました。この時点での法律では、3カ所で詳細調査を行うことが決められていました。しかし、1987年に法律が修正され、ネバダ州のユッカマウンテンが唯一の詳細調査地点に決められたのです。

なぜ、法律を変えてまで、3つの詳細調査地点から、いきなり1つに決めてしまったのでしょうか。実は、それまでの調査にかかった費用が当初の予想よりもはるかに高くなっていたので、費用を削るために1カ所だけで詳細調査を行うことにしたのです。では、なぜユッカマウンテンが選ばれたのでしょうか。これには様々な説があります。政府側は、ユッカマウンテンは砂漠地帯で大きな街からも離れていることなどを理

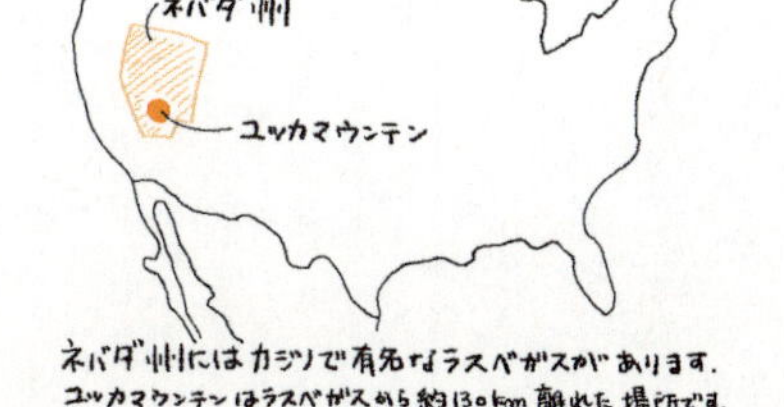

メモ

米国には原発だけでなく国防活動（核爆弾）により発生した放射性廃棄物もあります。国防活動により発生した一部の放射性廃棄物（TRU廃棄物）の地層処分はすでに行われています。本書では、原発から発生する高レベル放射性廃棄物について解説します。

由に挙げています。しかし、ネバダ州関係者は、政治圧力によってユッカマウンテンが選ばれたと主張しています。具体的には、当時はテキサス州出身とワシントン州出身の有力議員がいて、その2人の議員が自分の出身州が処分場とならないように圧力をかけたためだといわれています。ネバダ州はテキサス州やワシントン州と比べると小さな州で、政治力が弱かったのです。

このようにして、突然、米国で唯一の処分場の候補地に選ばれてしまったネバダ州では猛反発が起きました。米国の法律では、地元の州知事や州議会が不承認通知を出して処分場として認めない意思を表示することができます。もちろん、ネバダ州知事は不承認通知を政府に出しました。しかし、米国の法律では、連邦議会がそれを覆すことも認められていたのです。そして、連邦議会はネバダ州知事の不承認通知を覆しました。最終的には、2002年に当時のブッシュ大統領が署名し、ユッカマウンテンが米国の高レベル放射性廃棄物処分場として正式に決まりました*。

このような拙速な処分場決定プロセスは、ネバダ州や環境保護団体を

*当時は共和党のブッシュ政権でした。

強く刺激し、多数の訴訟が起こり、計画は大幅に遅れました。また、決定プロセスだけではなく、科学的信用面でも問題が起こりました。それは、2005年に発覚した文書偽造問題です。ユッカマウンテンの地質調査に関わっていた職員が、調査文書を偽造していたことが明らかとなったのです。翌2006年に政府は偽造データの影響を検証し直し、問題ないと発表しましたが、ユッカマウンテン計画の科学的信用性が大きく崩れました。

そして、2009年に誕生したオバマ政権は、ネバダ州などの同意を軽視したことが問題だとして、ユッカマウンテン計画の予算をゼロとしました。これはユッカマウンテン計画を事実上白紙撤回したことになります。

●現在の政策

2010年に、オバマ大統領は放射性廃棄物処分政策を抜本的に検討し直すため、ブルーリボン委員会を設置しました。ブルーリボン委員会は約2年間の検討を経て、２０１２年に最終報告書を出しました。報告書では、地元の同意に基づく処分場決定プロセスなど、これまで進めてきたユッカマウンテン計画とは異なる進め方が必要だと勧告しています。これは、フィンランドやスウェーデンでは地元の同意を重視したプロセスが大きな成功要因だったとされているからです。報告書を受けたオバマ政権は、ユッカマウンテン計画を教訓として、関係する州、地元自治体、地元住民の「同意」を得た上で地層処分場の建設を行う方針を決めました。現在も最終処分場に関する住民説明会が全米各地で行われており、住民の意見を聞きながら処分場選定を進めようとしています。

今後、ユッカマウンテンに処分場が作られるのか、それとも全く別の場所に処分場が作られるのかは、現時点では明らかにはなっていません。

メモ

ユッカマウンテン計画の中止は、ネバダ州出身のリード議員（民主党）の政治力が強く影響しました。しかし、リード議員は怪我のため２０１６年11月の上院議員選挙に立候補せず、２０１７年1月に議員を引退しました。近年では、ユッカマウンテン計画を支持する議員も増えており、混沌とした状態が続いています。今後、ユッカマウンテン計画が再び動き出す可能性もあると考えられており、ドナルド・トランプ新大統領の政策が注目されています。すでにトランプ政権はユッカマウンテン最終処分場認可に向けた予算原案を作成しています。

5 処分場が決まらない国

これまで述べてきたとおり、フィンランドとスウェーデン以外の国では処分場が決まっていませんが、各国とも処分場計画を何とか進めようとしています。将来の世代に負担を残さないように、現世代で解決の道筋をつけるべきとの考え方は、各国で共通した認識です。

ただし、「処分場が決まっていないのに原発を運転すべきではない」という声は外国ではあまり多くないようです。米国をはじめとするほとんどの国では処分場が決まっていませんが、それが直ちに原発を止めるべき問題だとは捉えられていないようです。もちろん、廃棄物は最終的には処分しなければなりません。しかし、米国のように住民の同意を得ないまま処分場を決めてしまうような方法は、これまでの例を見てもうまくいくとは思えません。フィンランドやスウェーデンのように、地元住

メモ　フランスは他の決まっていない国と比べると処分場計画が進んでいて、ビュールという場所に地下研究所を建設し、地質などの詳細な調査を行っています。

民の意見を重視して、じっくり話し合いながらみんなで決めるのがよりよい方法だと思います。

現在、欧米諸国も日本も、行き場のない廃棄物（使用済燃料を含む）で原発がいっぱいになってしまわないように、廃棄物を中間貯蔵するという方針で進めています。これは、発電所の敷地内や別の場所に廃棄物を管理する施設を作って、処分場が完成するまで一定の期間その施設で保管するという方法です。現在、東京電力と日本原子力発電が出資して青森県に作っている中間貯蔵施設の場合、貯蔵期間は最長50年とされています。本当にそんなに長く保管できるのかと疑問に思うかもしれませんが、このような放射性廃棄物の貯蔵は世界で長年の実績があり、これまで特に大きなトラブルも起きていません。世界の多くの国は、原発が廃棄物でいっぱいになってしまわないように、中間貯蔵施設を増やすなどして対応しながら、国民との対話を深め、処分場を決めていこうとしています。

メモ

〈乾式〉金属キャスク貯蔵方式

キャスクと呼ばれる専用容器に使用済燃料を入れて保管します。

ドイツや日本は容器を建物の中で保管していますが、米国は建物の外に置いて雨ざらし状態となっている場所もあります。

これとは別に、専用のプールを作り水の中で保管する方式もあります。

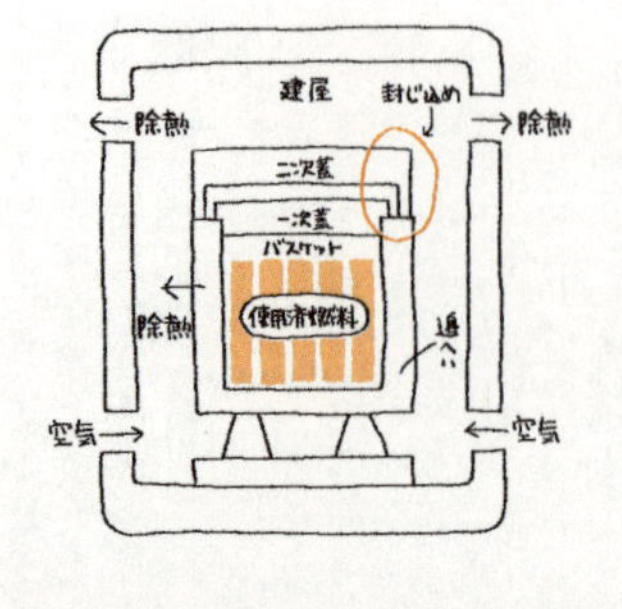

メモ

福島原発事故で発生した汚染土や放射性廃棄物は、福島県大熊町と双葉町で一定の期間、保管することが決まりましたが、これも中間貯蔵の一つです（ただし、使用済燃料は対象外）。

この中間貯蔵施設では最長30年まで保管し、最終的には福島県外で処分することになっています。

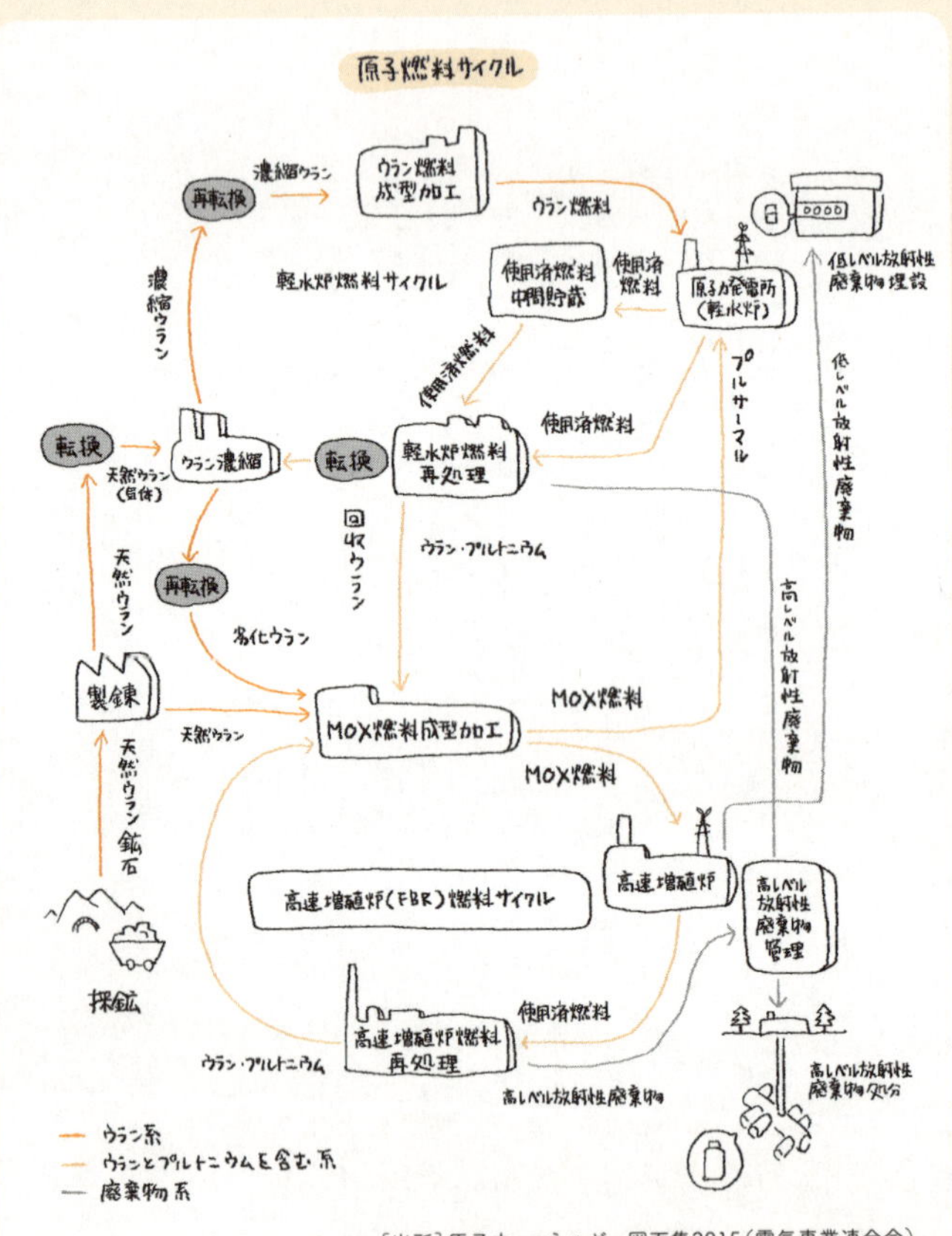

［出所］原子力・エネルギー図面集2015（電気事業連合会）

メモ

六ヶ所村

青森県六ヶ所村には日本原燃のウラン濃縮工場、低レベル放射性廃棄物埋設センター、高レベル放射性廃棄物貯蔵管理センター、再処理工場があります。また、MOX燃料工場の建設が進められています。

コラム

原子燃料サイクル

原発で使い終わった使用済燃料には、ウランやプルトニウムなど、まだ燃料として利用できる物質が含まれていて、それを再処理することで再びエネルギー資源として使うことができます。このようにウラン資源を再利用する流れのことを原子燃料サイクル（核燃料サイクル）と呼びます。原子燃料サイクルの利点は大きく3つあるとされています。

◉ エネルギー安全保障を高める

原子燃料サイクルを確立すると、ウラン資源の輸入量を減らすことができるので、エネルギーの安定供給性が高まります。

◉ 高レベル放射性廃棄物の発生量を減少させる

使用済燃料を再処理することで、高レベル放射性廃棄物の量を減らすことができます。

◉ 余剰なプルトニウムをもたない

原発で使い終えた使用済燃料にはプルトニウムが含まれます。プルトニウムは核兵器に転用される恐れがある物質なので、国際的に厳しく管理されていて、日本は余剰なプルトニウムを持たないことを国際的に表明しています。原子燃料サイクルではプルトニウムを再び原子燃料として使用するので、余剰なプルトニウムを持たないという点でも意義があります。

原子燃料サイクルには、①原発（軽水炉）を使った軽水炉燃料サイクル（プルサーマル）と②高速増殖炉（FBR）を使ったFBRサイクルがあり、プルサーマルは国内の原発でも実績があります。

高速増殖炉は、発電しながら消費した以上の原子燃料を作り出すことができるので、夢の原子炉とも呼ばれています。高速増殖炉は、実験炉、原型炉、実証炉、実用炉と段階的に開発が進められます。2016年廃炉が決まった「もんじゅ」は原型炉です。もんじゅは相次ぐトラブルの結果、1兆円以上の費用を投じながら、たった250日しか運転できませんでした。政府は今後、もんじゅの次の段階である実証炉の開発を進める計画です。

ウランガラス

ウランガラス（Uranium Glass）というものを知っていますか。ウランガラスとは、ガラスの着色剤として微量のウランを混ぜたもので、太陽光が当たるときれいな緑色の光を放ちます。これは、ウラン元素が紫外線エネルギーを吸収したときに、緑色の光を出す性質を利用したものです。

ウランガラスの歴史は古く、19世紀前半にボヘミア地方（チェコ西部）で生産が始まるとヨーロッパ各地へと広まっていき、食器や花瓶やアクセサリーなどがたくさん作られました。

しかし、第二次世界大戦で各国がウランを軍事用に利用しようとしたため、ウランガラスの製作が困難となりました。近年、チェコやアメリカでウランガラスを再び作ろうとする動きも見られます。

骨董・アンティークとしてファンも多く、高値で取引されています。

日本では、岡山県の人形峠で採れるウランを使って純国産のウランガラスが作られています。

ウランと聞くと「怖い」と思うかもしれませんが、ウランガラスに含まれているウランの量はごく微量なので、飲食に用いても心配ありません。

（参考）妖精の森ガラス美術館（岡山県）
http://kanko.town.kagamino.lg.jp/fairywood/

6章

原発ゼロということ

2011年の福島原発事故後、日本の原発は次々と停止していき、2014年には原発ゼロとなりました。
原発が止まっても、電力不足で停電になるようなことはありませんでした。
では、原発が止まって何が変わったのでしょうか。

●原発の代わりに火力発電と再生可能エネルギーが増えた

福島原発事故が起こるまで、日本には54基の原発があり、日本の電気の3割程度は原発によって作られていました（年によって変動はあります）。

２０１０年と２０１４年の総発電量の構成を下に示します。原子力がゼロになった代わりに火力発電が大幅に増えています。再生可能エネルギーも増えました。

２０１４年の日本の火力発電比率は85％で、ほとんどの電気を火力発電で作っています。その依存率の高さは、主要43カ国中7位です（震災前の２０１０年は23位でした）。火力発電に大きく依存している国は、サウジアラビアやインドネシアなどの資源大国が中心で、日本のように資源が少ない国で火力発電をこんなに使っている国はありません。

このように、原発の代わりに火力発電を増やすことによって、いくつか問題が生じています。ここでは、①電気代の上昇、②地球温暖化、③

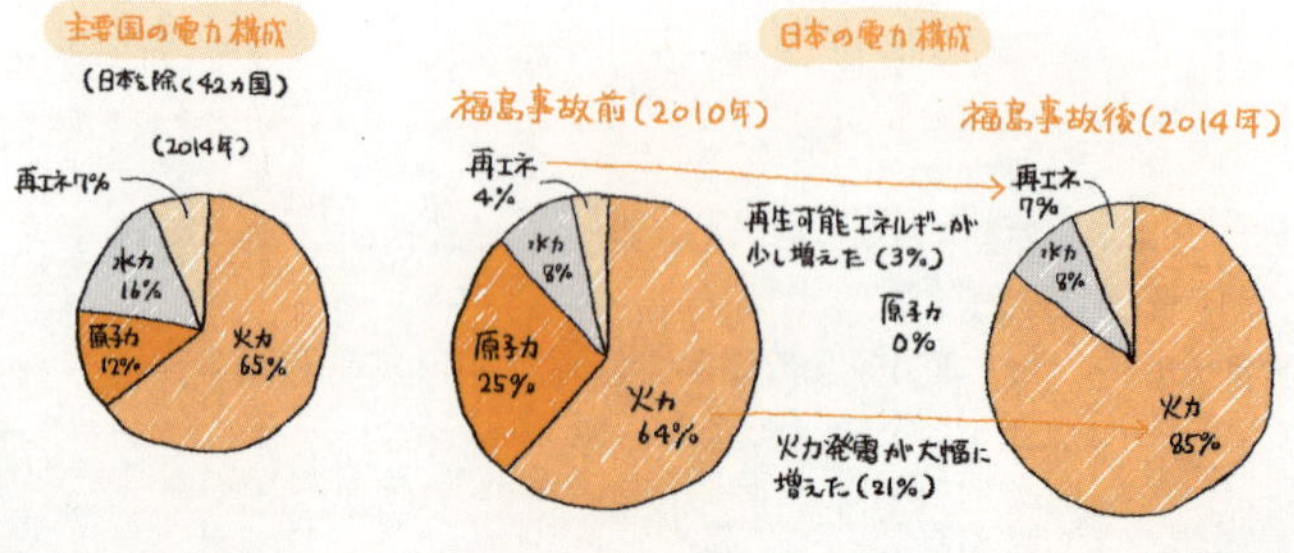

主要国の電力構成
（日本を除く42カ国）
（2014年）
再エネ7%
水力 16%
原子力 12%
火力 65%

日本の電力構成
福島事故前（2010年）
再エネ 4%
水力 8%
原子力 25%
火力 64%

福島事故後（2014年）
再エネ 7%
水力 8%
火力 85%
再生可能エネルギーが少し増えた（3%）
原子力 0%
火力発電が大幅に増えた（21%）

〔出所〕IEA

エネルギー安全保障という3つの観点から見てみます（これを3Eと呼びます）。

①電気代の上昇

原発をやめることでまず考えなければならないのは、火力発電の増加に伴う電気代の上昇です。政府は2015年にそれぞれの発電方式のコストを検証しました。その結果は下のグラフのとおりです。政府の発表によれば、原発の燃料コストは火力発電（石炭、天然ガス、石油）よりもかなり安くなっています。

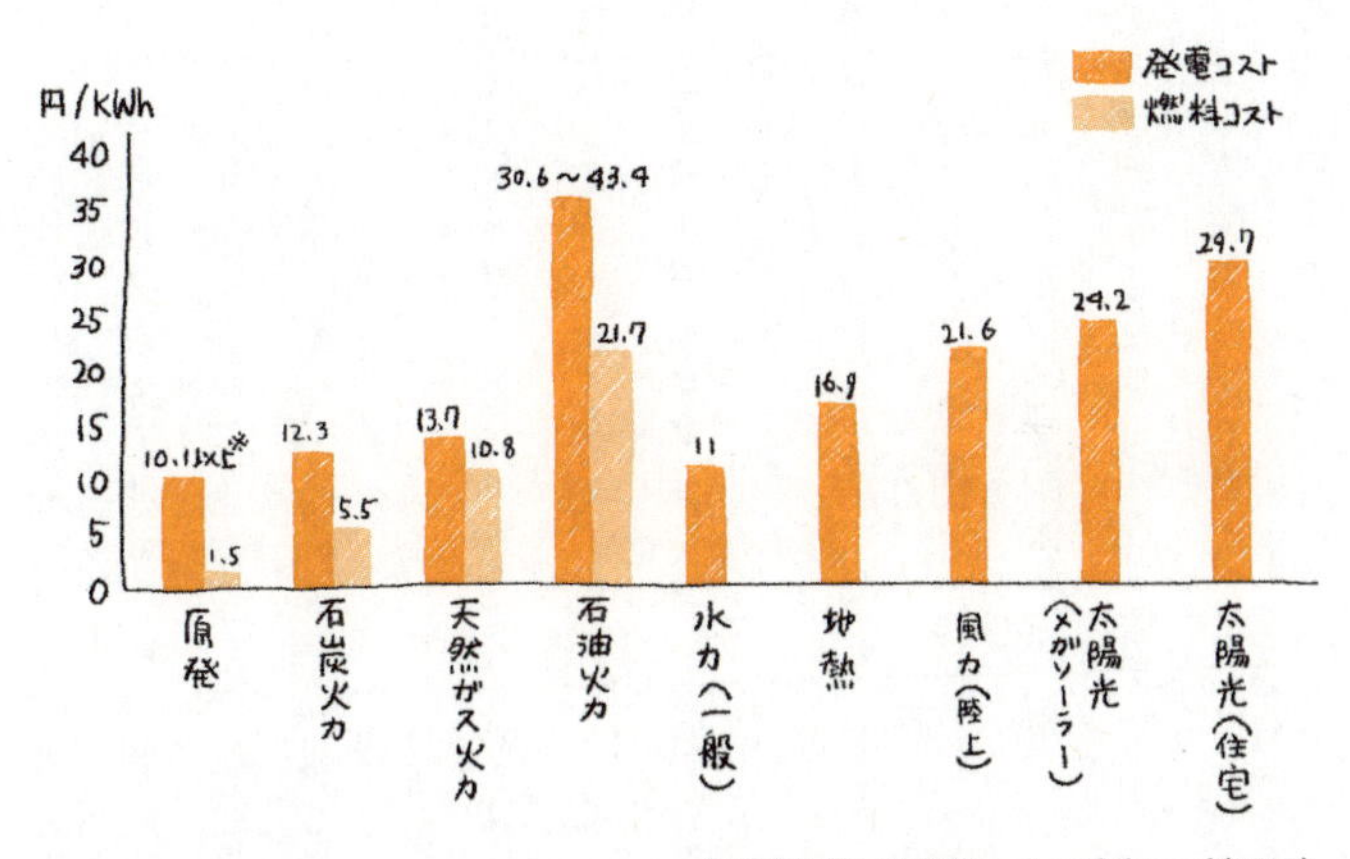

［出所］発電コスト検証ワーキンググループ（2015）

ここで示す発電コストとは、それぞれの発電方式で1kWhの電気を作るのにどれだけのお金がかかるかを試算したものです。発電コストは燃料コストだけでなく、建設費や人件費なども含めて計算したコストです。原発の発電コストには、発電所建設費や再処理費用や放射性廃棄物処分費用なども含まれています。原発の発電コストは他の火力発電（石炭、天然ガス、石油）や水力発電や再生可能エネルギー（太陽光、風力など）よりも安くなっています。

地熱、風力、太陽光は燃料代がかからないので燃料コストはゼロですが、建設費などが高いため、発電コストは割高となっています。

※原発の発電コストが10.1円以上となっているのは、福島事故の損害費用がまだ確定していないためです。

このように燃料コストの安い原発を止める代わりに燃料コストの高い火力発電を使うということは、電気代の上昇につながります。福島原発事故後、原発を停止した電力会社が次々と電気料金を値上げしたのは記憶に新しいことでしょう。震災前と後では家庭の電気代が平均で約25%、産業用で約40%上昇したとされています。

では、日本全体ではどれくらい支出が増えているのでしょうか。火力発電の燃料費は年によってばらつきがあるので、わかりやすくするために震災前3年間と震災後3年間の平均で比べてみます。その結果は、下のグラフのとおりです。

震災前は1年間で使用する燃料費は約4兆円でしたが、震災後には約7・4兆円に増えています（約3・4兆円増加）。これは、原発を止める代わりに化石燃料費として毎日93億円も余計に使っていることになります。増えた燃料費は電気代の値上げという形で家庭や企業が負担しています。また、燃料費のほとんどは海外の資源国に支払われるので、日本の外にそれだけの

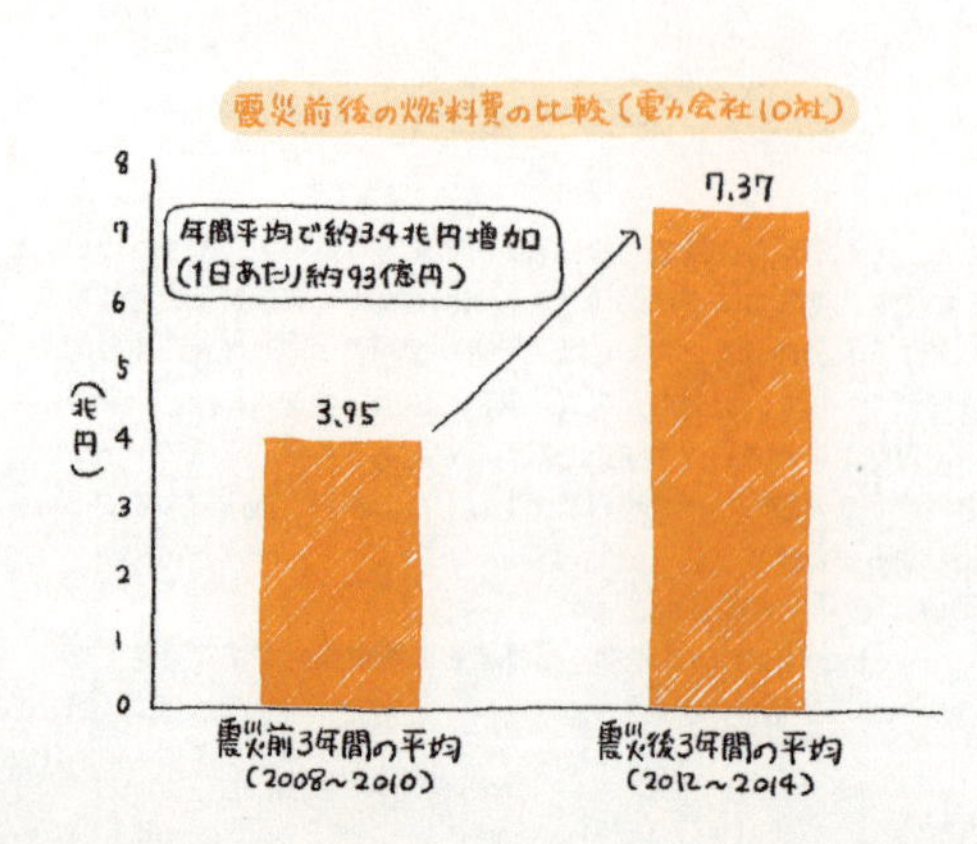

お金が流出することになります。

2011年度には日本の貿易収支が31年ぶりの赤字となりました（2兆5600億円の赤字）。赤字となった原因は、景気動向や円高の影響に加えて、原発停止に伴う火力発電の燃料費の増加が大きく影響したとされています。それ以降、2015年度までの5年間連続で日本の貿易収支は赤字となっています。

しかし、原発を止めると今後も国民負担が増え続けるのかというと、必ずしもそうではないかもしれません。実は原発の発電コストの試算については いろいろな見方があり、原発のコストが高いという意見があるのも事実です*。さらに、太陽光発電や風力発電などの再生可能エネルギーのコストはどんどん安くなっていて、近年のガス価格下落の影響もあり、世界的に原発のコスト競争力は弱まっています。日本の再生可能エネルギーのコストは比較的高いのですが、世界を見てみると再生可能エネルギーが原発よりも高いとは必ずしもいえません。実際、欧米諸国ではコストが高いという理由で原発を閉鎖する事例が増えています。

メモ　2017年1月25日に財務省が発表した貿易統計速報によれば、2016年度の日本の貿易収支は黒字となっています。原油安や円高が主な要因とされています。

* 原発の燃料コストは安いけれど、建設費用や事故対策費用、廃炉費用などを含めた発電コストは、計算方法によっては他の発電方式より高くなるという意見もあります。

② 地球温暖化

電気代のように私たちの生活に直接、そして直ちに影響するものではありませんが、原発の代わりに火力発電を使うと二酸化炭素の排出量が増え、地球温暖化に悪い影響を与えます。

地球温暖化（気候変動ともいいます）の問題は気温が上がるだけでなく、異常気象による大規模災害の増加、農作物の収穫量減少に伴う食糧危機、海面上昇による国土の消失、生態系の変化など、様々な影響があるといわれています。実際、異常な干ばつや豪雨が各地で相次いだり、台風やハリケーンが大型化するなど、地球温暖化の影響と考えられる異常気象が世界中で深刻な問題となっています。温暖化防止は、全ての国が取り組まなければならない問題です。

ところで、日本で二酸化炭素を一番多く排出しているのは何だか知っていますか？　下の図に示すとおり、２０１４年度に日本から排出された二酸化炭素の量は約12億６５００万トンですが、その約４割を電力会社などのエネルギー転換部門が排出しています。ですので、発電所から

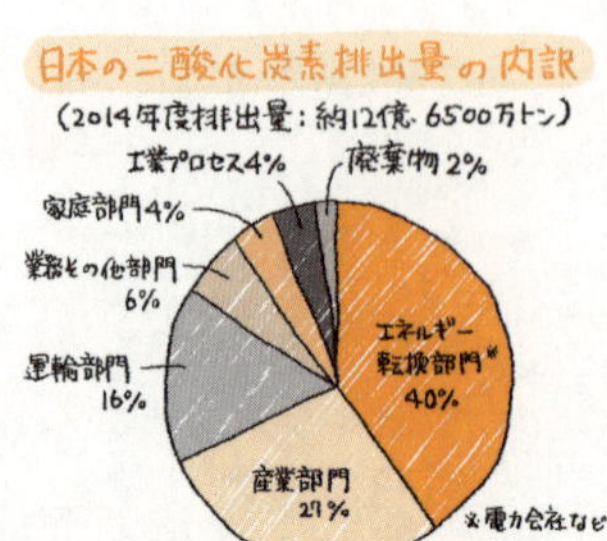

［出所］全国地球温暖化防止活動推進センター

出る二酸化炭素を減らすことは、地球温暖化防止のために重要です。
原発は発電時に二酸化炭素を出しません。これは火力発電と大きく違うポイントです。世界には二酸化炭素の排出量を削減する目的で原発を使っている国がたくさんあります。

電力と二酸化炭素の問題を考えるときは、「排出原単位（グラム／kWh）」という数値が使われます。これは、1kWh*の電気を作るのにどれだけ二酸化炭素が出るかを示すものです。日本の発電事業の排出原単位は、原発を使っていた2010年では1kWhあたり430グラムでしたが、これが2014年には556グラムに増えています（29%の増加）。この排出原単位が多いのか少ないのかわかりやすくするため、他の国と比べてみましょう。

次のページの表では、主要43カ国を排出原単位の低い順に並べました。最も排出原単位が低いのはアイスランドです。アイスランドは、ほぼ全ての電気を水力発電と再生可能エネルギーで供給していて、火力発電の比率は1%未満です。一方、排出原単位が一番高いのは南アフリカです。

* ちなみに、k（キロ）は1000、W（ワット）は電気の単位で、h（アワー）は時間のことを指します。1kWhの電力で、1000W（＝1kW）の消費電力のドライヤーを1時間使うことができます。

南アフリカの電気はほとんどが石炭火力発電で作られています（274ページ）。石炭火力発電は火力発電の中でも特に二酸化炭素を多く排出することが問題となっていて、近年、石炭火力発電を減らそうとする国が増えています。

次に日本を見てみましょう。原発が止まる前（2010年）は日本の排出原単位は25位でしたが、原発が止まった後（2014年）は33位に下がっています。これは、原発の代わりに火力発電を増やしたためです。原発をやめるのであれば、二酸化炭素の問題をどうするかも考えなければなりません。

排出原単位ランキング

（上位ほど二酸化炭素の排出量が少ない）

（位）	2010年	（位）	2014年
1	アイスランド	1	アイスランド
2	ノルウェー	2	ノルウェー
3	スイス	3	スウェーデン
4	スウェーデン	4	スイス
5	フランス	5	フランス
6	ブラジル	6	ラトビア
7	ラトビア	7	ニュージーランド
8	ニュージーランド	8	カナダ
9	カナダ	9	フィンランド
10	オーストリア	10	オーストリア
11	スロバキア	11	ブラジル
12	ベルギー	12	スロバキア
13	フィンランド	13	ベルギー
14	スペイン	14	スロベニア
15	ポルトガル	15	デンマーク
16	ハンガリー	16	スペイン
17	スロベニア	17	ポルトガル
18	ルクセンブルク	18	ハンガリー
19	デンマーク	19	ルクセンブルク
20	アルゼンチン	20	イタリア
21	イタリア	21	ロシア
22	チリ	22	アルゼンチン
23	ロシア	23	チリ
24	オランダ	24	イギリス
25	日本	25	アイルランド
26	イギリス	26	メキシコ
27	メキシコ	27	オランダ
28	アイルランド	28	ドイツ
29	トルコ	29	米国
30	ドイツ	30	トルコ
31	米国	31	チェコ
32	韓国	32	韓国
33	チェコ	33	日本
34	イスラエル	34	イスラエル
35	インドネシア	35	ギリシャ
36	ギリシャ	36	中国
37	サウジアラビア	37	サウジアラビア
38	中国	38	オーストラリア
39	ポーランド	39	インドネシア
40	インド	40	ポーランド
41	オーストラリア	41	インド
42	南アフリカ	42	エストニア
43	エストニア	43	南アフリカ

［出所］IEA

③ エネルギー安全保障

日本では国内で消費するエネルギーのほとんどを海外からの輸入に頼っています。エネルギー自給率が低く、送電線が他の国とつながっていない日本では、安定した生活を維持していくためにエネルギーをどうやって確保するかが非常に重要です。このような問題を「エネルギー安全保障」といいます。日本は石油の８割以上、天然ガスの３割程度を中東から輸入しています。中東には政情が不安定な国もあり、場合によっては資源の輸入が途絶えてしまう可能性もあります。また、海に囲まれた日本では、輸入される燃料のほとんどを長距離輸送船で運ばなければなりません。船の航路の近くにはテロや海賊などの問題が起きている国もあります。このため、エネルギー安全保障は日本にとって大きな課題だとされています。

　ここで、日本の電気がどのようなエネルギーで作られているのかもう少し詳しく見てみます。２０１０年と２０１４年の総発電量の内訳をエネルギー別に分けると下のグラフのようになります。２０１０年は原発

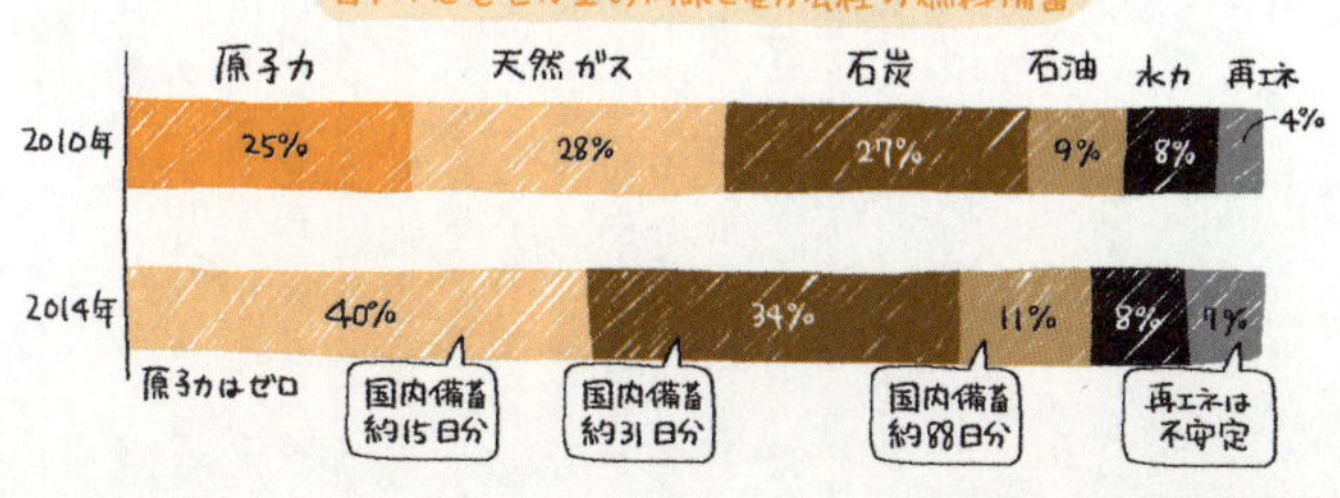

［出所］IEA、電気事業連合会等

が25％の電気を作っていましたが、２０１４年には原発がゼロとなり、その代わりに天然ガスや石炭の火力発電が増えています。

では、もし中東で戦争などが起きてエネルギーを輸入できなくなったら、私たちの生活はどうなるのでしょうか。日本国内ではエネルギー資源の備蓄が行われていますが、電力会社が持っている燃料は天然ガス約15日分、石炭約31日分、石油約88日分しかありません。私たちが毎日使っている膨大なエネルギー資源を備蓄するには、コストや土地や技術などの問題があって簡単ではありません。さらに、太陽光発電や風力発電などの再生可能エネルギーは日射量や風量に左右されるので、安定供給という点からは不安が残ります。

一方、原発は発電に必要な燃料の量が少なく済むのが特長で、ウラン燃料の国内備蓄は2年分以上あります。また、ウラン資源はカナダやオーストラリアなど政情の安定した国々に分散しているので、エネルギー安全保障の問題を解決する上では原発が有効だとされています。

１９７０年代には石油危機（オイルショック）を経験した日本ですが、

メモ

石油危機

１９７３年10月に中東地域で戦争（第４次中東戦争）が起こり、アラブ諸国が石油の生産を減らしたため、３カ月足らずの間に石油の値段が4倍に上がりました。中東の石油に依存していた日本は大きな影響を受け、トイレットペーパーや洗剤などの買い占め騒動が起こるなど、日本全体がパニックとなりました。また、節電のためにネオンサインが消されたり、テレビの深夜放送が中止されたりしました。

石油危機の後、日本では石油への依存度を低減するため、石油以外のエネルギー（天然ガスや原発）を積極的に導入してきました。

ここ数十年間はエネルギーが輸入できなくなるという危機的状況は発生していません。しかし、中東などで戦争が起きてエネルギーが輸入できなくなったらどうするか、どうしたら影響を最小限に抑えられるかということを考えて対策することは私たちが安心して暮らすために重要なことです。

メモ
ここで紹介した3つの観点「経済性（Economy）」「環境性（Environment）」「エネルギー安全保障（Energy Security）」を専門的には『3E』と呼びます。詳細は7章参照。

電気を作るのに燃料はどれくらい必要？

100万kWの発電所※で1年間発電するために必要な燃料

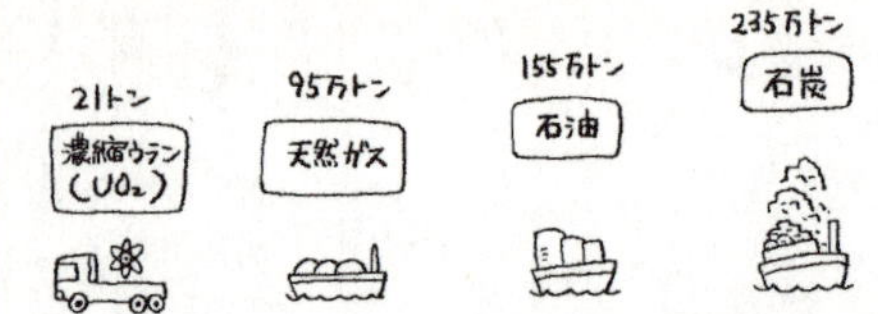

10トン・トラックで 2.1台分
7万トン・タンカーで 13.6隻分
30万トン・タンカーで 5.2隻分
15万トン貨物船で 15.7隻分

※原発およそ1基分

［出所］原子力・エネルギー図面集2015（電気事業連合会）の情報を基に作成

100万kWの発電所で1年間発電するのに必要な燃料の量は図のようになります。

原発の場合は21トンですが、天然ガスは95万トン、石油は155万トン、石炭は235万トンとなっており、原発と他の火力発電では、必要な燃料の量が1万倍以上違うことがわかります。

原発の代わりにこれらの火力発電を使う場合、タンカーや貨物船を使って外国から大量の燃料を運んでこなければなりません。

7章

3E+S+2P という考え方

これまでの章では、世界と日本の原発問題をみてきました。
原発にはメリットとリスクがあります。
私たちは原発の問題をどのように考えたらいいのでしょうか。

●3E＋S＋2Pという考え方

本書では、世界中の原発問題やエネルギー問題について考えてきましたが、国によって原発に対する考え方は違うということがおわかりいただけたと思います。「原発をどうするべきか」という問題は世界中の人が長年議論してきましたが、いまだに議論が尽きない大変難しい問題です。

でもエネルギーのこと、環境のこと、原発事故が起きた時のこと、これらはどれも私たちの生活に大きく関わる問題であり、見ない振りをしてすませるわけにはいきません。

では、どのように考えたらいいのでしょうか。

日本政府は3E＋Sという4つの要素（ピース）で原発の必要性を説明しています。3Eとは「安定供給（Energy Security）」「経済性（Economy）」「環境性（Environment）」のことで、Sとは「安全性（Safety）」のことです。

しかし、世界の原発やエネルギー・環境問題を考えてみると、3E＋

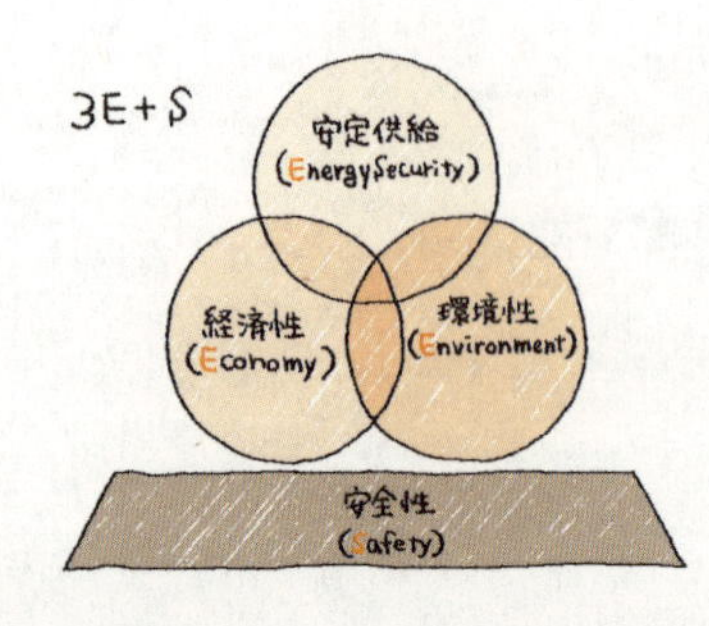

資源エネルギー庁資料を基に作成

Sの他に何か重要なピースが抜けているような気がします。

それは全ての大前提となる「国民の受容（Public Acceptance)」、そしてそれらを牽引する「政策（Policy)」だと思います。

原発をどうするべきか考えるためには、これまでとは違った新しい概念が必要だと思います。本書では、『3E＋S＋2P』という6つのピースで構成される新しい考え方を提案します。ジグソーパズルでどのピースが欠けてもパズルが完成しないのと同じように、3E＋S＋2Pの6つのピースのどれが欠けても原発は成り立たないと考える新しいモデルです。P（国民の受容）が全ての大前提で、その上にS（安全性）と3つのE（安定供給・経済性・環境性）というピースがあり、一番上にはそれらを牽引するP（政策）というピースがきます。

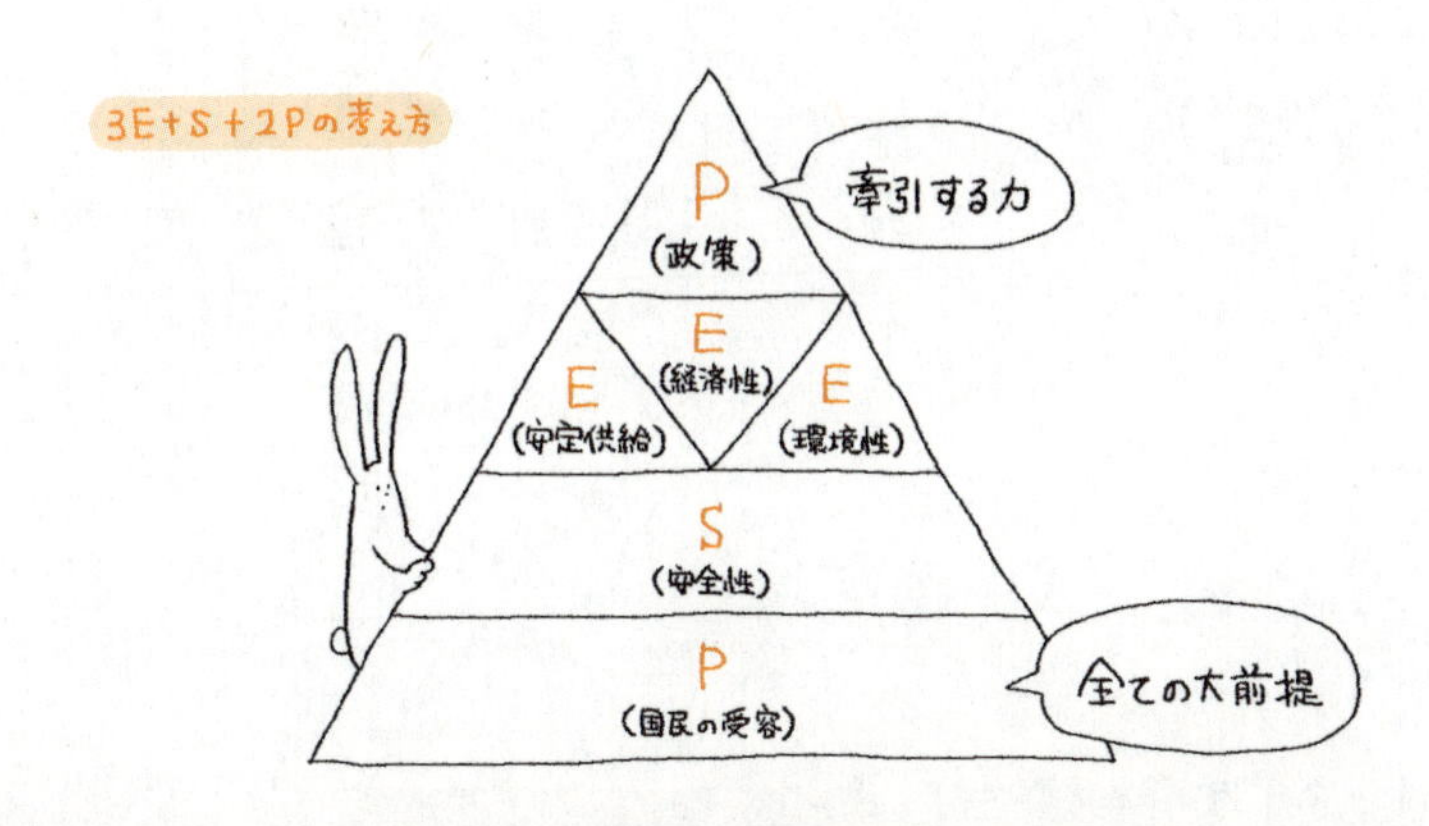

例えば、脱原発を決めたドイツでは、3E（安定供給・経済性・環境性）の観点からも、S（安全性）の観点からも原発が必要との考えが否定されるものではなかったと思います。12ページで紹介したとおり、福島原発事故後、ドイツでは原子力の専門家をメンバーとする原子炉安全委員会が「ドイツの原発の安全性に大きな問題はない」と結論づけており、S（安全性）に関して問題はなかったと考えられます。また、原発をやめると二酸化炭素や電気代や安定供給などの観点で問題に直面するであろうことは予想されていました。しかし、原発は国民から受け入れられませんでした。結果として、国内では原発を支持する世論がほとんど無くなってしまったことなどからドイツは脱原発を決めました。

このように、ドイツでは3E＋Sは満足されていましたが、国民のP（Public Acceptance）という重要なピースが欠けてしまったため、原発を続けることができなかったといえます。ただし、脱原発の方向へ牽引する政策のP（Policy）は明確でした。

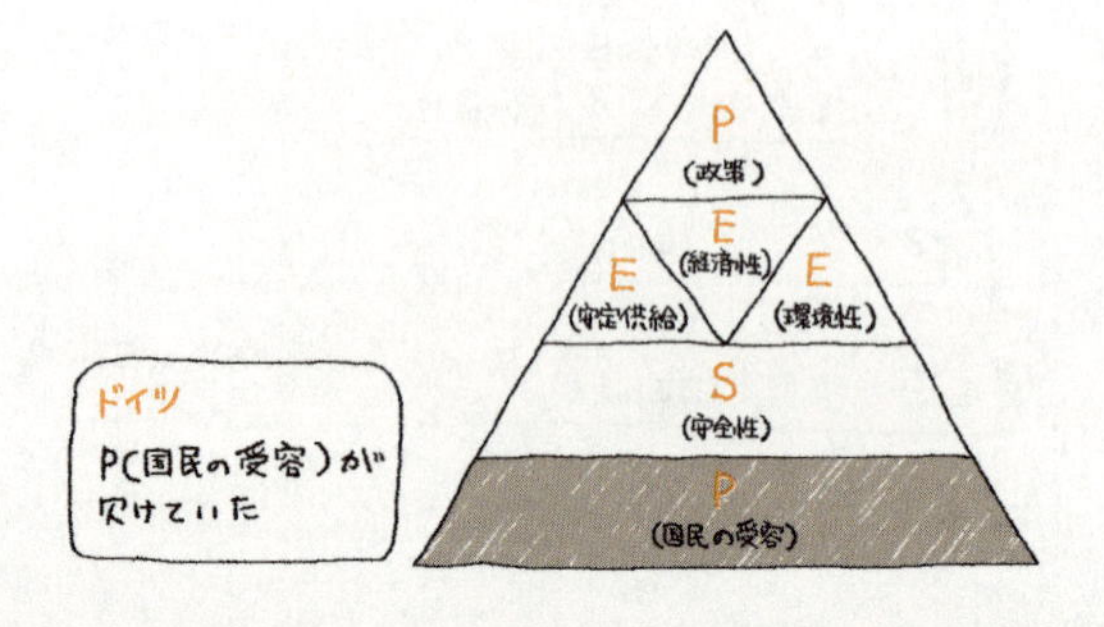

次に米国を見てみましょう。119ページで紹介したとおり、米国では福島原発事故後も国民の過半数が原発の利用に賛成しており、国民のP（Public Acceptance）は概ね満足されていると思われます。しかし、米国ではシェールガス革命の影響でガス価格が安くなったため、経済性で不利となった原発の閉鎖が続いています。これは、3Eの1つのピースである「経済性」が満足されなくなってきているといえます。

では、ベルギーはどうでしょうか。ベルギーでは国民の63%が原発の維持が必要だと考えていて、やはり国民のP（Public Acceptance）は満足されているようにみえます。しかし、47ページで紹介した2010年頃の政治の混乱もあり、ベルギーは脱原発の方向を向いたり、原発利用の方向を向いたりしています。その結果、脱原発をするにしてもどうやって実現するのか、そもそも脱原発が本当に可能なのかもよくわからない状況です。原発やエネルギー政策を考えるためには、国をあるべき方向へ牽引する明確で一貫性のある政策のP（Policy）が必要だといえます。

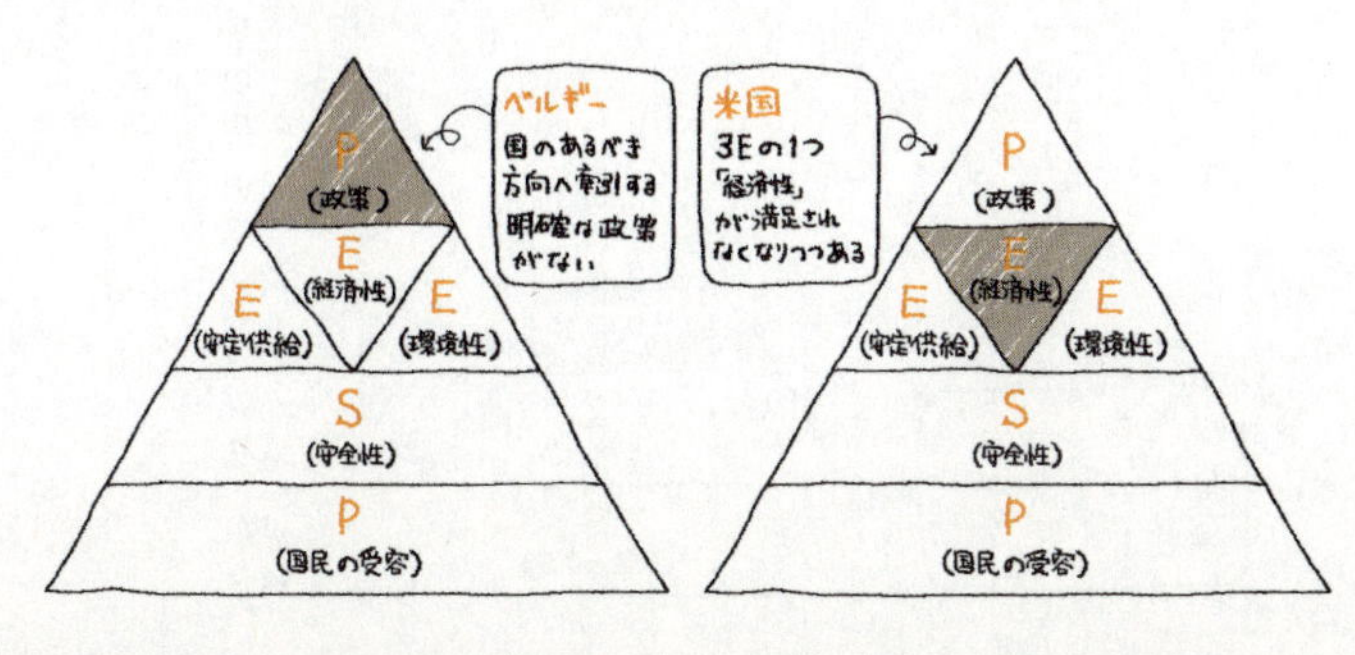

一方、原発大国のフランスでは、現在でも多数の国民が原発を必要だと考えています。また、フランス人は原発をやめて電気料金が上がるのは受け入れられないと考えています。そして原発は二酸化炭素を排出しない発電だと認識されていて、他国にエネルギーを依存したくないという国民性もあります。福島原発事故後に、原発の安全対策も強化されました。さらに、フランスでは強力な中央政府のリーダーシップが確立されており、その政府の策定した原子力開発計画に沿って、国有会社であるフランス電力（EDF）が開発を進めてきたということがあります。このように、フランスでは3E＋S＋2Pの全てのピースが満足されているようにみえます。そのような国では原発を続けるという選択になるのでしょう。

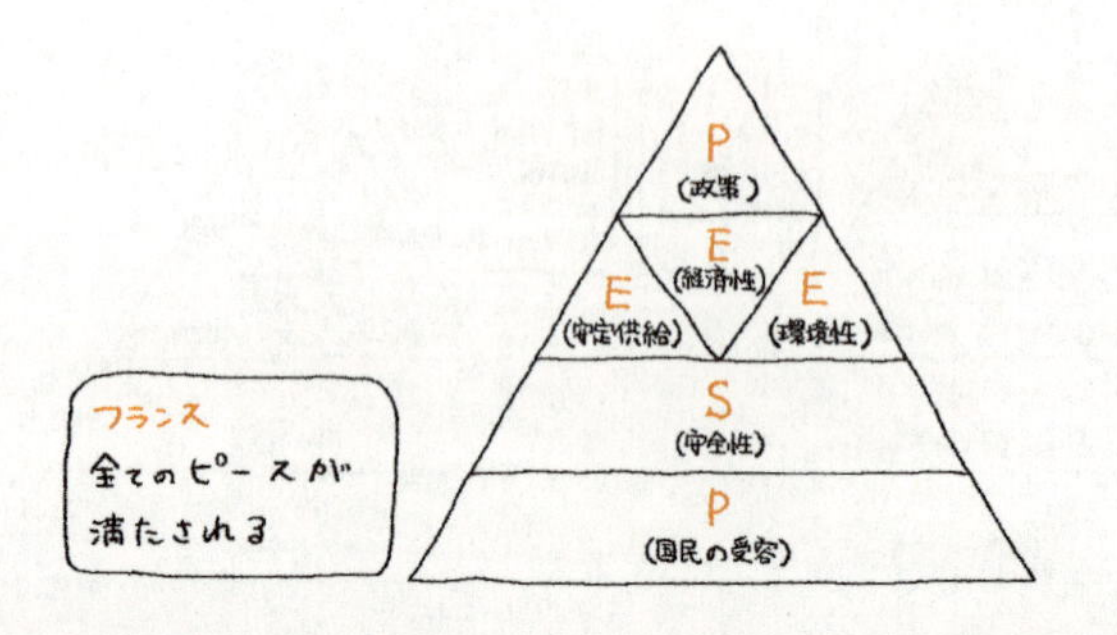

今度は日本について考えてみましょう。

まず、S（安全性）はどうでしょうか。どんなに安全性を高めても事故のリスクをゼロにすることはできませんが、日本の原発の安全対策や避難対策が福島原発事故後に大きく改善されたことは事実でしょう。

次に、3E（安定供給・経済性・環境性）はどうでしょうか。6章で紹介したとおり、3Eが日本にとって重要な問題であることには変わりありません。脱原発を主張する人は多くいますが、原発をやめた場合に3Eの問題をどうやって解決するかについては意見が分かれています。再生可能エネルギーのコストが下がってきているのは事実ですが、経済性や安定性の観点から再生可能エネルギーが全ての原発の代わりとなるにはまだ時間がかかりそうです。

ドイツやスイス、イタリアやベルギーが脱原発をするのと日本が脱原発をするのでは大きく違います。送電線が隣の国とつながっているヨーロッパの国は、フランスなどの原発の電気を輸入することができます。また、自然エネルギーが豊富な北欧諸国などから電気を輸入することもで

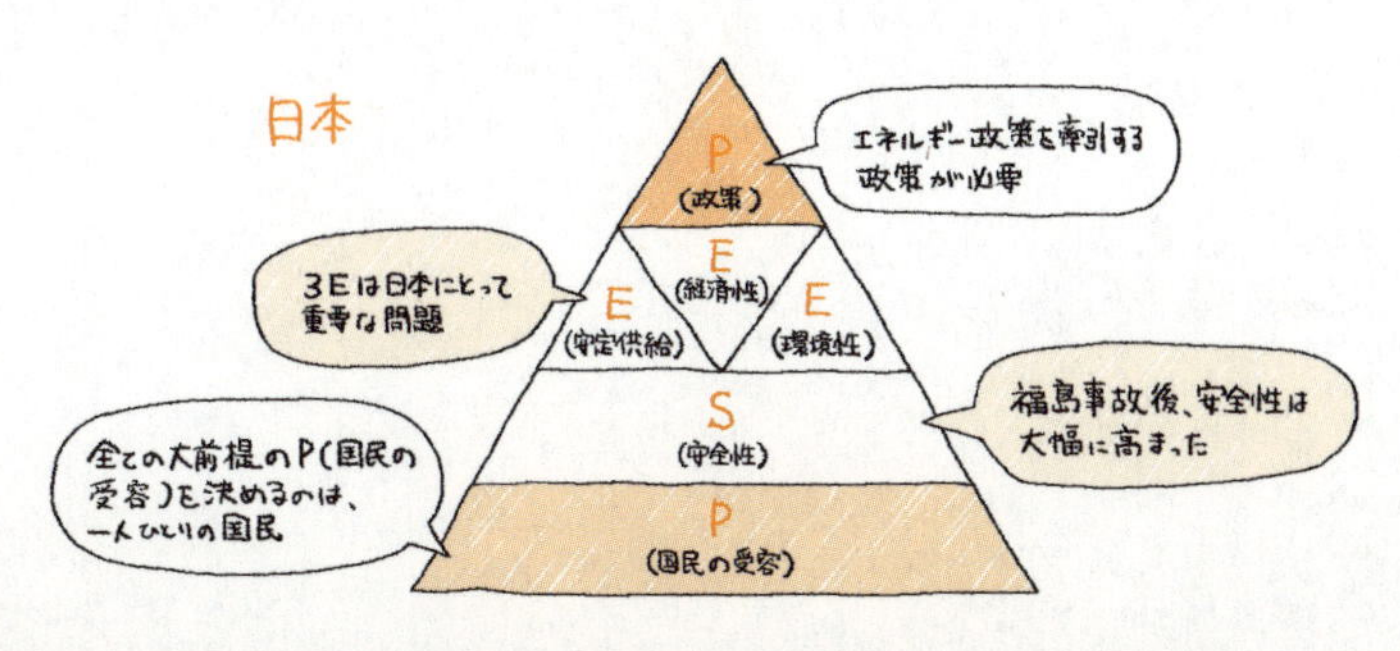

きます。島国の日本は現時点では電気の輸入ができません。ですから原発をやめたら、その代わりの電気を自分の国内で確保しなければなりません。そして、原発をやめて火力発電を増やせば二酸化炭素の排出量が増えます。エネルギー安全保障や地球温暖化は私たちにとって重大な問題です。

原発をやめれば福島事故のようなことは起こらないでしょう。原発ゼロでも停電にはなりませんでした。日本でも脱原発は不可能ではないでしょう。しかし、原発をやめるには「安定供給（エネルギー安全保障）」「経済性（電気代）」「環境性（地球温暖化）」といった3Eの問題をどうするかも同時に考えなくてはなりません。資源の少ない日本の場合、原発無しでこれらの問題に取り組むのは、現時点では難しいかもしれません。

では、政策のPはどうでしょうか。日本政府は、2030年に原発比率を20～22%にするという計画を発表しています。しかし、福島原発事故から6年以上が経過しても国内の原発はほとんど動いておらず、本当に原発の比率を目標どおりに高められるのか多くの人が疑問を感じています。2030年の目標値は決まっているのですが、それを実現するためには実効性のある政策や、政府のリーダーシップが必要でしょう。さらに、政府は「原発依存度を可能な限り低減する」という方針も示していますが、原発依存度低減に向けた取り組みも不可欠です。日本が原発を続けるとしても脱原発に向かうとしても、日本全体を力強く牽引していくP（政策）が求められます。

●みなさんは、どう考えますか？

最後に、全ての大前提となる国民のP（Public Acceptance）はどうでしょうか。原発を続けること、原発をやめること、どちらにもメリットとリスクがあります。原発の利用を受け入れられるかどうかについては、政府や電力会社だけでなく、一人ひとりの国民の意見が大切になってきます。原発をやめたらどういうことが起こり得るのか、福島原発事故を踏まえて、原発を続けていく場合に考えなければならないことは何なのか、「再稼働」か「脱原発」かという単純な問いから、一歩進んで考えていく必要があります。

原発のメリットとリスクをどう考えるか、それは本当に難しい問題です。でも難しいからといって専門家に任せるのではなく、是非みなさん一人ひとりに考えてもらいたいと思います。

原発の代わりに再生可能エネルギーを使うには

原発をやめて太陽光発電や風力発電で代替するには、どれくらいの量が必要なのでしょうか。

2012年に政府が発表した資料によれば、原発1基分の発電量（74億kWh）を再生可能エネルギーで代替するためには、住宅太陽光の場合は175万戸、メガソーラー（大規模な太陽光発電所）の場合は5,800カ所、風力発電の場合は風車2,100基が必要になるとされています。東京都の一戸建ての数が180万戸（2013年時点）ですので、都内のほぼ全ての一戸建ての屋根にソーラーパネルを設置するくらいの規模になります。

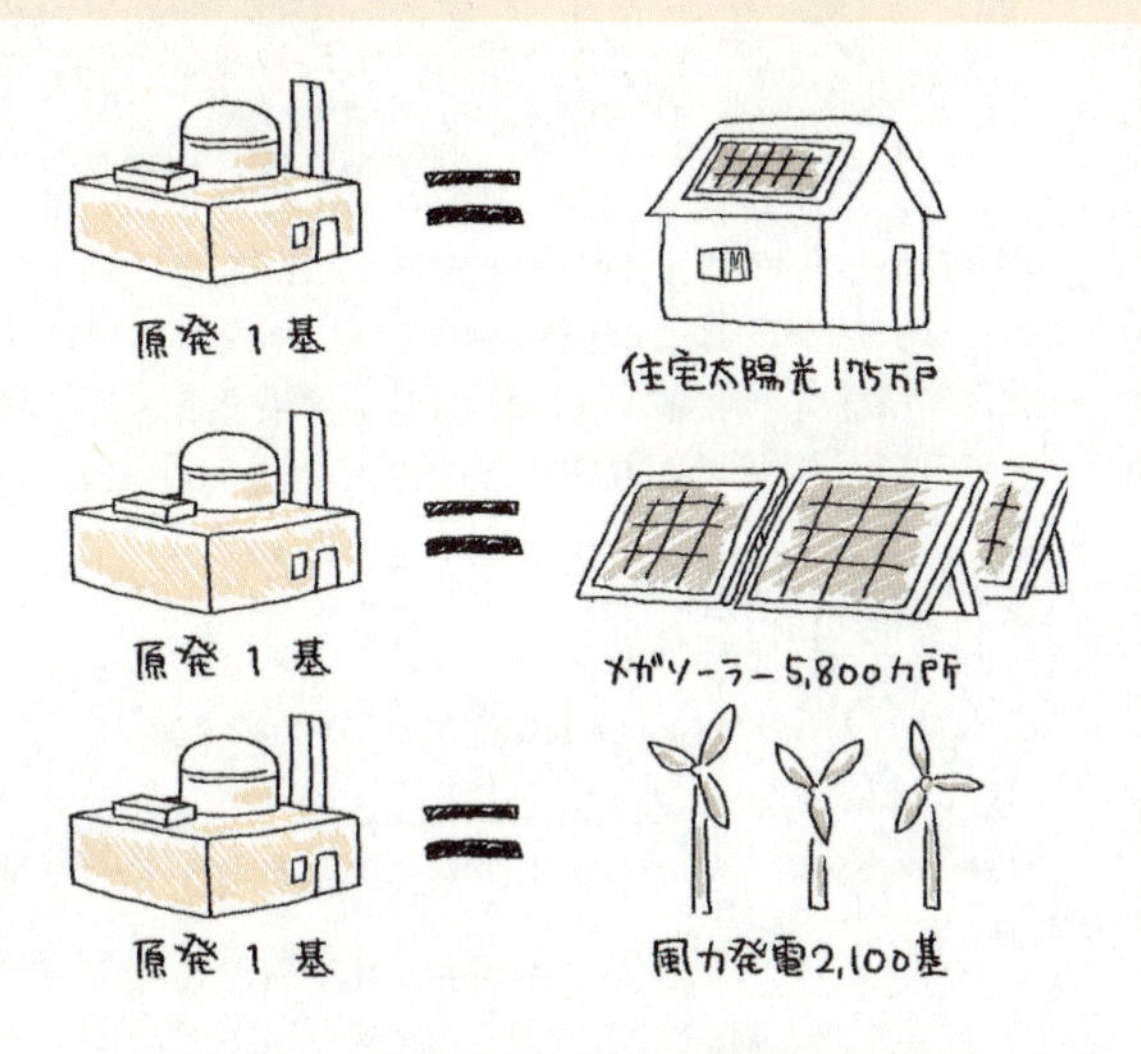

［出所］エネルギー・環境戦略策定に当たっての検討事項について（2012年9月）
2013年住宅・土地統計調査結果（総務省統計局）

キュリー夫人

Curie, Marie

〔1867―1934〕

キュリー夫人はポーランド出身の女性物理学者・化学者です。政治運動に参加して故国を追われ、フランスに亡命した後、フランス人の夫ピエール・キュリーと結婚しました。1903年にラジウム発見の功績により、キュリー夫妻はノーベル物理学賞を受賞しました。さらに1911年にはキュリー夫人がポロニウムの発見等の功績によりノーベル化学賞を受賞しました。

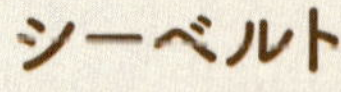

シーベルト

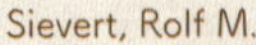

Sievert, Rolf M.

〔1896―1966〕

シーベルトはスウェーデン出身の物理学者です。放射線が人体に与える影響の研究で大きな功績を残しました。その功績によって、被ばく線量の単位としてシーベルト（Sv）が使われることになりました。国際放射線防護委員会（ICRP）の創設者の一人で、ICRPの委員長も務めました。

レントゲン

Roentgen, Wilhelm C.

〔1845―1923〕

病院で行われるレントゲン検査はドイツの物理学者の名前に由来しています。

レントゲンは1895年に陰極線（電子線）の研究を行っていたところ、目では見えないが物質を透過する光のような「未知のもの」を発見しましたが、正体がわからなかったのでX線と名づけました。これが、放射線の発見でした。1901年にこの功績によりノーベル物理学賞を受賞しました。レントゲン博士はX線が人類のために広く利用されることを望んだため、X線に関する一切の特許を取得しませんでした。

原子力分野の科学者

アインシュタイン

Einstein, Albert

〔1879—1955〕

天才として有名なアインシュタインは、ドイツ出身の物理学者です。ユダヤ人であったアインシュタインはドイツでナチスが勢力を持つようになると米国に亡命した後、生涯を米国で過ごしました。

アインシュタインは、相対性理論をはじめとするたくさんの功績を残しました。1921年に光電効果の法則の発見により、ノーベル物理学賞を受賞しました。また、「質量エネルギー等価則（$E=mc^2$）」という法則は、原子力エネルギーの発展に大きく貢献しました。1939年にはルーズベルト大統領に宛てて書かれた、原爆の開発を促す手紙に署名していますが、戦後は核兵器廃絶を訴えました。

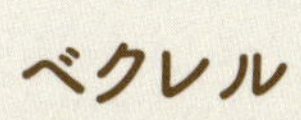

ベクレル

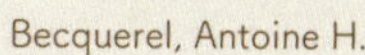

Becquerel, Antoine H.

〔1852—1908〕

ベクレルはフランスの物理学者です。放射能の単位「Bq：ベクレル」は、ベクレルの功績を記念して名づけられました。

ベクレルは、1896年にウラン化合物から放射線が出ているのを発見し、1903年にこの功績により、キュリー夫妻とともにノーベル物理学賞を受賞しました。

その他の国の紹介

● 世界有数の再エネ発電国

スペインは、風力や太陽光発電の開発に積極的に取り組んできた世界有数の再生可能エネルギー発電国です。総発電量では、風力発電が19％、太陽光・太陽熱発電が5％を占め、水力を含めた再生可能エネルギーは、全体の36％に上ります。

このほかは、ガス火力が12％、石炭火力が22％、石油火力が3％、原子力が22％。再生可能エネルギー、火力、原子力がほぼ均等に利用されています。

スペインの電力の種類（2015年）

水力 12%
原子力 22%
石炭 22%
石油 3%
コンバインドサイクル 12%
風力 19%
太陽光 3%
太陽熱 2%
コージェネ・その他再エネ 12%
合計2,631億kWh（日本の33%）

［出所］REE, "Avance del informe del Sistema Eléctrico Español 2015"

● 80年代に大型原発が次々と運転開始

スペインでは、起伏の多い地形を利用して早くから水力開発が進み、1960年代まで主に水力発電が使われてきました。1970年代に入ると石油火力発電が増え、火力発電が中心となります。

スペインは日本と同じように、化石資源に乏しい国です。そのため、水力から火力への発電転換を進める一方で、1960年代という早い時期から原子力開発にも積極的に乗り出しました。60年代後半から70年代初めにかけて、米国とフランスの原発を導入しています。

原発開発が勢いづいた大きなきっかけは、1973年の石油危機です。輸入燃料に頼った火力中心の発電方式を見直す機運が高まりました。そして80年代に、当時としては大規模な原発7基が次々と運転を開始しました。

●海外の原子力事故で脱原発へ転換

原発を積極的に開発していたスペインですが、1979年のスリーマイル島原発事故（125ページ）、1986年のチェルノブイリ原発事故（108ページ）を受けて原発への反対運動が高まり、原子力の新規開発は中止を余儀なくされました。2004年には、政府がすでに運転している原発の段階的閉鎖に踏み出しました。

一方、再生可能エネルギー開発を促進するため、政府は1994年から、再生可能エネルギーで発電した電気を高値で買い取る固定価格買取制度（FIT）を開始しました。

その結果、多くの風力、太陽光、太陽熱発電所が設置されました。2007年の1年間に新設された風力の導入量は当時の世界2位、2008年に設置された太陽光の導入量は世界1位、2010年に新設された太陽熱の導入量は世界1位を記録。スペインは世界有数の再生可能エネルギー発電国に成長しました。

●原発の維持に回帰

しかし、一度は再生可能エネルギーの推進と原発の段階的閉鎖を掲げたスペインですが、その後、脱原発の方針を軟化させました。

2011年には、原発の運転年数を40年とする法律を見直しました。2012年、原子力安全規制当局は、すでに40年の運転年数を超え、2013年までの運転許可を得ていたサンタ・マリア・デ・ガローニャ原発について、運転期限を6年間延長し2019年まで運転することを許可しました。

背景には、二酸化炭素の排出削減が進まなかったことがあります。スペインは京都議定書で、2008～2012年の二酸化炭素排出量を、1990年比で15％増に抑えることが義務づけられていました。経済発展のためにエネルギー消費が増えるのはやむを得ないとされたのですが、2011年の排出量は21％増と、目標達成は厳しい状況にありました。

また、FITの導入によって、再生可能エネルギー賦課金が急増したために電気料金が高くなり、政府は2007年以降、風力や太陽光で発電した電気の買い取り価格を引き下げていき、2012年にFITを一時中断しました。発電した電気の買い取り価格が安くなり、ついには買い取ってもらえなくなって、2008年以降、多くの事業者が発電所建設をやめていったため、太陽光や風力発電所の新設は激減しました。

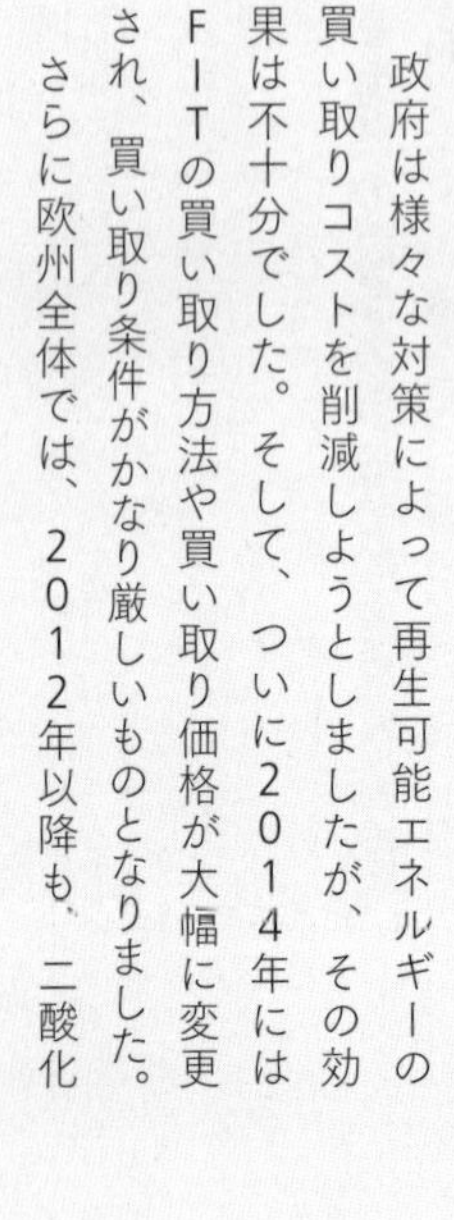

政府は様々な対策によって再生可能エネルギーの買い取りコストを削減しようとしましたが、その効果は不十分でした。そして、ついに2014年にはFITの買い取り方法や買い取り価格が大幅に変更され、買い取り条件がかなり厳しいものとなりました。

さらに欧州全体では、2012年以降も、二酸化炭素排出量の削減に取り組むことが決まっていました。こうした中にあって、二酸化炭素削減策の頼みの綱が原発だったのです。

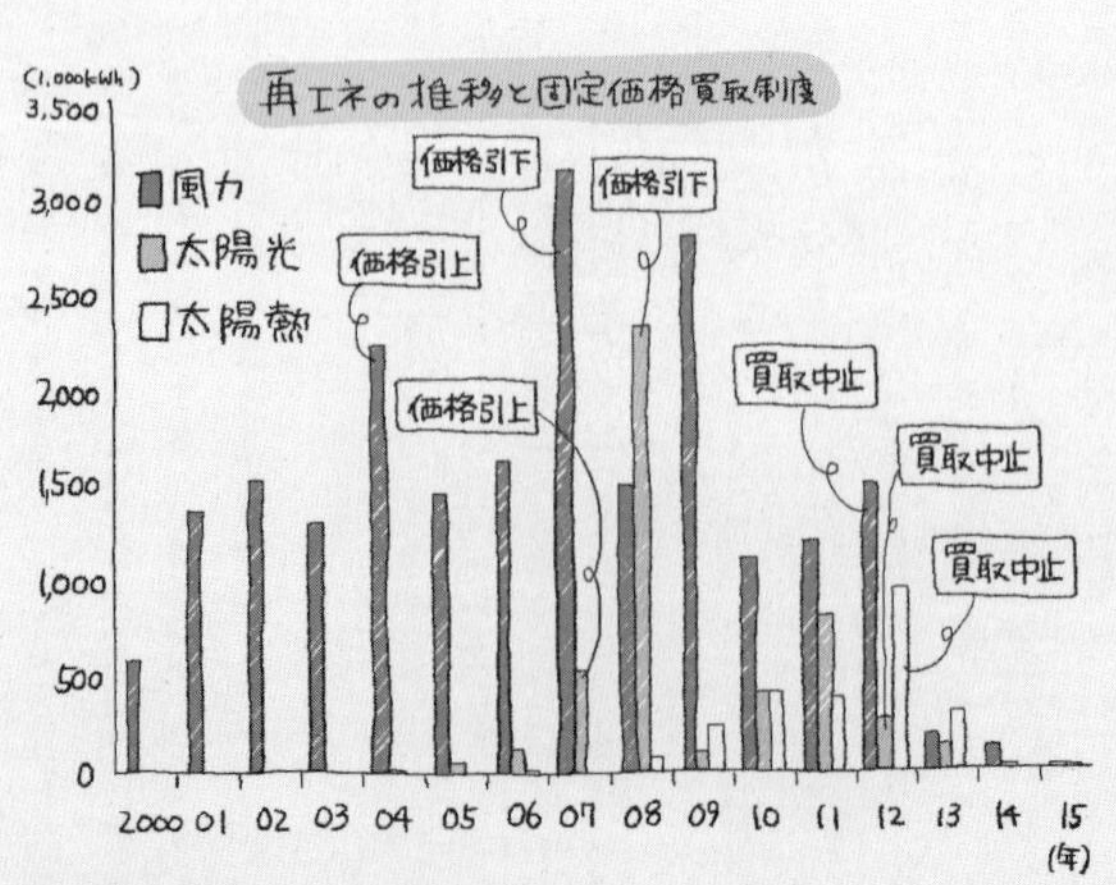

[出所]REE, "El Sistema Eléctrico Español"

結果的に、二酸化炭素排出量は13・4%増と前述の目標値を達成しました。リーマンショックなどの影響で経済が停滞し、エネルギー消費が減少したことも幸いしましたが、原子力発電が維持されたことが目標達成に貢献したことは確かです。

●二酸化炭素削減に原発は必要

欧州連合（EU）では、2015年のCOP21・パリ協定*を受けて、2030年の二酸化炭素削減目標（1990年比40%減）の法制化が進められています。EUの一員であるスペインにも、さらなる削減努力が求められることになります。

2016年に、スペインはFITを再開しました。しかし、賦課金を増やしたくないという世論を受けた政府は、再生可能エネルギーを買い取る価格を引き下げ、買い取る条件も厳しくしたため、再生可能エネルギーは以前ほどのペースでは増えていません。

二酸化炭素の排出量をさらに削減する上でも、原発は引き続き重要な電源となっています。

＊COP21・パリ協定
2015年12月に気候変動枠組み条約第21回締約国会議（COP21）が地球温暖化対策の新しい国際ルール「パリ協定」を採択しました。パリ協定では、「世界の平均気温上昇を、産業革命から2度未満（できれば1・5度）に抑える」などの国際的な目標やルールが決められました。パリ協定は2016年11月4日に発効しています。

チェコ
Czech Republic

石炭火力発電を中心に、原発も積極利用

チェコは石炭資源が豊富で、主要な火力発電所は全て石炭火力です。発電割合で一番多いのは石炭火力発電（51％）で、次いで原発（35％）となっていて、原発にも力を入れています。

最新の計画によれば、2040年には石炭火力を10～21％に減らして、原発を46～58％に増やすようです。石炭火力を減らすことで、二酸化炭素を削減したいとの考えです。

チェコの電力の種類

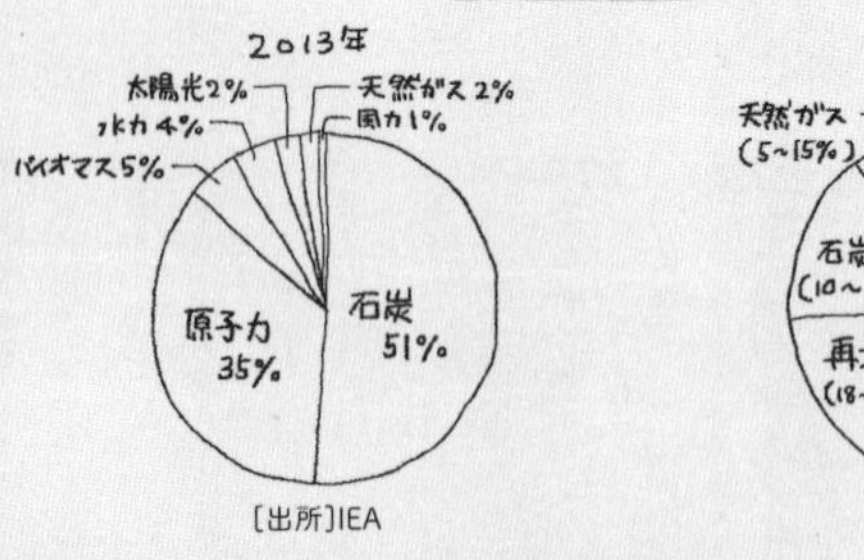

［出所］IEA

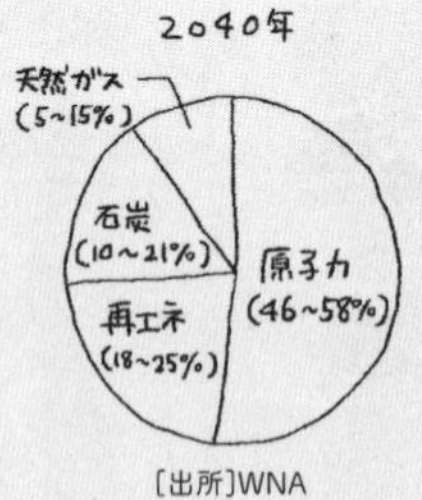

［出所］WNA

電力輸出量

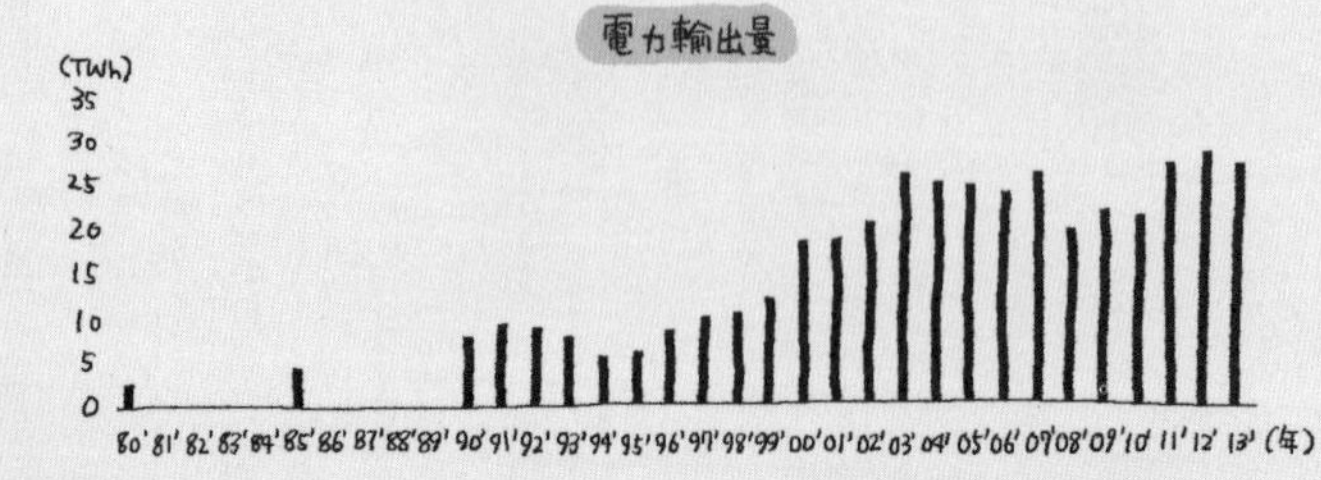

［出所］IEA

●電気は十分足りている

原発を大幅に増やす計画のチェコでは、電気が足りていないのでしょうか。そうではありません。実はチェコでは電気が十分足りていて、余った電力をオーストリアやドイツに輸出しているのです。

チェコは、欧州連合（EU）加盟国の中でフランス、ドイツに次いで3番目にたくさんの電力を輸出している「電力輸出国」なのです。1980年代に4基、2000年代には2基の原発を増やしましたが、原発の数が増えるたびに電力輸出量も増えています。最近は、国内で発電した電力量の約3割を外国に輸出しています。

●国内は原発賛成でも隣の国は反対

チェコでは多くの国民が原発に賛成しています。原発に賛成する人は約7割で、これは福島原発事故後も変わりません。しかし、チェコの原発はオーストリアとの国境に近く、オーストリア政府はチェコに脱原発を求めています。ちなみに、オーストリアには原発が1基もなく、原発に反対している国です。

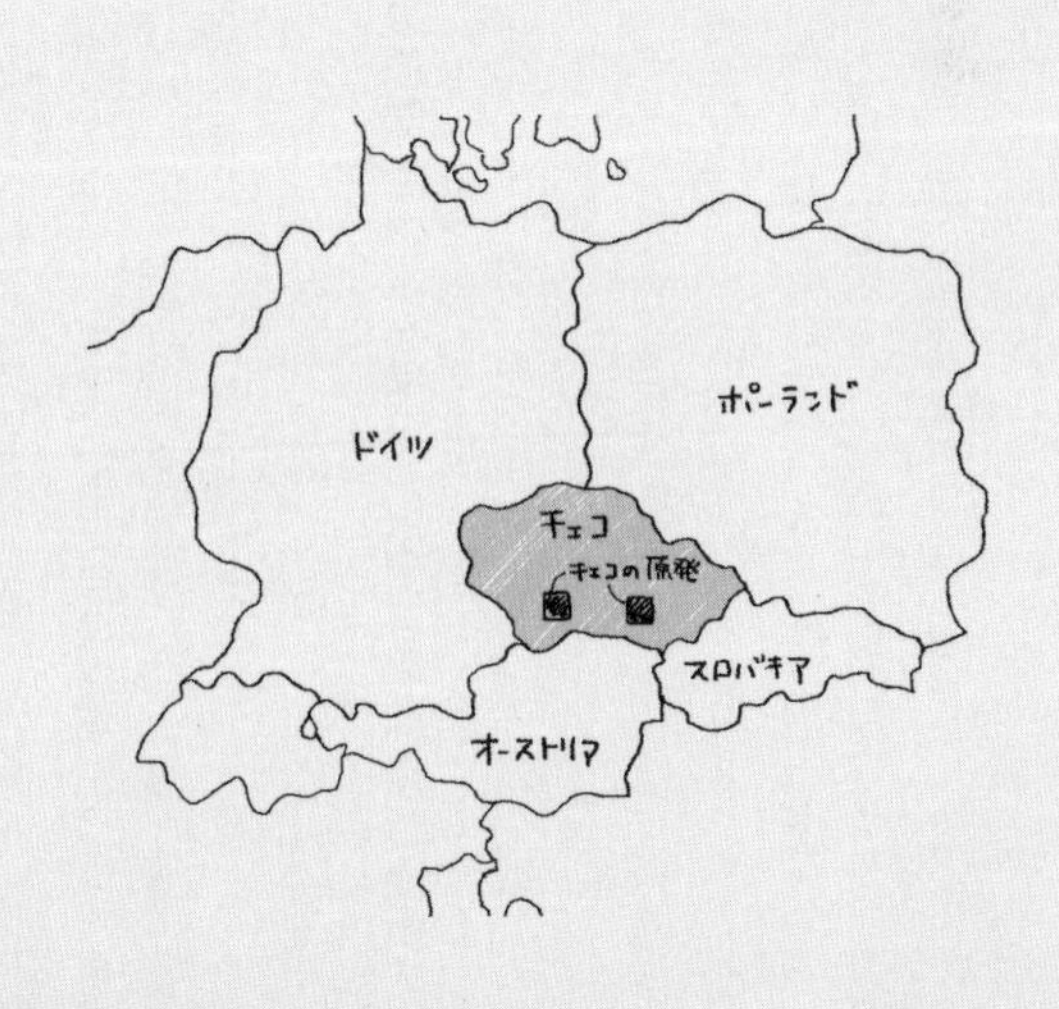

フィンランド

Finland

自然は豊か、エネルギー資源は少ない

国土の8割が森に囲まれ、約18万の湖や沼があるフィンランドは、「森と湖の国」と呼ばれる自然の豊かな国です。

水力発電が多いのかと思いきや、意外にも発電量の20%という割合。なだらかな地形が多く、水力発電には適していないためです。水力発電の比率が97%のノルウェーや48%のスウェーデンと比べると、はるかに少ない値です。同じ北欧の国でも、利用できるエネルギーは国によって違うことがわかります。

フィンランドは、化石燃料もほとんどないため、石炭、石油、天然ガスはロシアから輸入しています。

また、化石燃料だけでなく、電力も国外からの輸入に頼っています。国内で使用する電力の約2割を北欧諸国やロシアから輸入しているのです。北欧で電力の輸入が輸出より多い国はフィンランドだけです。

原発でエネルギーの不安をなくしたい

エネルギー資源の少ないフィンランドでは、昔からエネルギーの安定的な確保が重要なテーマでした。

1970年代の石油危機をきっかけに、石油の代わりのエネルギーとして原子力開発を進めてきました。1970年代後半から1980年代初めにかけて、4基の原発が建設され、現在も運転しています。発電電力量の35%を原発がまかなっています。

国民の反応は？

1986年のチェルノブイリ原発事故の直後は、フィ

ンランドでも原発反対派の人が一気に増えました。しかし、近年はエネルギーの安定供給と温室効果ガス削減目標を達成するために、原発に賛成する人が増えています。2011年の福島原発事故の直後も原発に反対する人が増えましたが、それでも原発への反対意見より賛成意見が大きく上回っています。

現在フィンランドでは、新しい原発を2基建設する計画を進めていて、原発を積極的に利用しようとしています。最近、政府が発表したエネルギー計画によれば、2030年には原発比率を50％程度に高める予定です。

美しい自然や街並みのイメージが浮かんでくるフィンランドですが、実は国内には冷戦時代に作られた核シェルターがたくさんあります。もともと原子力に馴染み深い国なのかもしれません。

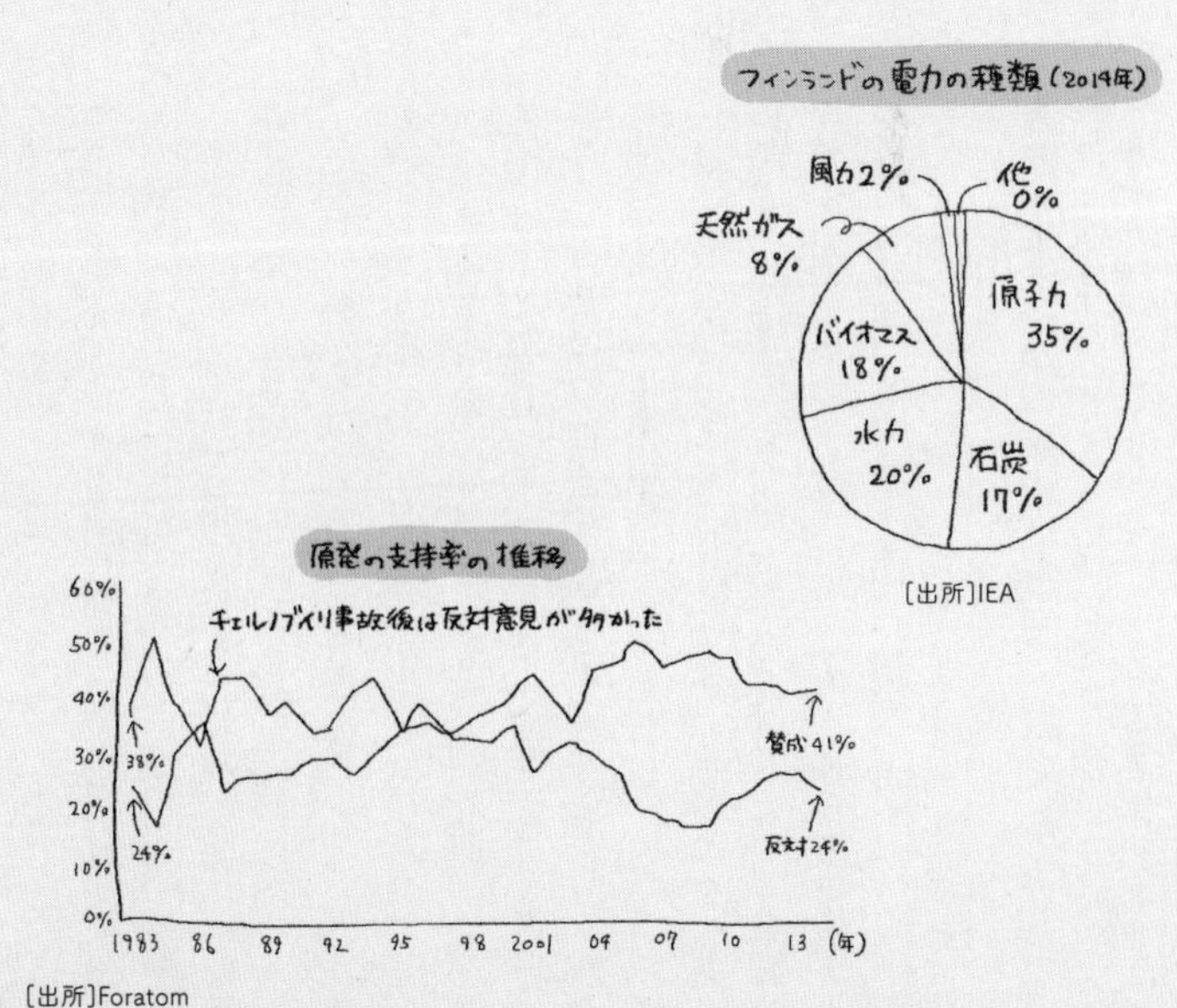

［出所］IEA

［出所］Foratom

リトアニア

Lithuania

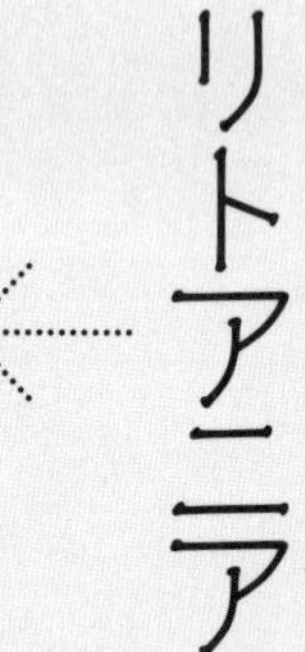

ヨーロッパのバルト海沿岸に位置するリトアニアは、人口300万人に満たない小さな国ですが、この国ではかつて、国内の電力供給の7割以上を原発でまかなっていました。現在、これらの原発は運転されていませんが、新しい原発の建設計画が進行中です。

●原発の閉鎖を条件にEU加盟

リトアニアは第二次世界大戦中の1940年に、ソ連に併合されました。1980年代には、ソ連の技術で開発された出力150万kWの原発が2基（イグナリナ原発）建設されています。エネルギー資源に乏しいリトアニアでしたが、1991年にソ連からの独立を果たした後も、これらの原発による発電が国内の電力需要のほとんどをまかなうだけでなく、送電線でつながった近隣諸国に電力を輸出する役割をも担っていました。

しかし、欧州連合（EU）への加盟が、こうした状況に変化をもたらすことになります。イグナリナ原発は、チェルノブイリ原発と同じタイプ（黒鉛減速軽水炉）だったためです。EUは、リトアニアがEUに加盟するための条件の一つとして、安全性に懸念のあるイグナリナ原発を閉鎖することを要求したのです。

リトアニアとしては、国内の電力供給の要である原発を閉鎖することに抵抗はありましたが、最終的にはEUの要求を受け入れ、2基の原発をそれぞれ2004年末、2009年末に閉鎖しました。

●新たな原発の建設は挙国一致で

原発が閉鎖されたことで、リトアニアのエネルギー・

電力需給の状況は大きく変化しました。火力発電所による発電電力量の増大を図ったため、ロシアから燃料となるガスの輸入も大きく増えました。それでも不足する分の電力は、これも多くをロシアからの輸入に頼らざるを得なくなりました。

かつて50%に達していたリトアニアのエネルギー自給率は今や20%に低下し、エネルギー供給の多くをロシアに依存することになったのです。

長らくソ連の支配を受けてきたリトアニア国民にとって、エネルギーをロシアに依存する状況が続くことは、受け入れがたい事態です。このため、リトアニアでは、イグナリナ原発に代わる新たな原発の建設計画が浮上しています。

２０１２年の国民投票では、原発建設への反対が賛成を上回ったことを受けて、計画が凍結された時期もありましたが、２０１４年3月、リトアニアの全政党は挙国一致で建設計画を推進することに合意しました。

リトアニアにとって原発は、ロシアへのエネルギー依存を軽減するための切り札と認識されています。

カナダ

Canada

広大な自然と豊富なエネルギー資源

カナダと聞いて、ロッキー山脈やナイアガラの滝などの大自然を思い浮かべる人も多いでしょう。広大な自然に恵まれたカナダは、世界有数のエネルギー資源国です。

カナダは昔から水力発電を中心としたエネルギー開発が行われ、１９５０年代には、水力発電の比率が95%にまで達しました。その後、電力需要が増加するのに伴い火力発電や原発の開発が進められ、割合は減少しましたが、現在でも全体の6割を水力発電でまかなっています。

また、水力資源のほかにも、石油、天然ガス、石炭など化石資源に恵まれ、海外にも輸出しています。原発の燃料であるウランの生産量は世界2位で、生産量のほとんどが米国、日本、ヨーロッパ、韓国などに輸出され、残りは国内で消費されています。

カナダでは発電電力量の16％を原発が占めています。また、長年にわたり、医療診断やがん治療の分野で使用する放射性物質（RI）の供給をリードしています。

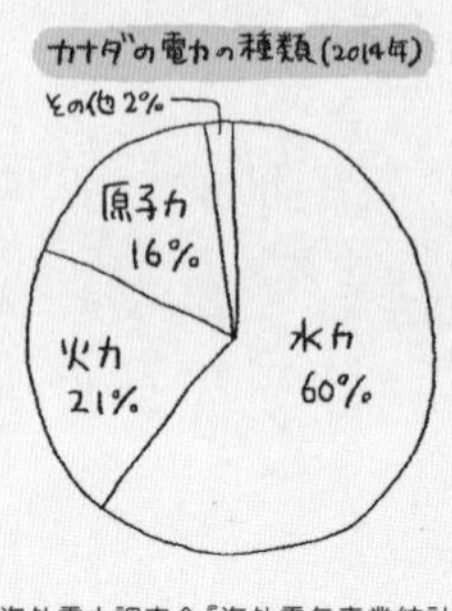

［出所］海外電力調査会『海外電気事業統計2016』

●豊富なウランを活かし、原発を独自開発

カナダも日本のように、原発を主要な「ベースロード電源」＊として利用してきました。これは、豊富なウラン資源を持っていることが大きく関係しています。

カナダの原子力産業の発祥は、1940年代にさかのぼります。1942年、原子炉研究のために、イギリスと共同の研究所をケベック州モントリオールに設置しました。

第二次世界大戦後には、豊富な天然ウランを利用するため、独自に原発の開発に取り組みます。1962年には、CANDU炉（カナダ型重水炉）と呼ばれる原発を完成させました。

CANDU炉の特徴は、カナダ国内で生産した天然ウランを濃縮せず、直接燃料として利用できるという点です。通常の原発では濃縮したウラン燃料を使用しますが、CANDU炉ではその必要がありません。一方、CANDU炉を運転するために必要となる「重水」はコストが高いといったデメリットがあります。

＊発電（運転）コストが低廉で、安定的に発電することができ、昼夜を問わず継続的に稼働できる電源

●世界に広がるCANDU炉

ＣＡＮＤＵ炉は、世界にも輸出されています。輸出先は、アルゼンチン、中国、インド、パキスタン、ルーマニア、韓国で、世界全体で31基が運転しています（カナダを含む２０１５年時点の基数）。インドなどでは、ＣＡＮＤＵ炉をモデルにした原発が開発されています（１４１ページ）。

●原発はオンタリオ州に集中

ただ、カナダ全土で同じように原発が利用されているわけではありません。

地図を見ると、現在、カナダには運転中の原発が19基ありますが、ニューブランズウィック州の1基を除いて、全ての原発がオンタリオ州に集中しています。

オンタリオ州に原発が多い理由の一つとして、まず、電力需要が東部のオンタリオ州、ケベック州の工業地帯に集中していることが挙げられます。さらに、この2つの州を比べると、水力資源にも地域差があります。ケベック州の発電設備を見ると、水力発電が9割以上であるのに対し、オンタリオ州では25％程度で、その他は主に原発と火力となっています。

また、実際に電気として使用される総発電量で見る

と、オンタリオ州では原発が50％以上を占めています。水力資源が少ないオンタリオ州では、原発が重要なエネルギー源となっているのです。

●地域によって異なる国民の反応

カナダ国民は原発に対してどのように考えているのでしょうか。

2012年にカナダの調査会社が行ったアンケートによると、原発を支持すると答えた人は37％、反対と答えた人は53％でした。

しかし、これらの結果は、地域によって大きく異なることもわかりました。

カナダの原発のほとんどが立地するオンタリオ州では、原発に賛成する人が54％と過半数を占めました。原発がより身近な地元住民は理解を示しています。

これに対し、電力をほとんど水力でまかなっているケベック州では、原発に賛成する人はたったの12％でした。

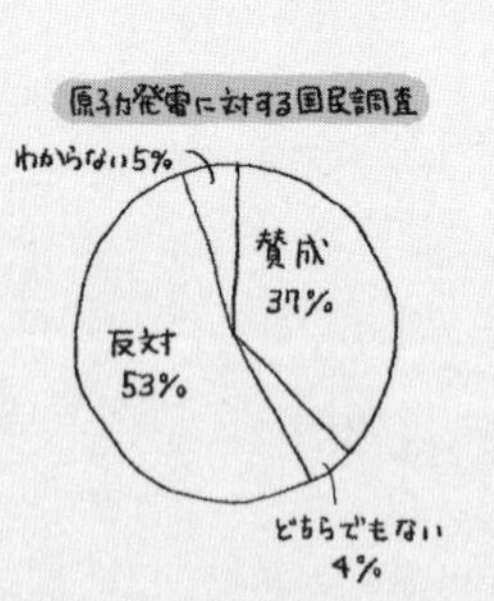

［出所］Canadian Nuclear Association, "2012 Public Opinion Research National Nuclear Attitude Survey"

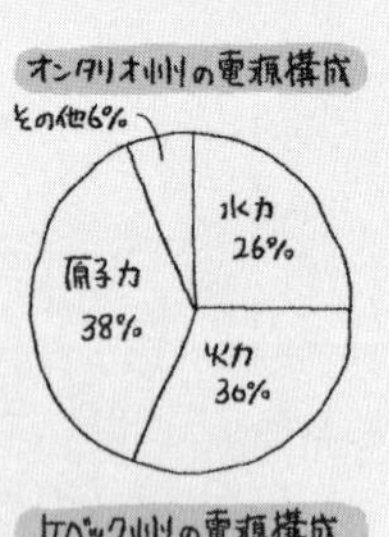

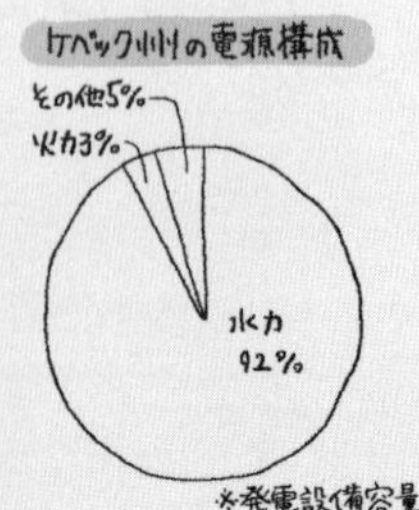

［出所］海外電力調査会『海外電気事業統計2016』

●今後も原子力開発を進める意向

カナダでは、オンタリオ州、ニューブランズウィック州、アルバータ州で、原発の新規建設が計画されてきました。しかし、オンタリオ州では建設許可が下りたものの、高レベル放射性廃棄物の処分場が決まっていないことや事故などへの懸念もあり建設が遅れています。ニューブランズウィック州では、計画そのものが凍結されてしまうなど、なかなか進んでいないのが現状です。

ただ、政府は今後も原発を積極的に利用していく意向です。2016年7月に行われた米国、メキシコとの北米3カ国首脳会議で、トルドー首相らは「2025年までに3カ国の総発電量に占める原発を含めたクリーン電源の割合を50％まで引き上げる」という共同声明を発表しました。

カナダ政府は、地球温暖化対策を強化していく中、引き続き原発を重要な電源として利用していく姿勢は変わらないようです。

ブラジル

Brazil

●南米のエネルギー大国

ブラジルにはアマゾン川をはじめとする大河があり、豊富な水資源を利用した水力発電の開発が進められてきました。また、1990年代にリオデジャネイロ沖で海底油田が発見されて以来、石油や天然ガスの生産量も増加しており、2015年の原油生産量は日量253万バレルで、南米地域ではベネズエラに次ぐ規模となっています。

天然ガスも1990年代から生産量が増加し、2015年の生産量は229億㎥で、国内消費量の約

6割をまかなっています。ほかにも、サトウキビを原料としたエタノール生産もあり、エネルギー自給率は9割を超えるなど、ブラジルはまさに南米大陸におけるエネルギー大国といえるでしょう。

●水力中心も経済発展で電源が多様化

ブラジルは経済発展に対応するため、1960年代から発電所の建設を積極的に進めてきました。特に産業や人口が集中するサンパウロやリオデジャネイロといった大都市のある南東部で、多くの水力発電所が建設されました。

1980〜1990年代は経済危機の影響から、一時停滞したものの、国内経済が成長基調に戻るにしたがって、発電所の建設も再開されました。水力開発では、南東部での開発余地が少なくなったため、水が豊富な北部のアマゾン流域での大型水力発電所の建設が開始されました。また、大消費地である南東部は北部と距離が離れているため（北海道〜沖縄の距離に相当）、都市近郊での火力発電所の建設もこの頃から始まりました。

現在もブラジルの電気は水力中心ですが、たびたび渇水に悩まされています。年によってはダムの水位が大きく低下し、水力発電所の出力が確保できない年もありました。

ブラジルで最初の原発が運転を開始したのは1985年です。渇水などの自然現象に左右される水力発電に比べて出力が安定し、需要の大きい大都市の近くにも建設できることから期待が寄せられました。

ブラジル国内には豊富なウラン資源があり、原子力に関する技術を有効に活用できることもメリットとして捉えられています。そして、原発が二酸化炭素排出量の低減に寄与し、地球温暖化の防止に貢献するという点も評価されています。

●覇権争いを経て原子力の平和利用へ

ブラジルでは第二次世界大戦後の1950年代に国家主義的な政権が誕生し、隣国のアルゼンチンとの間で地域の覇権をめぐり、核エネルギー開発競争が起こったことが原子力開発のはじまりです。

1970年代の石油危機による石油価格の高騰をきっかけとして、ブラジル国内では原発が将来のエネルギー不足を支える切り札として認識されるようになりました。ウラン資源の開発も、1970年代から本格的に開始されました。

1980年代に入ると、ブラジルとアルゼンチンでは軍事政権から民主政権への大きな政治転換がありました。それに伴い両国の核開発をめぐる関係は、それまでの競争から共同開発を進める関係へと大きく転換し、1991年に原子力の平和利用のための二国間協定が締結されました。

さらに、中南米地域全体を非核化する「ラテンアメリカ・カリブ核兵器禁止条約（トラテロルコ条約）」を両国とも批准しています。

●ブラジルの原発の状況

ブラジルの原発は、運転中の2基（アングラ1号機・2号機）と、建設中の1基（アングラ3号機）があり、いずれも南東部のリオデジャネイロ州の沿岸部のアングラ・ドス・レイスに立地しています。ブラジル国内の原発は、国営会社のエレトロヌークレア（ポルトガル語で原子力発電という意味）が所有・運転しています。

1号機は米国ウェスチングハウス（WH）社製で1985年に運転を開始、2号機はドイツ・シーメンス社製で2001年に運転を開始しています。3号機は1984年から建設を開始したものの、国内経済の不振から一時工事を中断し、2010年からようやく工事が再開されました（フランス・アレバ社）。現在は、2018年の運転開始を目指して工事が進められています。

福島原発事故後、エレトロヌークレア社は自主的に安全性検査を実施し、自然災害の影響や重大事故時の放射線の影響について評価をし、冷却設備や格納容器の頑健性の改善を行いました。また、ブラジルでは地震のリスクは小さいものの、高波や地滑りなどが懸念されるため、防波堤や防砂堤の強化などが進められています。

●原子燃料サイクル

ブラジルのウラン確認埋蔵量は、世界7位の31万トン（2015年）です。ただし、現在はアングラ1号機、2号機ともに国産のウラン燃料ではまかなうことができず、輸入せざるを得ない状況です。今後は、ウランの採取技術などを改善して、国内での自給とウラン燃料の輸出を目指しています。

使用済燃料は現在、原発の敷地内に中間貯蔵の形で保管されています。最終処分場の候補地の選定はまだ進んでいないのが現状です。

●2030年までに原発を2カ所で建設

政府は、2007年にまとめた長期エネルギー計画（PNE2030）の中で、2030年までに新たに2カ所で新規の原発を建設し、原発の設備を730万～1130万kWまで増強する計画を立てました。これは、全ての発電設備の5%を占める規模です。

しかし、2011年の福島原発事故をきっかけに、新規原発の建設計画を2020年まで先送りしました。国民の間に原発のリスクを危惧する声が上がり、政府もその声を無視できない状況だったと考えられます。

ただ、こうした状況も、2014年頃から少しずつ変化が見られるようになりました。エネルギー担当大臣が今後の原子力政策について言及するなど、長期的に原子力開発をどうするかといった議論が始まりました。

連邦政府は現在、2050年までの長期エネルギー政策（PNE2050）の策定準備を進めており、原発の役割について検討しています。

ブラジル政府が原子力政策の検討を再開した中で、ロシアや米国、中国、フランス、日本などの原発メーカーが受注獲得に向けブラジルへの働きかけを行っています。

アルゼンチン

Argentina

●シェール資源への期待

アルゼンチンは、ブラジルと並ぶ南米大陸の大国です。エネルギー資源に恵まれ、2015年の石油生産量は南米地域で4位の日量64万バレル、天然ガスの2015年の生産量は同地域で3位の365億㎥でした。ただし、経済危機などの影響から投資が進まず、2000年代初頭から石油、天然ガスとも生産は頭打ちになっています。

近年はエネルギー需要が増加し、石油・天然ガスの国内消費量が生産量を上回っていますが、一方で、かなりの規模のシェールガス・オイル資源が確認されています。2011年のシェールガス・オイルの資源量(技術的回収可能量)は米国、中国に次ぐ3位とされ、開発に期待が寄せられています。

●エネルギーの多様化に向けて

アルゼンチンでは、1960年代から水力発電と石油火力発電の開発、1990年代からはガス火力発電の開発が進められてきました。しかし、度重なる渇水で水力発電所の出力が低下し、電力不足が危惧されてきました。

また、急激なガス需要の増加によって、2004年にはエネルギー危機(ガス・電力)が発生しました。こうした状況から、エネルギーの多様化には原発が必要という考えが強まります。さらに近年では、再生可能エネルギーの導入促進とともに原子力開発が二酸化炭素の削減に寄与すると認識されています。

自国資源の活用と自国技術の発展を目指して

ブラジルと同様に、アルゼンチンの原子力開発も地域の覇権争いを契機として進みました。アルゼンチンは中南米地域でもっとも早く原発を導入した国となり、ウラン資源の開発も、ブラジルより早い1950年代に開始しています。

アルゼンチンでは、国産ウランを有効に利用することを目的に、濃縮ウランを燃料とする軽水炉ではなく、天然ウランを使用する重水炉（254ページ）が選択されました。エネルギー自給率や国際収支の改善、技術力強化を進めたい政府の方針から、建設を行う際には、自国企業の参加や技術移転が重視されました。

アルゼンチン国内にも反原発の動きは見られます。原発の立地地域を拠点とする団体や国際的な環境団体が反原発を呼びかけていますが、国内世論を動かすほどには至っていないようです。

3基の原発が稼働中

アルゼンチンでは現在、3基（アトーチャ1号機・2号機、エンバルセ）、合計175万5000kWの原発が稼働しています。アトーチャ1号には、ドイツ・シーメンス社製の原発が採用され、1974年から運転を始めています。2番目に稼働したエンバルセには、カナダのCANDU炉が導入され、1984年から運転しています。3基目のアトーチャ2号機（ドイツ製）は、1981年から建設が開始されましたが、経済危機の影響で工事が中断し、2014年にようやく運転を開始しました。国営のアルゼンチン原子力発電会社（NASA）が、原発を所有・運転しています。

国内にウラン資源はありますが、燃料用のウランの多くが輸入でまかなわれています。高レベル放射性廃棄物の最終処分場は現時点で決まっていません。

ロシアと中国が受注を狙う

アルゼンチンには、新たに3基の原発建設計画があります。この計画に対し、ロシアと中国が受注活動に力を入れています。

ロシアは技術移転や低金利融資を条件に、原発建設だけでなく、ウラン資源の開発なども提案しています。中国は、建設資金の貸与と中国企業の参加を提案。両国は、トップセールスを繰り広げながら、原発の受注をめぐって凌ぎを削っています。

●小型原発の独自開発も

アルゼンチンでは、2003年から本格的に小型の原発の開発に取り組んでいます。国産の小型モジュール炉(2万5000kW)は2014年に建設が開始され、2017年には運転を開始する予定です。

アルゼンチンの原子力委員会(CNEA)は今後、10万kW規模の原発の建設も計画しています。将来的には、30万kWの原発を開発して、他国へ輸出していく意向を持っています。

韓国
South Korea

●軍事政権が主導した経済発展

第二次大戦後、南北に分断された朝鮮半島。1950年に南側の韓国と北側の北朝鮮との間で朝鮮戦争が勃発しました。1953年に休戦協定が成立しましたが、和平協定は結んでおらず、今でも両国の休戦状態は続いたままです。

韓国では、軍事政権の主導によって1962年から始まった経済開発5カ年計画で、重化学工業化が進められました。1977年には輸出額100億ドルを達成し、経済協力開発機構(OECD)から新興工業国の一つとして位置づけられました。

1988年のソウルオリンピック開催を契機に、直接選挙で、現役軍人の盧泰愚氏が大統領に選出され、今日の民主的政治体制が確立されました。

1990年代末のアジア経済危機を乗り切った後は、中国との貿易に力を入れて発展してきました。ただ最近は中国経済の低迷に伴い韓国経済に陰りが見え始め、2011年以降、GDP成長率は2～3%に低下しています。

●電力の3割を原発が占める

韓国では戦後、1961年に民間の韓国電力株式会社が設立されましたが、経済成長に対応した電源開発をスムーズに実施するため、軍事政権下の1982年に国有化され、国営の韓国電力公社（KEPCO）が設立されました。

現在の電気事業体制は、送配電部門を韓国電力が1社で独占しており、発電部門には韓国電力の子会社6社、民間の発電会社（IPP）7社、政府系で水力発電を行う韓国水資源公社、暖房用の熱を供給する熱供給会社、廃棄物発電会社などの卸電気事業者、再生可能エネルギー発電会社などがあります。原発は全て韓国電力の子会社の韓国水力・原子力発電会社が所有しています。

2014年の総発電量は、火力発電66%、原発30%、再生可能エネルギー3%、水力1%と、原発の占める比率が3割に達しています。

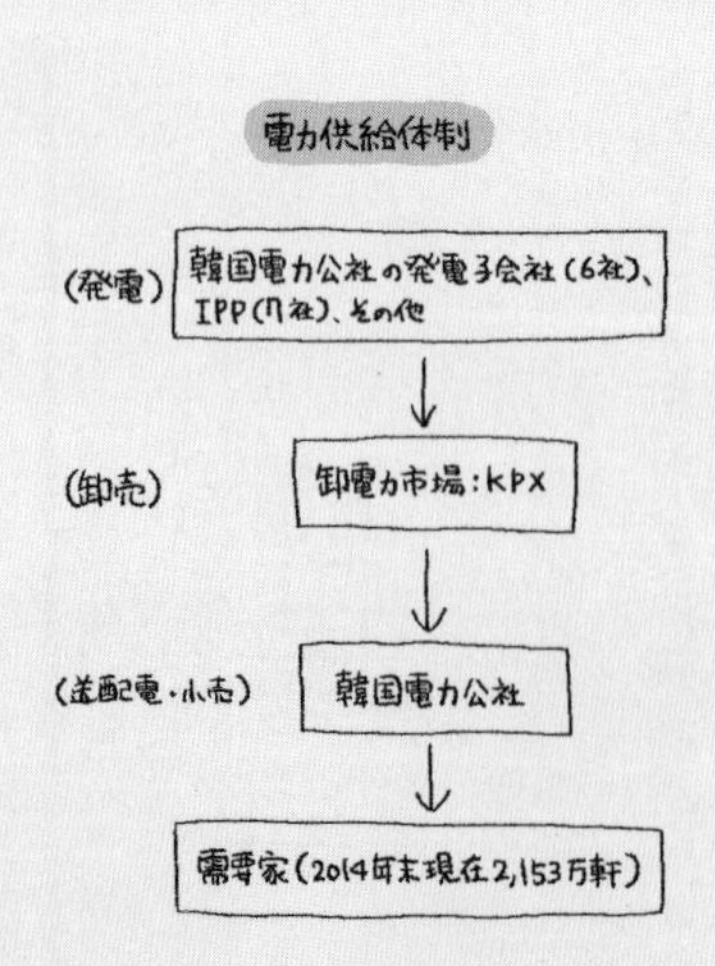

政府主導の原発開発

韓国政府は、1957年に国際原子力機関（IAEA）に加盟し、原子力の開発に必要な人材育成や研究・開発を進めてきました。軍事政権下で原子力開発を推進し、1972年に南部の慶尚南道で古里1号機の建設を着工し、1978年に運転を開始しました。その後、2016年8月末までに6カ所の原発（24基、合計2171万6000kW）が稼働しています。

こうした原子力開発は、大統領直下の韓国原子力委員会の強い主導で進められています。国有の韓国水力・原子力発電会社が原発の建設と運転を担っており、原子力関連設備の製造を行う斗山重工業（Doosan）、コンサルの韓国電力技術会社、原子燃料の製造を行う韓国原子燃料会社などが、原子力開発を政府と一体となって推進しています。韓国の原発の国産化率は95%以上といわれ、政府は原発の輸出に力を入れています。日本、フランスとの激しい受注競争で受注を決めたアラブ首長国連邦への原発輸出プロジェクト*はその例です。

*2009年にアラブ首長国連邦（UAE）から4基の原発を受注しました。当時の李明博（イ・ミョンバク）大統領が自らトップセールスを行うなど、原子力産業と国が一体となって受注活動を行いました。総契約金額は200億ドル（約2・1兆円）にもなります。輸出されるのは韓国製の原発（APR—1400）です。最初の原発は2017年中に運転を開始する予定です。

3・11後に反対運動が大規模化

2011年に福島原発事故が発生するまでは大規模な反対運動は行われませんでしたが、事故後、「環境運動連合」や「Nuclear Free Korea」などの市民団体が各地で反対運動を展開するようになりました。また、この時期に国際的な環境NGOの「グリーンピース」が韓国で反対運動を先導するようになり、一気に韓国の反対運動が大規模なものになりました。

こうした中、2012年には、1997年以降に着工された複数の原発で、検査結果を偽装した部品を使用していたことが判明しました。事件発覚後、韓国水力・原子力発電会社や部品メーカーの幹部が多数逮捕されました。偽造品は全て取り換えて事態は収拾されましたが、この事件は、連日マスコミで報道されたこともあり、国民の原発に対する不信感を強めることになりました。

福島原発事故や偽造部品事件は、政府のエネルギー政策に多大な影響を与えています。２００８年の「国家エネルギー基本計画」では、原発比率を２０３０年に41%に高めることが目標でしたが、２０１４年の「国家エネルギー基本計画」では２０３５年に29%へ大幅な下方修正をしています。この新しい計画では、原発の安全性を高め、２０３５年の原発の設備容量を２０１６年の2倍となる４２００万～４３００万ｋＷにすることとしており、２０３５年までに6基（８００万～９００万ｋＷ分）の原発を建設することになる見込みです。

韓国の原発の位置

ベトナム

Vietnam

ベトナムの経済・あれこれ

１９６０年代のベトナム戦争が終結した後、南北に分断されていたベトナムは１９７６年に統一を果たし、ベトナム社会主義共和国が成立しました。戦争後、経済は停滞していましたが、１９８６年にドイモイ（刷新）という経済政策で計画経済から市場経済へ移行すると、順調に経済成長を続け、概ね６％以上の成長を続けています。

ベトナムには日本に限らず世界各国の企業が進出しています。それに伴い増加する電力需要への対応と、生活・産業の基盤となるインフラ環境を整えるため、ベトナムでは海外の国々からも支援を受け、電力供給の改善に努めています。

エネルギー事情

ベトナムでは中国と同じように共産党の一党独裁体制が敷かれ、国主導で経済を管理しているため、インフラ事業にも国が深く関与しています。電力は、国営電力グループ（ＥＶＮ）が各地域に供給しています。北部は水資源が豊富なため水力発電が中心で、南部沖合ではガス田が分布し、火力発電が中心です。

これまでは、国産の

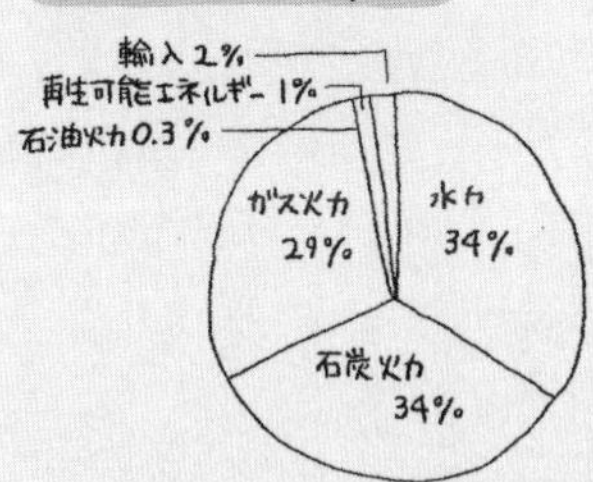

［出所］EVN, "VIETNAM POWER SYSTEM AND ELECTRICITY MARKET OPERATION"

石炭や天然ガスを使った火力発電で電気をまかなってきましたが、経済成長に伴い、今後は火力発電用の燃料を輸入せざるを得なくなるとみられています。火力発電の増加により、地球温暖化の影響も懸念されています。

メモ

ベトナムのお天気事情

ベトナムの天気は、雨が降らずカンカン照りの乾季と、冠水するほど雨が降る雨季があって、とても極端です。雨季とはいっても、その期間ずっと雨が降り続けるわけではなく、スコールと呼ばれる突発的な大雨が発生します。南部は1年を通して蒸し暑く、北部は日本と同じように四季があります。

●原発導入へ向けた動き

2009年末、中南部沿岸のニントゥアン省に4基の原発を建設することが正式に決まりました。そのうち2基はロシア、2基は日本が受注しました。ベトナムでは2011年の福島原発事故以降も変わりなくロシアと日本をパートナーとして、原発導入に向けた準備を進めてきました。

ニントゥアン原発を建設する総費用は約2兆8000億円と高額です。国内総生産(GDP)が日本と比べて低いベトナムには費用の面での協力が不可欠で、日本政府は原発を完成させるために必要な費用を低金利で優先的に融資することを決めました。

また、日本政府は総勢約1000人の研修生を対象として人材育成を支援することも決めています。2012年からは、日本の大学と協力して研修が行われています。2年間にわたる研修で、将来のベトナムの原子力産業を担う優秀な技術者を育成しており、2016年9月末には第3期生を受け入れました。

●計画の白紙撤回

このように原発導入に取り組んできたベトナムですが、2016年11月に、ベトナムに建設することが決まっていた日本とロシアの原発計画を白紙にすることをベトナム政府が決めたというニュースが飛び込んできました。
この白紙撤回の背景には、先に述べた費用面のほか、電力需要の伸びの想定が下方修正されたこと、原発の発電コストが他の電源より高いこと、安全面などに不安があることが挙げられています。政府は今回の撤回の理由について、特に経済面を強調しています。原発でまかなうとしていた電力は、高効率な火力発電、太陽光や風力といった再生可能エネルギーを導入することで置き換える方針です。政府は、将来新たに原発計画が浮上した際には、協力国としてロシアと日本を優先して取り組むと約束し、計画の白紙化がロシアと日本との関係に影響を与えないように配慮しています。

メモ

ニントゥアン省ってどんなところ?

ぶどう栽培面積がベトナム国内で最も大きく、主にファンラン・タップチャム市、ニンフオック郡、ニンハイ郡、トゥアンナム郡にぶどう畑が集中しています。ヒツジとヤギの畜産も盛ん。2005年は豊作で過剰供給を原因として収益は大きく下がってしまいました。美しいビーチとチャンパ王国の遺跡がみどころです。

豆知識

アセアン諸国の原発事情

アセアン諸国10カ国には、現時点で運転中もしくは建設中の原発はありません。アセアン諸国で原発の導入を具体的に検討してきた国は、ベトナム、タイ、インドネシア、ラオス、マレーシア、フィリピン、シンガポールの7カ国です。

計画が一番進んでいたのはベトナムでしたが、2016年に突然白紙となりました。

タイは2007年頃から準備を本格的に進めていましたが、2011年の福島原発事故で計画が延期されました。

インドネシアは1970年代から原発の検討を進めてきましたが、チェルノブイリ原発事故や福島原発事故後に反原発運動が活発化したこともあって、計画はあまり進んでいません。

ちなみに、アセアンの加盟国ではありませんが、南アジアの国であるバングラデシュではロシア製の原発の建設が進んでいて、2021年に最初の原発が運転を開始する予定です。

アラブ首長国連邦（UAE）

●世界屈指のエネルギー輸出国

アラブ首長国連邦（UAE）は、石油、天然ガスが豊富で、世界でも屈指のエネルギー輸出国です。エネルギー資源による収入が国の歳入の約8割を占め、非常に裕福な国であることでも知られています。

UAEでは、近年の経済成長と人口増加を背景に、電気と水の需要が急拡大しています。雨が少なく、国土の大半が砂漠であるため、飲料水、農業・工業用水がほとんどありません。中東の国々では、火力発電所に、排熱を利用した海水淡水化装置を併設して、電気と同時に水の確保に努めています。

需要が急拡大する一方で、発電所の建設が追いつかず、電力不足が続いています。このため、UAE政府は2000年代半ば頃から、原発の建設を本格的に検討するようになります。

国内に豊富なエネルギー資源があるにもかかわらず、なぜUAEは、火力発電ではなく、原発を導入するのでしょうか。

化石資源はいずれ枯渇する可能性があること、また、重要な外貨獲得の手段であり、国内で消費すべきではない、と考えているのです。二酸化炭素削減の観点からも原発や再生可能エネルギーを増やしていく方針です。

●激しい受注競争と今後の計画

UAE最初の原発は、アブダビから西に300km離れたバラカというペルシャ湾岸の都市に建設されることになりました。2017年以降の運転開始を予定しています。

この1号機の建設をめぐっては、日本、フランス、韓国の間で、激しい受注競争が繰り広げられました。交渉は、一時はフランス優勢と見られていましたが、最終的に韓国企業が受注しました。その後、発電所の運転やメンテナンスも韓国企業が請け負うことになりました。

今後、UAEでは2020年までに計4基が建設され、国内の電力需要の約4分の1を原発でまかなう見込みです。

メモ

首都アブダビでは、2017年に、フランスのルーブル美術館初の別館となる「ルーブル・アブダビ」がオープンする予定です。これは、フランスのサルコジ大統領（当時）が、自国の企業が原発の交渉で有利になるよう提案したものといわれています。

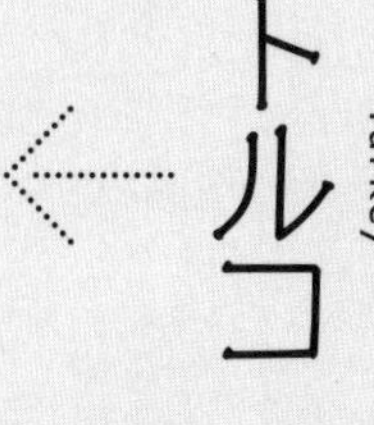

トルコ Turkey

●エネルギー事情

トルコは、BRICs（ブラジル、ロシア、インド、中国）に続く新興国として経済成長が著しく、2000年以降に急速に工業化が進みました。トヨタなど世界の大手自動車会社が相次いでアジアと欧州の中継地であるトルコを生産拠点としています。

工業化に伴うエネルギー需要の急速な伸びに対して、トルコで産出される化石資源は充分ではありません。エネルギー自給率は26％と低く、ロシアなどから燃料資源を輸入しています。

輸入する石油や天然ガスの価格が変動するたびに、電気料金は何度も引き上げられてきました。そこでトルコは水力や石炭火力に加え、近年では再生可能エネルギーの開発を進めてきました。同じように、化石燃料を必要としない原発の開発にも取り組んでいます。

●ようやく動き出したトルコの原子力開発

1968年に始まる原発建設の計画は、建設地や資金の問題から一進一退を繰り返してきました。

候補地として、地中海沿岸のアックユと黒海沿岸のシノップの2カ所が挙がり、1997年に欧州、米国、カナダ、日本がプロジェクトを提案したものの、政府は決定を先送りにしました。1999年にはトルコ北西部で大きな地震が発生。原発建設反対の声が高まり、計画は見合わせとなりました。

2000年代半ばに、計画が再び動き出します。2010年にアックユではロシアが、2013年にシノップでは日本とフランスが原発を建設することが決まりました（日本の三菱重工業と仏国アレバ社の合弁会社ATMEA）。それぞれの地点で4基ずつの原発が建設される計画で、早ければ2023年には最初の原発が運転を開始する予定です。

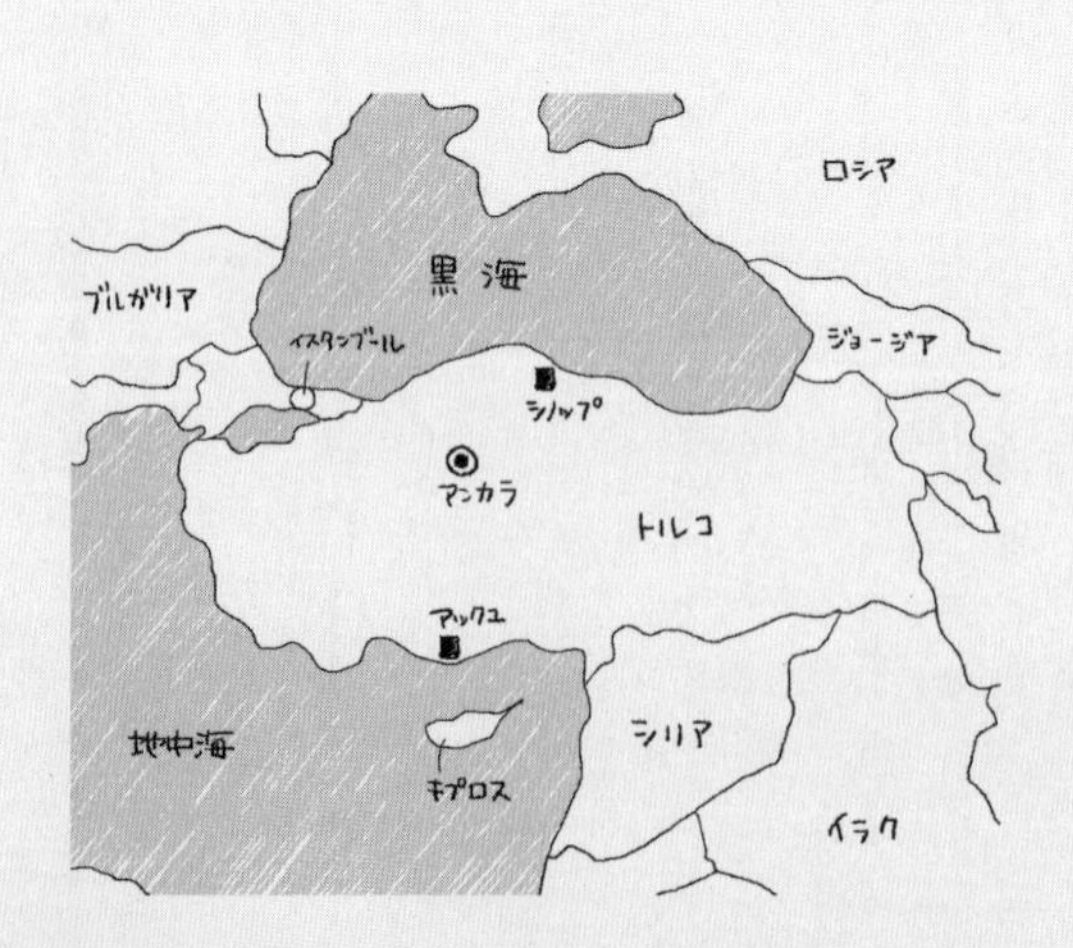

南アフリカ
South Africa

●鉱山への供給が電気事業のはじまり

アフリカ大陸の最南端にある南アフリカは、豊かな自然と資源に恵まれた国です。世界で採取される金の約半分を産出し、ほかにもダイヤモンド、プラチナ、レアメタルなどの貴重な天然資源が埋蔵されています。

南アフリカの電気事業は、金とダイヤモンドが発見された1880年代に始まりました。当時の電気は鉱山坑内の換気や冷却に重要な役割を果たしました。

それ以降、石炭火力を中心とした発電所や送電線の建設が進められ、現在の電化率は85%です。これはサハラ砂漠以南のアフリカ諸国の平均電化率32%と比べ、はるかに高い数値です。現在は、エスコムという国営電力会社が、国内のほとんどの電力を供給しています。

●アパルトヘイトとエネルギー問題

南アフリカといえば「アパルトヘイト」という人種隔離政策を思い浮かべる人も多いでしょう。この政策は1991年に撤廃されましたが、今でも経済格差は深刻です。アパルトヘイトは、南アフリカのエネルギー問題にも大きな影響を与えました。

1950年代に行ったアパルトヘイト政策により、南アフリカは国際社会から強い非難を受けました。1963年には、国連で武器や

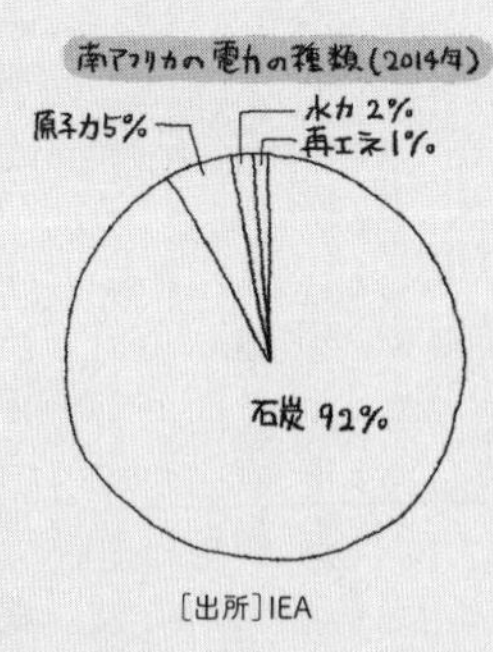

［出所］IEA

軍用機器、石油の輸出を禁止する決議案が採択され、国外から石油を輸入することが困難になってしまいました。

南アフリカには、石油や天然ガスはほとんどありません。このため、南アフリカは石油に依存せず、石炭を中心としたエネルギー政策を進めるようになりました。

現在の南アフリカの発電電力量の構成は、石炭が92%、原発が5%、水力が2%で、石炭火力発電に極端に依存しています。雨の多い時期に濡れた石炭が使えず、電気が供給できなくなる緊急事態宣言が発令されたこともあります。

一方で、石炭火力に大きく依存する南アフリカは、アフリカ最大の温室効果ガス排出国です。国内で排出する温室効果ガスの約半分を、国営電力会社エスコムが排出しています。

ちなみに、アフリカ大陸では各国の送電線を接続して電力をやり取りするという計画が検討されています(パワープールと呼びます)。これが実現すれば、自然エネルギーの豊富な国で作った電気を南アフリカや他の国で利用できるようになるかもしれません。

●アフリカ大陸で唯一の原発利用国

南アフリカは、アフリカ大陸で原発を運転している唯一の国です。

国内には豊富な石炭資源がありますが、問題もあります。石炭の産地は北東部のハイフェルト地域にあり、ケープタウンやダーバンなどの南部の大都市とは、東京—沖縄間とほぼ同じ1500kmも離れているのです。そこから南部の電力需要地に電気を届けるには効率が悪いため、政府は1970年代に、ケープタウン近郊のクーバーグという場所に原発を建設することを決めました。

クーバーグ原発1号機は1984年、2号機は1985年にそれぞれ運転を開始しました。現在、この原発で国内の電力量の約5%をまかなっています。

●核兵器を自主的に廃棄した最初の国

南アフリカは、自国で核兵器を製造し、自主的に廃棄した世界で最初の国でもあります。1979年から10年間で多数の核兵器を製造し、インド洋上での核実験を行ったともいわれています。しかし、1991年に核兵器不拡散条約（141ページ）に署名し、1993年にデクラーク大統領は6個の核兵器と1個の未完成の核兵器を廃棄したと発表しました。核兵器に使われていた高濃縮ウランは、研究用原子炉の燃料として使われました。

●原発の将来計画

南アフリカでは、2008年に一部の炭鉱が停電のために操業が止まるなど、深刻な電力不足に陥りました。2013年には、電気をたくさん使用する企業に電力使用の制限を要請したり、2014年には輪番停電を実施したりと、電力不足が大きな問題になりました。このため、新しい原発を建設する計画を進めていましたが、同じ頃、リーマンショックの影響などを受けて、国内経済も深刻な状況に陥りました。

南アフリカの原発建設計画は、チェルノブイリやスリーマイル島原発事故などの影響を受けた欧米とは異なり、資金不足の問題から紆余曲折をたどります。

当初、エスコムは、フランスまたは米国の最新鋭の原発を、2025年までに2000万kW（現在の10倍）も建設するという、壮大な計画を進めていました。しかし、2008年には資金不足を理由に、どちらの国の原発も採用しないと発表しました。

それでも、2011年に発表した計画では、2030年までに6～8基の原発を新しく建設する計画です。2013年には、エネルギー大臣が地球温暖化問題への対応として原発が必要だと述べています。しかし現在の経済状況で、膨大な建設費用がかかる原発建設計画を進めるべきなのか、国内外から疑問の声が上がっています。

一方、南アフリカの大規模な原発建設計画には、世界各国の原発メーカーが注目しており、米国、フランス、中国、ロシア、韓国などが積極的に事業参入を狙って交渉を進めています。

おわりに

この本では世界で原発を使っている国とやめる（やめた）国を紹介してきましたが、いかがでしたか。

「福島であんな重大事故を起こして、今でも汚染水や避難者の問題が解決できていない。そんな日本が脱原発をするのは当然だ」と考えている方もいるでしょう。

しかし、スリーマイル島原発事故を起こした米国やチェルノブイリ原発事故を経験したウクライナは、今でも原発を使い続けています。イギリスも大きな原子力事故を経験していますが、それでも原発の利用を拡大しようとしています。これらの国が大きな事故を経験しながらも原発を使い続ける理由は、原発の事故発生リスクを最小限にした上で原発のメリットを享受するという考え方が受け入れられているためです。

「原発をやめて再生可能エネルギーを増やせばいい」という意見もありますが、ベルギーやスウェーデンの事例などを見ても脱原発というのは簡単なことではありません。原発には事故のリスクがありますが、逆に原発をやめることにもリスクがあると世界では考えられています。

一方、「安全性が高まった原発を運転しないのはもったいない」と考えている方も読者の中にはいることでしょう。

脱原発を決めたドイツの場合、原発の安全性に大きな問題があったわけではないと思います。しかし、原発の必要性を国民に納得してもらうことができませんでした。そのような国では、原発の安全性が高くても脱原発という方向に進むのでしょう。

世界を見てみると3E＋Sだけでエネルギー問題を考えるのは不十分かもしれません。7章で紹介したとおり、国民の受容（Public Acceptance）と全体を牽引する政策（Policy）という2つのPも各国の原発の在り方を決める重要な要素になっているようです。

原発の問題は複雑です。この本一冊で全ての問題を取り上げることはできませんでしたが、私たちをとりまく状況を知ることで、原発をこれからどうするのか考えるきっかけやヒントとなってくれることを願っています。

編著者紹介

一般社団法人 海外電力調査会

海外電力調査会は、1958年に設立された非営利組織で、海外の電気事業の調査研究や、海外の関係機関・団体との交流を行っています。ホームページや出版物を通して日本の電気事業に役立つ情報の発信を行うとともに、海外研修生の受け入れなど国際協力の推進にも力を入れています。

HP：https://www.jepic.or.jp

＊海外電力調査会の他の主な出版物

「世界の電気料金を比べてみたら」（2016年2月発行）
「海外電気事業統計　2017年版」（2017年12発行）
「海外諸国の電気事業　第1編」（2014年1月発行）
「海外諸国の電気事業　第2編」（2015年3月発行）など

■執筆者 **※カッコ内は執筆したパート**

石原愛（ドイツ）、伊勢公人（ドイツ）、井上寛（米国）、上原美鈴（スペイン）、江川弘和（ウクライナ）、岡埜能（ベルギー）、上嶋俊一（アルゼンチン・ブラジル）、栗林桂子（インド・アラブ首長国連邦）、髙井幹夫（スイス・イタリア）、中川雅之（台湾・韓国）、松井亮太（スウェーデン・フィンランド・南アフリカ・チェコ・3～7章・コラム）、三上朋絵（カナダ）、柳京子（ベトナム・トルコ）、ほか

■編集協力

井上淳、岩本宗久、眞田晃、平野学

■編集事務局

栗林桂子、三上朋絵

■プロジェクトマネージャー

松井亮太

■編集責任者

飯沼芳樹、黒田雄二、東海邦博、古塚伸一、松岡豊人

■監修者

相澤善吾、濵谷正忠、古谷昌伯、後藤健

みんなの知らない 世界の原子力

2017年3月31日　初版第1刷発行
2018年2月15日　第2刷発行

編著者……一般社団法人 海外電力調査会
発行者……新田 毅
発行所……一般社団法人日本電気協会新聞部
〒100-0006　東京都千代田区有楽町1-7-1
[電話] 03-3211-1555 [FAX] 03-3212-6155
[振替] 00180-3-632
https://www.denkishimbun.com/
印刷・製本……壮光舎印刷株式会社

ブックデザイン……萩原 睦＋山本嗣也（志岐デザイン事務所）
イラストレーション……角 一葉

ISBN 978-4-905217-62-6 C0030